제2판

Understanding the
Resort Industry

리조트의 개념과 발달과정 및 종류와 인력관리, 서비스의 중요성

리조트산업의 이해

고상동 · 이재훈 · 공은영 · 엄완용 · 조가령 공저

🅑 (주)백산출판사

머리말

    리조트 탄생의 근본 사상과 생성 배경의 목적은 인류의 행복추구권이라고 할 수 있다. 우리 인간의 아름다운 삶은 행복추구권을 목표로 하여 끊임없이 전진하고 또 전진하는 행동 속에서 발견될 수 있으며 그 행복의 1차 발원지는 가정이고 2차 발원지는 바로 리조트일 것이다.

    리조트는 가정을 떠나 유토피아나 파라다이스를 꿈꾸며 삶의 목표를 추구해 나가는 종착지임에 틀림이 없다. 따라서 가장 이상적인 낙원도시를 꿈꾸는 리조트 실현을 위해 그동안 연구한 자료를 모아 본 교재를 집필하게 되었다.

    리조트의 핵심은 휴양콘도미니엄, 골프, 스키의 3요소에서 출발하였으며 그 3요소의 기본에 충실함으로써 마음의 안식과 육체적 피로를 떨쳐버릴 수 있는 장소가 바로 리조트이며 그것이 곧 리조트의 매력이기도 하다.

    본 교재에서는 리조트의 개념과 발달과정을 다루었다. 리조트 개발의 핵심 포인트에서는 기존의 개념을 벗어난 '발상의 전환'을 강조하였으며 그중에서도 특히 에코-힐링형 리조트가 각광받는 시대가 도래하였음을 제시하였다. 그 외 리조트의 종류와 인력관리, 리조트서비스의 중요성을 후반부에서 다루고 있다.

    본 교재의 목적은 관광분야 학생들에게 리조트의 기초지식을 습득시킴으로써 보다 폭넓은 진로정보 제공을 통한 취업의 경쟁력 제고에 있으며, 기존의 관광분야를 전공한 대부분의 취업군이 호텔, 여행사, 항공사에 국한되던 것을 다양한 시각으로 폭넓게 진출할 수 있는 기회를 제공하고자 하는 데 있다.

앞으로 '보다 행복하게', '보다 즐겁게', '보다 안전하게' 살아가기를 원하는 행복추구 욕구는 증가될 것이며, 그러한 인류의 행진은 계속될 것임이 분명하다. 따라서 그에 편승한 새로운 리조트의 탄생은 계속될 것이며, 리조트의 전문인력 또한 많이 필요할 것이다. 따라서 본 교재가 리조트 분야에 관심 있는 일반인은 물론 관광전공 분야 학생들에게 미력이나마 도움이 될 수 있기를 바라며 부족한 부분은 점차 수정·보완해 나갈 것임을 첨언한다.

끝으로 본 교재가 출판될 수 있도록 많은 도움을 주신 선행연구자, 주변 관계자 여러분들의 도움에 감사드리며 우리나라 관광전문출판사로 자리매김해 나가는 백산출판사 진욱상 사장님과 진성원 상무님 그리고 편집부 관계자분들의 노고에 깊이 감사드린다.

2024년 12월

저자 일동

차 례

제2편 리조트의 개발

제3편 리조트의 종류

제11장 테마파크　**71**

제4편 리조트의 마케팅과 인적자원관리

제 1 편

리조트란 무엇인가?

리조트는 일상에서 탈피한 '문명의 해독제(an antidote to civilization)'이다. 다시 말해서 리조트는 '비구속적인 시간과 공간 그리고 인간관계 속에서 평소와는 다른 편안함과 자유를 즐기고 날마다 잃어가는 본래의 가치를 재발견하는 장소'라고 할 수 있다.

우리 인간은 일상의 속박에서 벗어나면 창의력이 솟아나며 이로 인한 인간관계의 정보가 교체될 수 있다. 그러므로 리조트는 학습의 장이 되며 창조활동의 가능성을 배양하는 원천이기도 하다. 이러한 학습과 창조활동을 통하여 산업의 원동력이 되는 아이디어가 발생되고, 이러한 고급 아이디어는 산업 발전의 초석이 되며, 이것은 곧 고용기회 확대로 이어지게 된다. 많은 고용창출은 리조트가 주는 중요한 핵심이자 역할이라고 할 수 있다.

〈그림 1-1〉 **리조트의 역할**

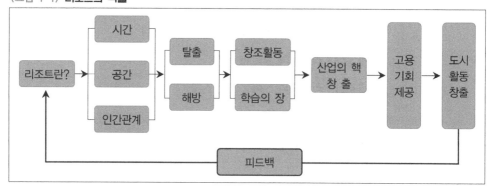

제 1 장

리조트의 개념

리조트산업의 이해

제1절 리조트의 어원

'Resort'의 어원은 프랑스의 'Resortier'에서 유래되었으며 Re + Sortier의 뜻이다. 여기에서 'Re'는 Again의 의미이며 'Sortier'는 'To go out'으로 자주 드나드는 장소를 의미한다. 따라서 어원들을 종합해 볼 때 "리조트란 심신의 피로를 풀고 회복하기 위해 자주 찾아가서 즐기는 장소"라고 할 수 있다.

제2절 리조트의 개념

리조트의 개념은 학자나 연구자 또는 국가별로 다양한 정의를 내리고 있다.

1. 우리나라의 리조트 정의

우리나라의 경우, 법규정상 리조트라는 개념에 정확히 상응하는 규정은 아직까지 없고, 이에 유사한 개념으로 현행「관광진흥법」에서 규정하고 있는 관광객이용시설업 중 종합휴양업(제1종·제2종)으로 분류되어 있을 따름이다.

「관광진흥법 시행령」 제2조제1항제3호에서 규정하고 있는 종합휴양업이란 "관광객의 휴양이나 여가선용을 위하여 숙박시설 또는 음식점시설을 갖추고 전문휴양시설 중 두 종류 이상의 시설을 갖추어 관광객에게 이용하게 하는 업이나, 숙박시설 또는 음식점시설을 갖추고 전문휴양시설 중 한 종류 이상의 시설과 종합유원시설업의 시설을 갖추어 관광객에게 이용하게 하는 업으로 규정하고 있다.

2. 미국의 리조트 정의

1) Webster사전의 정의

A Place to which people go often or generally, esp. one for rest or recreation, as on a vacation.(사람들의 휴가기간에 휴식이나 레크리에이션을 위하여 빈번하게 방문하는 장소)

2) American Heritage사전의 정의

A Place Frequented by people for relaxation or recreation.(사람들이 휴식이나 레크리에이션을 위하여 빈번하게 가는 장소)

3. 영국의 리조트 정의

Oxford사전의 정의에 따르면 Resort Land, Resort Town, Resort Complex로 표기되며 휴식과 건강, 회복을 위해서 자주 찾아가는 장소로 정의하고 있다.

4. 일본의 리조트 정의

우리나라와는 달리 일본에서는 '종합보양지역정비법'(일명 "리조트법")이 제정되어 있는데, 여기에서 리조트를 "양호한 자연조건을 가지고 있는 토지를 포함한 상당규모(15ha)의 지역에 있어서 국민이 여가 등을 이용하려고 체재하면서 스포츠, 레크리에이션, 교양문화활동, 휴양, 집회 등의 다양한 활동을 할 수 있도록 종합적인 기능이 정비된 지역(약 3ha)"으로 정의하고 있다. 이 정의에 따르면 리조트는 ① 체재성, ② 자연성, ③ 휴양성(보양성), ④ 다기능성, ⑤ 광역성 등의 요건을 모두 겸비하고 있어야 하는 것으로 해석하고 있다. 따라서 하나의 요건만 만족시켰다고 해서 모두 리조트라고 말할 수는 없다는 것이다.

〈표 1-1〉 **국가별 리조트의 개념 정리**

국가별	리조트의 개념
한국	관광객의 휴양이나 여가사용을 위하여 일정한 장소에서 음식, 숙박, 운동, 오락시설, 민속, 문화자원소개시설, 관람시설 등 휴양에 적합한 시설을 갖추어 이를 이용하게 하는 업
미국	사람들이 휴식이나 레크리에이션을 즐기기 위해 자주 가는 장소
영국	휴식과 건강 회복을 위해서 자주 찾아가는 장소
일본	양호한 자연조건의 토지를 갖춘 상당규모의 지역으로 국민이 여가 등을 이용하려고 체재하면서 스포츠, 레크리에이션, 교양문화활동, 휴양·집회 등의 다양한 활동을 할 수 있도록 종합적인 기능이 정비된 지역

제3절 리조트의 구성요건

리조트는 일상생활을 떠나는 고객들이 휴식과 재충전의 기회를 얻는 매력적인 장소이므로 리조트에 머무는 동안 볼거리, 놀거리, 즐길거리, 먹을거리의 시설들을 핵심적으로 갖추고 있어야 한다.

〈그림 1-2〉 **리조트의 분류**

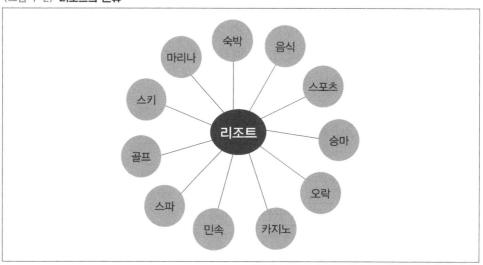

〈표 1-2〉 **리조트의 구성요건**

구 분		구성요건
숙박기능	휴식	휴양콘도, 관광호텔, 가족호텔, 호스텔, 의료관광호텔, 유스호스텔, 펜션, 방갈로, 오토캠핑, 휴양촌
볼거리기능	공연	동물원, 식물원, 컨벤션, 연회장, 음악당, 전시장(음악회, 뮤지컬, 전통민속춤, 연극 등)
놀거리기능	게임/오락	카지노, 범퍼카, 회전목마, 유람선, 공중레일카, 포커, 눈썰매장, 낚시터, 노래방, 오락실
즐길거리기능	운동/스포츠	스키, 축구, 배구, 테니스, 탁구, 농구, 스케이트, 인라인, 당구, 골프, 자전거, 포켓볼, 배드민턴, 승마, 쇼핑, 요트장, 도자기체험장, 카레이스장, 볼링장, 경마장, 양궁장, 마리나, 윈드서핑장, 스파, 수영장, 헬스장
먹을거리기능	음식	레스토랑, 바, 그릴, 카페, 패스트푸드, 편의점
안전기능	안전성	시설안전, 교통안전, 치안, 의료시설
교통기능	접근성	항공, 크루즈, 철도, 버스, 자가용, 셔틀버스, 구내이동수단, 주차장
편의제공기능	편의성	우체국, 은행, 유모차대여점, 안내소, 물품보관 및 대여점, 방송실

〈그림 1-3〉 **리조트의 3요소**

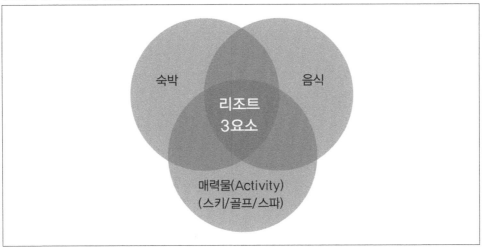

〈그림 1-4〉 **우리나라 복합리조트의 필수요건**

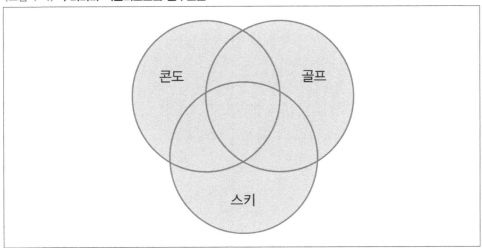

주 : 우리나라 복합리조트에서 기본적으로 선호되는 대표적인 필수요건은 콘도의 숙박기능과 골프 및 스키장이다.

- 리조트와 호텔의 유사점은 숙박기능을 갖추고 있다는 것이며, 호텔이 숙박기능 중심인 반면에, 리조트는 숙박기능 외에 골프, 스키와 같은 옥외 레저 스포츠시설의 즐길거리를 갖춘 것이 차이점이라고 할 수 있다.

제 2 장

리조트 탄생의 근본사상과 생성배경

리조트산업의 이해

리조트 탄생의 근본사상과 생성배경의 근본 목적은 인류의 행복추구권이라고 할 수 있다. 그러한 인류의 행복추구권을 위해 리조트의 탄생에 따른 근본사상에 대하여 일본의 이치조신야는 유토피아(Utopia), 파라다이스(Paradise), 하트피아 데어 (Heartpia There), 하트피아 히어(Heartpia Hear)의 4가지 영역으로 나누어 제시하였으며, 리조트 조성과 경영철학은 이 4가지의 사상을 기본 이미지로 하여 리조트를 건설하고 운영함으로써 인류의 행복추구권에 도달한다는 것을 강조하였다.

〈그림 2-1〉에서 나타났듯이 이 네 가지 기본사상 중에서 하트피아 데어는 지상보다 고차원적인 존재로 리조트가 지향해야 할 최대의 목표이다. 이것은 우리 인간이 '세상에 태어나기 전에 존재했던 세계이며 사후에 다시 되돌아갈 세계'를 뜻한다고 하였다. 이것은 곧 리조트의 어원인 '몇 번이고 되돌아갈 장소'라는 의미와도 상통한다고 하였다.

오늘날 리조트는 정원(Garden)에서 출발되었으며, 이 정원은 하트피아 히어(Heartpia Hear)와 파라다이스(Paradise)를 접목한 모델이다. 이 정원의 유래를 보면 서양과 이슬람 정원은 '에덴의 동산'을 이미지화시켰으며, 중국의 정원은 도교의 '신선경'에서, 그리고 일본의 정원은 '극락정토'에서 사상과 철학을 이미지화시켰다고 볼 수 있다.

그렇다면 한국의 정원(Garden) 유래는 어떻게 될까? 아마도 궁궐의 후원을 정원의 기원으로 볼 수 있으며, 현재까지 전해지는 서울의 '창덕궁(비원)'이나 '부용정'이 오늘날의 리조트 사상을 생성시킨 탄생배경으로 볼 수 있겠다.

〈그림 2-1〉 **리조트의 근본사상과 생성배경**

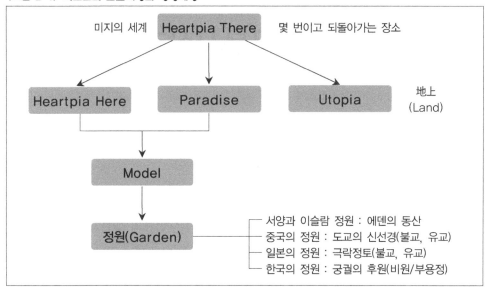

주 1 : 신선경 : 신선사상에 근거한 도교적 파라다이스다. 예컨대, 진나라의 진시황제가 거대한 궁전을 짓고 그 안에 동서 2백
리, 남북 2십 리에 달하는 거대 연못을 파고 봉래산을 쌓고 거대한 고대 조각을 하였다.
　2 : 극락정토 : 바닥에 금모래가 깔려 있는 연못이 있으며 연못에는 큰 연꽃이 피어 있고, 그 위에는 금은보화로 만들어진
궁전 누각이 있다.

제1절 리조트의 유토피아 사상

유토피아(Utopia)라는 말은 '좋은 곳'과 '어디에도 없는 곳'이라는 두 개의 그리스
어에서 유래되었다고 한다. 여기에서 '어디에도 없는 곳'이라는 것은 인간세계의 차
원을 넘어선 부분이라고 할 수 있다. 오늘날 이러한 유토피아 사상을 잘 접목한 리
조트가 과연 존재할 것인가? 그렇다면 과연 몇 개나 있는가?라는 의문을 가져볼 필
요가 있겠다.

유토피아라고 하는 것은 '도시론(都市論)'이다. 유토피언들은 완벽하다고 판단된
전통적 도시와 사회질서의 비판이나 풍자형태를 취하면서 이상적인 도시의 이미지
를 그려왔다.

리조트도 곧 하나의 작은 도시이다. 그 도시를 만들 때 좋은 곳으로 만들어야 하

고, 이 세상 어디에도 없는 곳을 만든다는 노력과 함께 그 토대는 유토피아 사상이 전제가 되어야 할 것이다. 왜냐하면 플라톤의 '국가', 토머스 모어의 '유토피아'에서 그들이 그리던 이상향은 모두 도시였기 때문이다. 그러한 유토피아 사상을 토대로 한 세계적인 리조트가 이스라엘의 '에덴의 동산', 그리스의 '헤스페리데스공원', 로마의 '엘리시온' 등이다.

인간에게 있어서 유토피아는 언제나 비슷하며 인간 자신들의 고통 그리고 세상의 고통, 인생의 고통을 잘 포장해 주는 '꿈의 실현'이다. 그러므로 리조트 개발의 궁극적 목표는 우리 인간의 고통과 인생의 고통들을 흡수·감내해 줄 수 있는 편안한 휴식처인 유토피아적 사상을 무시할 수 없는 것이다. 그러므로 리조트는 천국과 같은 기본 콘셉트와 비전을 가진 하나의 도시로 설계·조성되어야 한다는 점을 시사하고 있다.

⫶ 제2절 리조트의 파라다이스 사상

파라다이스는 '낙원'으로 번역되고 있으며 오늘날의 리조트가 지향하는 이미지로 부각되고 있다. '낙원'은 우리의 육체를 풍요롭게 하고 정신과 혼을 즐겁게 하는 공원'이며 그 속에는 깨끗한 물과 아름다운 꽃, 선택된 사람들이 들어온다는 것이 전제조건이 되어야 한다.

파라다이스의 유래를 보면 영어의 '파라다이스', 이탈리아어의 '파라디노', 독일어의 '파라디스', 프랑스어의 '파라디'도 모두 동일계통의 단어로 어원은 고대 페르시아어의 '파이리다에지'에서 유래되었으며, 그 뜻은 '주위를 둘러싼 왕후귀족의 수렵원'의 의미였으나, 오늘날에는 '둘러싸여 있는 쾌적한 도시'의 의미인 '정원', '동물원', '과수원'으로 이미지화되었다.

우리 인간은 왜 낙원을 동경하는 것일까? 그것은 곧 낙원이 중심이기 때문이다. 낙원의 신화에는 위대한 종교학자 밀체엘리의 이론 중에 '중심'의 심벌리즘이라는 것이 있다.

결국 인간은 중심화 경향, 즉 모일 수 있는 어느 한 중심으로 자연스럽게 걸어간 다는 것이다. 그것이 곧 리조트의 기본사상이며 철학이다. 리조트가 곧 파라다이스 가 되어야 하며 또한 중심이 되어야 한다. 그 중심으로 모여드는 리조트 건설이 되 어야 성공적인 리조트라고 할 수 있기 때문이다.

낙원이라고 하는 것은 일상생활의 현실에서 벗어난 공간이며 '동경의 토지'라고 할 수 있다. 또한 개인적인 의식이 발달되기 이전에 누구나 경험한 적이 있는 현실 에 대한 동경이다. 그래서 현실에 대한 동경의 대상이 곧 리조트가 되어야 한다는 사상이다.

▪▪ 제3절 리조트의 하트피아 데어(Heartpia There) 사상

'하트피아'는 heart와 그리스어의 장소를 의미하는 '토포스'를 합친 말이며 '마음이 보다 아름답고 평화스럽다'는 뜻이다. 리조트는 '몇 번이고 되돌아가는 곳'이라는 의 미를 가지고 있다. 그러므로 리조트의 이상형과 비전은 '몇 번이고 되돌아가고 싶은 평화롭게 아름다운 곳'이라고 할 수 있으며, 이것이 곧 리조트가 개발되고 지향해야 할 최대의 목표라고 할 수 있다.

즉 하트피아 데어는 미지의 세계에서 인간의 최고 영혼까지도 아름답게 장식하는 의미를 가지고 있으므로, 리조트사상 역시 인간의 영혼까지도 아름답고 평화스럽게 가꾸어 나갈 수 있는 마음의 안식처가 되는 리조트가 필요하다고 하겠다.

제4절 리조트의 하트피아 히어(Heartpia Here) 사상

앞에서 언급한 하트피아 데어(Heartpia There)가 미지의 세계라고 한다면 하트피아 히어(Heartpia Here)는 현실의 세계라고 할 수 있다. 그러므로 하트피아 히어는 현실에서 만족과 감동을 느끼며 체험하는 유일한 공간이자 장소이다. 여기에는 이벤트, 엔터테인먼트, 스포츠, 아트, 맛있는 음식을 먹는 것까지도 모두 포함된다고 할 수 있다.

그러므로 사람들은 이러한 갖가지 요소들을 체험하면서 감동하는 순간 행복감에 빠지게 된다는 사실이며, 그때 현실세계인 하트피아 히어의 파장과 만나 행복에 빠지게 되는 것이다.

예컨대, EARTH(지구) 단어는 세 가지로 생각해 볼 수 있다. 즉 'E'와 'ART'와 'H'이다. E는 EDEN(에덴의 동산)의 동산을 의미한다고 생각하며, H라고 하는 것은 HEAVEN(천국)을 의미한다. 그리고 파라다이스에서 하트피아에 이르는 방법이 결국 'ART'이다. 이것은 파라다이스와 같은 환경(리조트)에 인간을 모아 놓고 그 인간의 마음을 하트피아(가슴속의 평화와 행복)로 이르게 하는 방법이 최대의 아트적인 리조트건설이라고 생각한다. 즉 완전한 평안함을 만끽하면서 긴장감을 해소하고 사람들을 생각하며 볼 수 있도록 하는 인도장소가 설치되어야 하며, 풍부한 상상력 제고를 위해서는 전통적인 연못이 그 중심공간으로 자리잡아야 한다는 의미이다.

제 3 장

리조트의 발달과 유래

리조트산업의 이해

:: 제1절 리조트의 탄생배경

리조트의 탄생배경은 명확하지 않지만 두 가지 근거에 의해서 지금까지 발전되고 있다. 첫 번째는 로마시대 공중목욕탕의 생성이며, 두 번째는 영국·프랑스에서 일조량 부족의 극복 차원에서 시작되었다는 점이다.

2천 년 전 베수비오화산의 폭발로 한순간에 화산재에 묻혀버린 이탈리아 고대도시 폼페이가 1784년에 우연히 발견되어 전설의 도시로 전해오는 가운데 잿더미 속에 있던 당시 건물 곳곳의 목욕탕과 욕조는 물론 벽화의 목욕문화를 생생하게 나타내주는 것을 보더라도 리조트의 효시는 목욕문화에서 탄생되었다고 해도 과언이 아닐 것이다.

또한 1년 중 80% 이상 비가 오거나 안개·습기 등으로 쾌청한 햇빛을 볼 수 없었던 영국이나 프랑스 지역 사람들이 일조량 부족에 대한 해소차원에서도 쾌청한 날씨의 해안이나 온천지역으로 이동하여 일광욕을 즐기기 시작하면서 오늘날의 리조트가 탄생하게 되었다고 할 수 있다.

:: 제2절 영국의 리조트 효시

1660년 영국의 킹 찰스 2세가 데이 바스(day bath)로 유명한 턴버리지웰리조트를 사용한 것이 효시가 되었다.

:: 제3절 프랑스의 리조트 효시

1326년 벨기에 국적의 콜린 르루프(Colin le Loup)가 리지(Liege) 부근의 온천에서 지병을 치료한 것이 오늘날의 '스파(spa)'로 지칭되었다.

:: 제4절 스위스의 리조트 효시

1800년까지 여름 휴가철의 리조트에서 1860년경 겨울 휴가철의 스키리조트로 변화시킨 것이 효시이며, 그 이후 여름과 겨울의 연중 헬스와 스파를 비롯한 갬블로 변화시켜 리조트 경영의 혁신을 가져오게 되었다.

:: 제5절 미국의 리조트 효시

미국의 리조트는 18세기 동부의 온천지역에서 시작되어 로드아일랜드, 롱브랜리 등의 해안지역으로 발전되어 나갔으며, 1868년 타운을 가로지르는 철도의 건설을 계기로 본격적인 발전에 탄력이 붙기 시작했다.

19세기에 들어서 건강목적의 휴양과 애틀랜타 부두의 오락시설을 이용하기 위하여 많은 사람들이 몰리기 시작했고, 이들에게 숙박시설을 제공하는 것을 필두로 발전하게 된 대표적인 도시가 애틀랜타가 되었으며 당시 최초의 리조트 도시가 되었다.

제 4 장

리조트의 분류

리조트산업의 이해

제1절 입지여건별 분류

리조트의 입지여건에 의한 분류는 산악형, 해안형, 강·호수형, 온천형, 도시형으로 구분된다. 여기에서 리조트의 생성요건에는 기본적으로 숙박기능이 중심이 되며 콘도와 호텔이 주축이 된다고 할 수 있다. 숙박기능 중심으로 산악형에서는 스키와 골프가 주된 상품이 되며, 해안형에서는 요트와 윈드서핑, 강·호수형에서는 래프팅과 수상스키, 온천형에서는 스파, 도시형에서는 놀이공원과 동·식물원이 주된 상품으로 되어 있다.

〈표 4-1〉 리조트의 입지여건에 따른 분류

기본기능	입지여건 분류	주요 활동
숙박기능 (콘도/호텔/방갈로)	산악형 (Mountain Resort)	스키, 골프, 등산, 산악자전거, 행글라이더
	해안형 (Beach Resort)	요트, 윈드서핑, 수상스키, 스킨스쿠버
	강/호수형 (River/Lake Resort)	래프팅, 윈드서핑, 수상스키, 스킨스쿠버
	온천형 (Spa Resort)	스파
	도시형 (Urban Resort)	놀이공원, 동·식물원, 전시장, 공연장

〈그림 4-1〉 **리조트의 입지여건에 따른 분류**

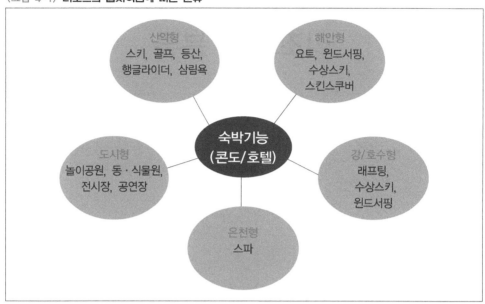

제2절 리조트의 이용목적별 분류

이용목적별로는 다양한 종류로 분류될 수 있지만, 크게 골프, 스키, 온천, 카지노 리조트의 4가지가 주를 이루고 있으며, 그 외 테마리조트, 교육연수리조트, 마리나 리조트, 비치리조트 등으로 분류된다.

골프가 목적인 리조트는 최소한 18홀 이상의 규모를 만들어야 하며, 골프장 안에 골프텔이 있으면 더욱 탄력받는 영업을 할 수 있다.

〈표 4-2〉 **리조트의 이용목적별 분류**

구 분	대분류	소분류
이용목적별 분류	• 골프리조트(Golf Resort) • 스키리조트(Ski Resort) • 온천리조트(Spa Resort) • 카지노리조트(Casino Resort)	• 테마리조트(Thema Resort) • 마리나리조트(Marina Resort) • 비치리조트(Beach Resort) • 교육/연수리조트(Edu/Training Resort)

제3절 테마별 분류

1. 자연테마리조트

자연테마리조트는 천혜의 자연조건을 최대한 반영한 리조트로서 개발보다는 자연의 아름다움을 그대로 보존하고 가꾸며 숙박에 필요한 콘도나 호텔, 방갈로 등을 부가적으로 건설한 리조트이다. 우리나라에는 울릉도, 제주도를 비롯하여 전남 신안군의 '증도'(슬로시티 지정), 경남 거제의 '외도'가 해당되며, 세계적으로는 인도네시아의 '발리섬', '몰디브', 남태평양의 '피지섬', 꽃을 테마로 한 캐나다의 '부차드가든', 뉴질랜드 북동쪽의 '쿡아일랜드', 태국의 '푸껫'섬, 필리핀의 '보라카이'와 '세부', 인도의 '빈탄'섬, 그 외 사이판, 괌, 통가 등이 있다.

▲ 엘도라도리조트 전경

2. 전통민속테마리조트

전통민속테마리조트는 자기가 살고 있는 지역이나 국가별로 독특한 전통민속춤이나 관습 등을 테마주제로 한 리조트이다. 우리나라에는 용인에 있는 한국민속촌이 대표적으로 해당되며, 유네스코 지정 세계유산에는 문화유산, 자연유산, 복합유산의 3종류가 있으며 문화유산으로 지정된 안동 하회마을과 경주 안강의 양동마을, 전남 순천의 낙안민속마을, 제주도의 성읍민속마을, 경북 영주의 선비촌이 있다.

그 외 각 지역의 지방자치단체별로 다양한 전통민속과 풍습을 테마로 하는 축제가 개최되고 있긴 하지만, 규모가 작기 때문에 리조트로 보기엔 미흡한 실정이다.

그 외 세계적으로는 하와이의 5개 큰 섬 중 하나인 오하우섬에 있는 '폴리네시안 민속촌'이 있으며, 그 주변의 민속촌과 풍습을 테마로 하여 세계적인 테마리조트가 형성되었다.

3. 문화예술테마리조트

문화예술테마리조트는 그림, 수필, 음악, 공예, 조각, 도예, 예술인, 게임 등의 문화나 예술의 어느 한 부분을 소재로 하여 리조트를 개발한 것이다. 우리나라에는 가장 최초이자 최근인 2011년도에 강원도 영월의 동강줄기 언덕에 개관한 '동강시스타리조트'가 대표적이라고 할 수 있다.

동강시스타리조트는 김삿갓의 유래에 담긴 시(Poem, 詩)를 소재로 하고 동강의 청정지역인 밤하늘의 별을 보면서 낭만을 연출할 수 있는 뜻을 가진 스타(star : 별)를 접목한 리조트이다. 즉 시와 별을 테마로 한 리조트라고 할 수 있으며, 한국의 특별한 문화예술테마리조트로 자리매김해 나가고 있다. 그 외 제주도의 조각공원은 규모는 작지만 문화 · 예술리조트에 근접하고 있다. 해외에는 음악의 숲, 생명의 숲, 조각의 숲 등이 있으며, 일본 지바현의 '생명의 숲'이 울창한 삼림 속에 자리잡고 있어 숙박하면서 명상과 함께 마음의 평정을 찾을 수 있도록 설계 · 운영되고 있는 특기할 만한 테마리조트이다. 이 곳 '생명의 숲'에는 일본지진으로 인한 정신적 충격이나 트라우마를 가진 사람들이 명상을 통한 치유를 하는 곳이기도 하다.

4. 스포츠테마리조트

스포츠테마리조트는 각종 스포츠를 테마로 선정하여 개발된 리조트이다. 스포츠에는 스포츠유형에 따라 육상, 해상, 공상 부문으로 나누어지고, 육상에는 카레이스경기, 모터사이클경기, 자전거경기가 주요 테마로 선정되며, 해상에는 요트, 수상스키, 스킨스쿠버, 카누, 윈드서핑 등이 테마가 되고, 하늘공중 부문에는 행글라이더, 경비행기, 열기구 등의 탑승을 주요 테마로 하는 리조트이다.

제4절 계절별 분류

리조트의 계절별 분류는 봄, 여름, 가을, 겨울의 특색을 살린 리조트로 나눌 수 있다. 각 계절별로 리조트를 즐기는 주제가 다르기 때문에 계절별 리조트의 특징은 계절별로 즐길 수 있는 시설들을 차별화시켜서 건설·운영되어야 한다.

우리나라뿐만 아니라 세계적으로도 계절별 리조트는 겨울과 여름으로 크게 나눌 수 있으며, 겨울에는 스키와 온천, 여름에는 해변과 강, 호수를 중심으로 한 해수욕장과 수영, 요트, 윈드서핑을 통한 휴양형 리조트로 운영되고 있다. 그러나 오늘날은 계절의 특징을 나타내는 리조트도 있지만 4계절 전천후 리조트로 개발·발전시키는 리조트가 증가하는 추세이다.

〈표 4-3〉 우리나라 현행 「관광진흥법」상 리조트 관련사업

구 분	분 류	등록기준
1. 관광숙박업	휴양콘도미니엄업	• 같은 단지 안에 20실 이상, 취사·체류·숙박에 필요한 설비, 매점 및 문화체육공간 갖출 것
	관광호텔업	• 욕실·샤워시설 갖춘 객실 30실 이상, 외국인 서비스체제 갖추고, 대지·건물의 소유권·사용권 확보할 것
	수상관광호텔업	• 욕실·샤워시설 갖춘 객실 30실 이상, 외국인 서비스체제 및 수상오염방지시설 갖출 것

구 분	분 류	등록기준
1. 관광숙박업	한국전통호텔업	• 건축물외관은 전통가옥형태로 외국인 서비스체제 갖추고, 대지·건물의 소유권·사용권 확보할 것
	가족호텔업	• 취사시설은 객실별 또는 공동취사장으로 설치, 외국인 서비스체제 갖출 것 • 욕실이나 샤워시설 갖춘 객실이 30실 이상일 것
	호스텔업	• 배낭여행객 등 개별관광객 숙박에 적합한 객실, 외국인·내국인 관광객에게 서비스 제공시설 갖출 것 • 화장실, 샤워장, 취사장 등의 공동이용시설 갖출 것
	소형호텔업	• 욕실·샤워시설 있는 객실 20실 이상 30실 미만으로 갖추고, 외국인 서비스체제 갖출 것 • 조식제공시설구비
	의료관광호텔업	• 의료관광객을 위한 취사시설 및 공동취사장 갖추고, 외국인에게 서비스 제공체제 갖출 것 • 욕실이나 샤워시설 갖춘 객실이 20실 이상일 것
2. 관광객이용 시설업	전문휴양업	• 숙박시설 또는 음식점시설 외 다음 중 1개 이상 갖출 것 (민속촌, 해수욕장, 수렵장, 동물원, 식물원, 수족관, 온천장, 동굴자원, 농어촌휴양시설, 활공장,산림휴양시설, 박물관, 미술관) • 등록 및 신고체육시설업시설 9종류 중 1개 이상 갖출 것 (스키장, 요트장, 골프장, 조정장, 카누장, 빙상장, 자동차경주장, 승마장 또는 종합체육시설)
	제1종 종합휴양업	• 숙박시설 또는 음식점시설 갖추고 전문휴양시설 중 2종류 이상의 시설을 갖추고 있거나, • 숙박시설 또는 음식점시설 갖추고 전문휴양시설 중 한 종류 이상의 시설과 종합유원시설업의 시설을 함께 갖추고 있을 것
	제2종 종합휴양업	• 면적 : 단일부지로 50만 제곱미터 이상 • 시설 : 관광숙박등록시설과 제1종 종합휴양업 등록에 필요한 전문휴양시설 중 2종류 이상의 시설 또는 전문휴양시설 중 1종류 이상 시설과 종합유원시설업의 시설을 함께 갖출 것
	야영장업 (일반야영장업·자동차야영장업)	• 공통기준 : 침수, 유실, 고립, 산사태, 낙석의 우려없는 안전한 곳에 위치할 것 • 일반야영장업은 야영용 천막을 칠 수 있는 공간은 천막 1개당 15제곱미터 이상 확보할 것 • 자동차야영장업은 차량 1대당 50제곱미터 이상의 야영공간을 확보할 것 • 야영장이 개장되어 있는 시간에는 상주하는 관리요원 확보

구 분	분 류	등록기준
2. 관광객이용 시설업	관광유람선업 (일반관광유람선업 · 크루즈업)	• 선상시설 : 이용객의 숙박 · 휴식에 적합한 시설 갖출 것 • 위생시설 : 수세식 화장실과 냉 · 난방 설비 갖출 것 • 편의시설 : 식당 · 매점 · 휴게실을 갖출 것 • 수질오염방지시설을 갖출 것 • 크루즈업 : 욕실이나 샤워시설 갖춘 객실 20실 이상 갖출 것
	관광공연장업	• 관광지, 관광단지, 관광특구 안 또는 관광사업시설 안에 설치 • 실내공연장은 70제곱미터 이상 무대(분장공간확보 및 방음시설 갖출 것) • 실외공연장은 70제곱미터 이상 무대(남여구분 수세식 화장실 갖출 것)
	외국인관광 도시민박업	• 주택의 연면적이 230제곱미터 미만일 것 • 외국어 안내 서비스가 가능한 체제를 갖출 것 • 소화기를 1개 이상 구비하고, 객실마다 단독경보형 감지기를 설치할 것
	한옥체험업	• 한옥 및 편의시설 등 한옥숙박체험에 이용되는 공간의 연면적이 230제곱미터 미만일 것(다만, 문화재지정한옥, 지자체에서 한옥, 고택 등으로 정한 한옥은 제외) • 객실 내부 또는 주변에 소화기 1개 이상 비치
3. 국제회의업	국제회의시설업	• 회의시설 · 전시시설 요건 갖추고, 부대시설로 주차시설 및 쇼핑 · 휴식시설 갖출 것
	국제회의기획업	• 자본금 5천만 원 이상, 사무실 소유권 · 사용권 있을 것
4. 카지노업	외국인전용카지노 및 내국인출입 허용 강원랜드카지노	• 최상등급의 호텔업시설, 국제회의업의 부대시설, 우리나라와 외국을 왕래하는 2만톤급 이상의 여객선에 한하여 카지노업 허가 • "폐광지역법"에 의하여 카지노업 허가 받은 강원랜드카지노에는 「관광진흥법」 제28조제1항제4호(내국인출입금지)의 규정을 적용하지 않으므로 내국인도 출입가능함
5. 유원시설업	종합유원시설업	• 대지 또는 연면적은 1만 제곱미터 이상, 안전성검사대상 유기시설 · 유기기구 6종 이상 설치
	일반유원시설업	• 안전성검사대상 유기시설 또는 유기기구 1종 이상 설치, 안내소 설치, 구급의약품 비치
	기타유원시설업	• 대지 또는 연면적은 40제곱미터 이상, 안전성검사 대상이 아닌 유기시설 또는 유기기구 1종 이상 설치
6. 관광편의 시설업	관광유흥음식점업	• 건물 연면적 특별시의 경우 330제곱미터 이상, 그 밖의 지역 200제곱미터 이상, 한국적 분위기 풍길 것
	관광극장유흥업	• 건물 연면적 1,000제곱미터 이상, 홀면적 500제곱미터 이상, 특수조명장치 설치한 50제곱미터 이상의 무대
	외국인전용 유흥음식점업	• 홀면적 100제곱미터 이상, 20제곱미터 이상의 무대, 특수조명시설 및 방음장치 갖출 것

구 분	분 류	등록기준
6. 관광편의 시설업	관광식당업	• 한국전통음식 제공시 조리사 자격증 소지자 둘 것 • 특정 외국의 전문음식 제공시 해당 외국에서 전문조리사 자격 취득자 둘 것
	관광순환버스업	• 외국어 안내서비스 가능한 체제 갖출 것
	관광사진업	• 사진촬영기술 풍부한 자 및 외국어 안내서비스 가능체제 갖출 것
	여객자동차 터미널시설업	• 인근 관광지역 등 안내서 비치, 인근 관광자원 및 명소 등 소개 관광안내판 설치할 것
	관광펜션업	• 자연 및 주변 환경과 조화 이루는 3층 이하의 건축물에 30실 이하의 객실 갖출 것 • 바비큐장, 캠프파이어장 등 주인 환대 가능 1종류 이상의 이용시설 갖출 것
	관광궤도업	• 자연 또는 주변 경관을 관람할 수 있도록 개방된 구조 • 안내방송 등 외국어 서비스 가능한 체제 갖출 것
	관광면세업	• 외국어 안내서비스 가능제체 갖출 것 • 한 개 이상의 외국어로 상품명 및 가격 등 관련정보 명시된 전체 또는 개별 안내판 갖출 것 • 주변 교통의 원활한 소통에 지장 초래하지 않을 것
	관광지원서비스업	• 주로 관광객 또는 관광사업자 등을 위하여 사업이나 시설 등을 운영하는 업 • 관광산업으로 분류한 쇼핑업, 운수업, 숙박업, 음식점업, 문화·오락·레저스포츠업, 건설업, 자동차임대업 및 교육서비스업 등(단, 법에 의해 등록·허가 또는 지정을 받거나 신고를 해야 하는 관광사업을 제외한다.) ※ 지정기준 4가지 ① 관광객 또는 관광사업체와의 매출액비중이 사업체평균매출액의 50% 이상일 것(예: 렌트카업체, 기념품가게, 관광벤처기업, 관광수송운수업체, 식음료판매업체 등) ② 「관광진흥법」 제48조의10제1항에 따라 한국관광품질인증을 받았을 것 ③ 「관광진흥법」 제52조에 따라 관광지 또는 관광단지로 지정된 지역에서 사업장을 운영할 것 ④ 중앙행정기관의 장 또는 지자체단체장이 공모 등의 방법을 통해 우수관광사업으로 선정한 사업일 것

제 5 장

리조트건설의 키워드(Key-word)

리조트산업의 이해

　리조트의 개발과 비전에 따라 가장 먼저 고려되어야 할 키워드(Key-word)는 크게 4가지로 나눌 수 있으며 이를 다시 또 세부적으로 나누면 핵심 키워드는 20가지로 제시될 수 있다. 이 20가지 핵심 키워드 중에서 과연 어느 것을 주요 핵심과제로 선정하여 리조트를 건설하고 이미지 업(up)해야 할 것인가는 대단히 중요하다고 하겠다. 즉 핵심 키워드는 인간중심키워드, 자연중심키워드, 마음중심키워드, 레저스포츠중심키워드의 4가지로 대분류가 될 수 있다. 리조트의 최초 콘셉트에서 채택해야 할 주요 이슈이자 과제라고 할 수 있다.

제1절 인간중심 키워드

　리조트건설의 여러 콘셉트 중에서 인간중심 키워드는 여러 가지가 있지만, 그중에서도 대표적인 것은 아래와 같다.
　여성, 모성애, 건강, 라이프, 리치, 사랑, 아트, 환대, 릴랙스 등이며, 이러한 변수들을 적절히 선택 조합하여 리조트건설의 핵심변수로 고려되어야 한다.

⁚⁚ 제2절 자연중심 키워드

자연중심 키워드는 무엇보다 자연(nature)과 정원(garden)이다. 자연은 리조트의 최대 하드웨어이며 자연에 관한 리조트건설의 대표적인 키워드이다.

⁚⁚ 제3절 마음중심 키워드

마음중심 키워드는 인간의 마음을 움직이고 감동시키는 것을 핵심과제로 담고 있는 키워드이며 여기에는 환상, 감동, 쾌적, 여유, 기(氣)의 요소들이 해당된다.

⁚⁚ 제4절 레저스포츠중심 키워드

레저스포츠중심의 리조트건설 요소에는 스포츠와 레저, 놀이가 전제되는 리조트로 건설되는 것이 가장 중요하다.

〈표 5-1〉 **리조트건설의 키워드(Key-word) 20가지**

구 분	키워드	리조트건설의 콘셉트
(1) 인간중심 키워드	여성	여성시대를 맞아 여성(woman)의 활동반경이 넓어지고 그들은 대체로 리조트를 너무나 좋아한다. 어느 리조트를 보더라도 여성으로 가득하다. 이제 리조트가 더 이상 환락화로 변해 품위를 잃어서는 안될 것이며 여성 취향에 맞는 섬세한 리조트가 추구되어야 할 것이다.
	모성애	리조트는 모성(mother)을 강조하는 '모성지향'의 이미지로 가득해야 한다. 노이만의 말대로 "인간은 자아의 발생과 함께 낙원상태는 끝난 것이다"라고 했는데, 전 자아시대의 원관계(原關係), 즉 엄마의 관계는 리조트에 있어 중요한 콘셉트이다. 자궁의 양수상태와 온도, 소리(엄마의 심장소리)를 재생하는 것이다.

구 분	키워드	리조트건설의 콘셉트
(1) 인간중심 키워드	건강	현대인은 '건강(health)'에 대한 관심이 날로 고조되고 있으며, 건강은 리조트의 커다란 메뉴이며, 신체·정신·사회적으로 양호한 상태, 즉 웰빙하기 위한 장소이다. 리조트를 '휴양'으로 보는 데서도 건강의 중요성을 짐작할 수 있다. 리조트를 '홀리데이(holiday)', 즉 "그 사람이 그 사람 본래로 돌아가는 날"이 되게 하는 것이라 설명하고 있다. 또한 수면과 휴식에 관해서도 언급하고 있다.
	라이프	인생의 라이프는 음악의 리듬이다. 음의 고저가 우리 인생에도 영향을 미치는 것과 같다. 음악을 들으며 생기를 얻는 것과 같다.
	리치	풍요로운 부자는 즐길 줄을 안다. 즐기는 인생은 리조트를 찾는다. 왜냐하면 마음의 휴식처이기 때문이다. 리조트는 경제적 여유로움을 가진 자를 흡수하며 또 준비하고 있다.
	사랑	리조트 라이프는 러브라는 새로운 콘셉트를 강조하는 '연애의 무대'가 되게 한다. 일본 서비스론의 제1인자인 와타나베의 저서 『서비스의 법칙』에서 이 세상엔 두 종류의 문명, 즉 남녀 한 쌍을 기반으로 하는 문명과 그렇지 않은 문명을 설명하고 있다. 커플이 재미있게 즐길 수 있는 리조트가 필요하다.
	아트	아트(art)의 콘셉트가 리조트이며 리조트의 콘셉트가 아트라 할 정도로 아트와 리조트는 '마음의 시대'에 밀접한 열쇠말이다. '숲의 리조트', '호수의 리조트', '바다의 리조트'를 구상하고 있는데, 예컨대 세계적인 숲의 그림을 모아 전시한 '숲의 미술관' 등을 만들면 아주 재미있을 것이다. 예술가는 보편적인 것을 바라보고 이를 표현하고 관상인(觀賞人)은 이 작품을 통하여 '아름다움'을 다시 창조하는 것이다.
	환대	환대라는 뜻의 '호스피텔리티(hospitality)'는 이웃사랑을 실천하는 장소인 병원과 호텔이 그 좋은 예이며, 환대는 서비스업, 특히 접객업의 핵심이 되는 콘셉트이다. 리조트 비즈니스도 '리조트 마음'이라는 호스피텔리티 마인드로 감동을 연출해야 한다.
	릴랙스	현대사회화될수록 인간의 '스트레스'는 그만큼 늘어나며, 문명이 발달될수록 되레 인간에게 부여된 시간과 공간의 특성을 손상시키는 결과가 되었다. 따라서 현대인의 휴식이 가능하고, 쌓여 있는 다양한 스트레스를 해소시킬 수 있는 곳이 리조트이다. 스트레스의 선진국인 미국이 '릴랙스(relax)'를 철저하게 기본 콘셉트로 미래 리조트의 모습을 잘 그려준 에스린 인스티튜트의 예를 자세히 소개하고 있으므로 각국은 에스린과 같은 공간의 창조를 고려해 볼 만하다.
(2) 자연중심 키워드	자연	리조트는 자연과 만나는 장소이다. 자연이야말로 리조트 최대의 소프트웨어이다. 21세기의 그랜드 키워드는 '지구'와 '신'이 될 것이며, "하나의 생명체로서의 지구"라는 '가이어'는 본래 신의 이름이다. 지구인들은 모두 가이어의 파트너로서 오염에 의해 병든 여신(가이어)을 지켜 여신을 사랑하고, 지구가 살아 있는 생명체로서 산(山)리조트를 만드는 데 각별히 노력해야 할 것이다.

구 분	키워드	리조트건설의 콘셉트
(2) 자연중심 키워드	정원	서양 정원의 역사는 에덴동산의 재현을 시도한 역사이다. 이슬람교에서도 정원은 '낙원'에 대한 개념과 밀접한 관계가 있다. 중국의 정원은 신선사상에 근거한 도교적 파라다이스, 일본 정원 역시 극락정토이다. 정원은 파라다이스와 하트피아 데어의 모형이며, 비일상적인 공간으로서 마음의 휴식처이므로 리조트는 진화된 정원이라 본다.
(3) 마음중심 키워드	환상	환상, 즉 판타지(fantasy)운동은 리조트에도 그 바람이 거세게 몰아치고 있으며, 판타지는 현대인에게 없어서는 안될 요소이다. 도쿄 디즈니랜드라는 '판타지 공간'은 방문객에게 '꿈'을 안겨주고, 도쿄의 엔트로피(entropy, 무질서 내지 부작용)를 감소시켜 주는 역할을 하고 있다.
	감동	리조트에 오는 사람은 어떤 것에 대해 '감동'하고자 하는 태도를 갖추고 있다. 리조트는 마땅히 방문객에게 감동을 주는 장소가 되어야 하며, 대체로 가장 큰 감동을 불러일으키는 것은 '호스피텔리티 마인드'일 것이다.
	평화	평화(peace)는 리조트에 있어 최대의 테마이다. 현재 국경을 초월한 글로벌의 관점에서 리조트는 '평화의 이미지와 메시지'를 사람들에게 전달하는 장소가 되어야 하는데, 그 이유로서 리조트는 평화로운 '마음의 이상향', 하트피아의 모형이기 때문이다.
	쾌적	현대 마케팅에 있어 최대의 키워드는 '쾌적(amenity)'이다. 리조트에 있어서 어메니티는 불가결하며, 반(反)어메니티는 존립할 수 없다. 환경 디자인은 인간의 오감을 심리적 감각과 화학적 감각기관을 동원 '공감각(共感覺)'을 누리게 해야 한다.
	여유	넉넉한 풍미가 깃든 '여유(餘裕)'란 말은 분명 이 시대의 키워드이다. 여유에는 경제·공간·시간적인 여유가 있지만, 이 중 가장 절실한 것은 '시간적 여유'일 것이다. 리조트 비즈니스는 여유의 집약산업으로 인생의 보배인 정신적 여유를 방출하는 장치가 되어야 할 것이다.
	기	'기(氣)'라는 말을 우주와 인간과의 관계에서 생각한다. 우주에는 기라고 하는 '생명에너지'가 충만하다. 동양의학에서 사람은 천기(天氣), 지기(地氣)가 모여 이루어진 존재이며, 사람의 몸은 기(氣) 흐름 그 자체로 마치 배터리와 같은 것이다. 기를 충전하는 훈련을 '기공(氣功)'이라 하며 충전을 위해 '수면법'과 '의식동원(醫食同源)'이란 차원에서 식사 그리고 서비스의 제공도 기를 공급하는 것이다. 이렇듯 리조트의 기지(基地)는 기지(氣地)이다.
(4) 레저 스포츠중심 키워드	스포츠	스포츠(sports) 없는 리조트를 상상할 수 없다. 리조트라면 언뜻 '골프'를 연상하는데, 이는 '농약을 사용하는 골프 이미지로 세인에게 악역을 떠맡기고 있다. 이는 참 리조트 정신에 부합되는 것이 아니다. 리조트에서 인간이 스포츠하는 것은 불로불사(不老不死)의 신선경에 대한 동경과 같은 것으로 가히 '스포토피아'라 부를 만하다.

구 분	키워드	리조트건설의 콘셉트
(4) 레저 스포츠중심 키워드	레저	레저(leisure)는 인간의 행복과 깊은 관련이 있는 말로서 아리스토텔레스의 행복론도 이를 잘 지적해 주고 있다. 레저를 '여가(餘暇)'라 하게 된 것은 다이쇼(大正) 13년(1924년) 당시의 시대상을 반영한 말로 현대에는 부적합한 용어이다. 리조트는 현대의 '가짜 레저'에서 탈피하여 진정한 레저의 장으로 거듭 태어나야 할 것이다.
	놀이	리조트는 일반적으로 '놀이장소'이며 '놀이 집합체'이다. 놀이란 무엇인가에 대해서 유명한 호이징하와 카이와의 개념이 소개되고 있으며, 송강(松岡)은 놀이에 '동심(童心)'이라는 것이 원점이 된다고 했다. 필자는 리조트에 있어 놀이의 본질은 시뮬레이션, 즉 '미미크리(흉내)'에 가깝다고 생각한다. 일본어의 놀이는 원래 '신이 논다', 즉 신놀음이란 단어에서 유래되었다고 한다.

자료 : 이치조 신야(1997) 외, 손대현·장희정 편역, 『리조트의 철학』에 의거 재구성.

제 6 장

리조트 경영의 특성

리조트산업의 이해

⠿ 제1절 고정자산 투자성

리조트기업은 생산제조업에 비해서 고정자산의 투자비율이 단위면적당 가장 높은 기업이다. 거대한 토지취득과 시설의 건설 및 기반시설 정비에 거액의 선행투자가 필요하다. 더구나 최근에는 리조트 내의 호텔, 콘도, 부대시설들이 매우 고급화되는 추세에 있으며, 이러한 고급화 정도는 곧 리조트의 상품과도 연계되기 때문에 시설의 고급화 정도는 곧 고정자산의 투자비 과다로 이어질 수밖에 없다.

첫째, 고정자산의 투자비율이 크다.
둘째, 초기 투자비율이 크다.
셋째, 장기투자의 성격을 갖는다(투자자본에 대한 회수기간은 20~30년 이상으로
　　　타 산업에 비해서 매우 긴 편이다).

〈표 6-1〉 **국내기업의 고정자산 구성비**

(단위 : %)

호텔업	철강	시멘트	자동차	섬유	전기·전자	제조업 평균
85.5	68.5	67.7	54.2	49.2	47.4	51.5

제2절 인적자원에 대한 의존성

리조트기업은 인적서비스를 기본으로 하는 영업이므로 인재의 필요성과 의존성이 어느 기업보다도 높은 편이다. 리조트기업의 서비스는 시설에 해당되는 물적서비스도 중요하지만, 사람이 직접 고객에게 서비스하는 인적서비스 자체가 곧 상품이므로 인적서비스가 더욱 중요하다. 더구나 인적서비스부문을 제조업과 같이 기계나 로봇으로 대체하는 데는 한계가 있기 때문에, 리조트 내의 호텔이나 콘도는 연중무휴 24시간 근무하는 데 따른 인력의 부담이 가중될 수밖에 없다.

제3절 생산과 소비의 동시성

리조트는 전형적인 서비스산업이다. 제조업과는 달리 상품의 재고가 없다는 표현이며, 상품이 발생할 시점에 판매가 이루어지지 않으면 매출감소의 원인이라는 의미이다. 자동차생산 공장의 경우에는 오늘 생산된 자동차가 당일 판매되지 않아도 재고상품으로 쌓여 있으면서 추후에 판매가 가능하지만, 리조트의 객실이나 수영장과 같은 서비스 상품에는 당일 판매되지 않으면 당일의 매출감소로 이어지기 때문에 생산과 판매소비의 시점이 같아질 수밖에 없고, 그만큼의 시기상품이라는 점이 큰 특징이라고 할 수 있다. 따라서 리조트사업은 재고가 없음으로 인해 안정적인 서비스제공이 불가능하며, 이것이 곧 경영을 압박하는 원인이 된다.

:: 제4절 수요의 불안정성

수요의 불안정성이란 리조트를 이용하는 수요자 측에서 볼 때 리조트가 그들의 생활 가운데서 얼마만큼의 비중을 갖고 있는지가 중요하다. 즉 대부분의 국민들은 일상생활에서 리조트의 위상은 의·식·주와 교육, 의료부문보다도 더 중요하게 생각하지는 않는다. 다시 말해 의·식·주와 의료를 필요한도 이하로까지 내리고 리조트에 더 비중을 둔다는 세대는 극소수라는 점이다. 그렇기 때문에 리조트는 대부분의 사람들에게 필수가 아니며 선택사항이라는 점이 리조트의 경영에 위험을 준다는 것이다. 따라서 리조트의 환경은 경제흐름과 경기회복 정도에 따라 크게 좌우된다는 점이며, 이로 인한 기후여건에도 큰 영향을 미치며, 성·비수기에 따라 수요가 불안정한 것과 전망의 불투명이 리조트 경영을 불안정하게 하는 요소로 작용한다.

:: 제5절 규모의 경제에 대한 민감성

리조트기업은 단일건물이거나 부대시설이 부족할 경우에는 고객의 유인력이 약해서 매출극대화에는 한계점이 있다. 따라서 규모의 경제논리에 의거 콘도 객실수가 많을 경우 투숙객이 많아지며, 그 투숙객들이 수영장이나 식당, 스포츠레저시설들을 많이 이용할 수 있기 때문에 어느 정도 규모 이상을 적절히 유지해야 매출액 증대효과가 있으며 인건비의 부담이 줄어들게 된다.

:: 제6절 성·비수기 편차에 대한 의존성

리조트시설은 대부분이 자연경관이 수려한 산간계곡이나 호수·바닷가 등에 위치하는 경우가 많고, 4계절의 관광상품을 모두 갖추기가 용이하지 않기 때문에 계절에 따라 성·비수기의 편차가 크게 작용한다. 특히 해변가에 위치한 리조트는 여름이 성수기가 되는 반면에, 겨울에는 비수기로서 고객의 이용변화에 많은 영향을 미친다.

또한 스키장을 가지고 있는 리조트는 반대로 겨울이 성수기가 되며, 여름에는 비수기가 되므로 성·비수기의 객실 이용률에 대한 편차가 매우 큰 편이다. 특히 우리나라 리조트 내 대부분의 호텔, 콘도인 경우 비수기에는 50% 이하의 객실 점유율을 나타내고 있는 실정이다.

:: 제7절 기후·날씨에 대한 의존성

리조트의 영업은 기후나 날씨에 대한 영향을 특히나 많이 받는다. 스키장리조트의 경우 겨울에 눈이 적게 내리거나 비가 오거나 겨울 날씨가 고온현상으로 지속될 경우 적설량 부족에 따른 스키장 운영에 많은 어려움이 초래된다. 물론 인공눈을 뿌려서 스키장을 운영하기도 하지만, 자연눈과 인공눈의 설질의 차이는 매우 크며, 스키장 고객들의 유치에도 많은 영향을 받게 된다. 반면, 해변가의 리조트는 비가 오거나 흐린 날씨가 지속되면 여름의 바캉스에 차질이 초래되어 역시 성수기의 영업에 지장을 받게 되므로, 리조트는 기후, 날씨에 영향을 많이 받는 기업이라고 할 수 있다.

제 **2** 편

리조트의 개발

제 7 장

리조트 개발 전략 포인트

리조트산업의 이해

리조트의 개발에 따른 전략은 매우 중요하다. 처음에 리조트를 계획하고 입안하는 단계부터 공사 후 완성하고 영업을 시작할 때까지의 전체적인 프로세스를 체계적으로 수립한다는 것은 리조트 경영에 있어서 매우 중요하다. 그러므로 성공적인 리조트 건설을 위해서는 최초 계획단계부터 어떤 콘셉트와 목표로 영업할 것인가에 대한 뚜렷한 전략이 수립되어야 한다. 그러한 전략방안에는 여러 가지가 있겠지만, 다음의 4가지 방안으로 제시해 보고자 한다.

제1절 리조트의 특성화 전략

리조트의 특성화 전략은 연령구성과 생활계층에 따른 특성별 차이가 있음을 인정하고 그에 따른 목표 타깃을 설정하여 개발하는 것이 바람직하다.

생활계층의 차이는 대개의 경우 생활습관이나 소득차이에 있으며 라이프스타일이 다른 사람들을 포괄적으로 수용한다면 리조트의 등급이나 선호도가 떨어질 수도 있다. 따라서 연령이나 소득수준 그리고 라이프스타일이 비슷한 사람들을 대상으로 리조트 개발 전략을 수립하는 것이 매우 중요하다. 그 외 또 하나의 중요한 요소는 커뮤니케이션이다. 리조트에서 비일상적인 생활환경을 찾아 리조트에 온 사람들에게는 주변에 자신과 어울리는 사람들이 많고 커뮤니케이션이 원활하게 이루어진다면 더욱 풍요로운 환경으로 느끼게 된다. 따라서 리조트의 특성화 전략 3가지를 요약하면 다음과 같다.

첫째, 연령별 특성화
둘째, 소득계층별 라이프스타일에 따른 특성화
셋째, 커뮤니케이션별 특성화

〈표 7-1〉 **각 연령층별 리조트 이용성향**

구 분		청소년층	젊은층	뉴패밀리층	패밀리층	중년층	노년층
금전적 여유		-2	+1	0	-1	+1	+2
먼 거리도 갈 수 있다.		+2	+2	-2	-1	+2	0
행동력을 요구하는 스포츠		+2	+1	0	-1	-1	-2
가벼운 스포츠		+1	+1	+1	+2	+2	+1
계절적 요인	여름형	+2	+2	+2	+2	+1	+1
	봄·가을형	+2	+2	+2	+2	+2	+2
	겨울형	+2	+2	+1	+1	0	-2
시설에 대한 평가		+2	+1	0	-1	-2	-2
식사에 대한 평가		+2	+2	+1	0	-2	+1
자연적 조건		+1	+1	0	-1	-2	-2
체재 기간	장기 체재	+2	+2	0	-1	-1	+2
	단기 체재	-1	-2	0	+1	+2	-2
도시 기능		-2	-2	0	+1	+2	+1

주 : +는 긍정, -는 부정.

제2절 리조트의 차별화 전략

리조트의 차별화 전략은 다른 리조트와의 차별성이다. 차별성 중에서 가장 중요시되는 부분이 서비스 제공수준, 즉 '서비스의 질'이며 서비스 질에 따라 리조트 경영의 성공 여부가 결정된다. 그러므로 리조트를 개발하기 위해서는 어떤 고객층을 주요 타깃으로 결정해야 하는지, 서비스제공 수준은 어느 정도 수준으로 맞춰야 하는지, 즉 고급·중급 중에서 어느 수준을 목표로 지향할 것이며 연령층은 어디에 맞추어야 할 것인지를 결정하는 것이 매우 중요하다. 그것이 곧 리조트의 차별화 전략이라고 할 수 있다.

제3절 리조트의 접근성 전략

리조트는 접근성이 리조트의 성공전략에 많은 영향을 미치는 것으로 나타나고 있다. 아무리 좋은 리조트라 할지라도 교통이 불편하다면 고객유치에는 한계성이 따를 수밖에 없다. 그러므로 교통수단별, 즉 항공편의 운항시간과 횟수, 열차, 버스, 자가용, 선박 등의 교통편을 잘 고려해야 할 것이다.

제4절 리조트의 기후와 풍토 연구전략

리조트는 기상조건과 풍토여건에 따라 많은 영향을 받는다. 특히 계절적인 요인 중에서도 스키장 같은 경우 눈의 양과 설질, 적설량 등은 스키장의 상품요건에 중요한 변수이므로 중요하게 고려되어야 할 요소들이다. 그 외 온천리조트인 경우에도 기후와 풍토 여건은 중요한 고려대상이다.

제 8 장

리조트 개발의 핵심 포인트

리조트산업의 이해

제1절 발상의 전환

(1) 지역이 최우선이다

리조트 개발은 그 지역이 주체가 되어야 한다.

(2) 큰 것이 반드시 좋은 것은 아니다

리조트의 조성에 있어서 큰 것이 오히려 위험하다는 것이다.

(3) 백지에 그림을 그려라

리조트 입지조성과정을 보면 아무것도 없는 곳에 처음부터 리조트를 만들 목적으로 정비하는 경우가 많다. 디즈니월드나 멕시코의 칸쿤이 그것이다. 예컨대, 콘도리조트가 개발되면 주변 숙박업소의 개발 반대로 중단되는 경우이다.

(4) 부동산개념보다 지역개발에 초점을 맞춰라

리조트는 지역개발이고 커뮤니티의 개발이다. 초기에는 당연히 기존지역과 도시기능 측면, 경관측면, 토지이용측면 등 여러 가지의 국면조정이 필요하다.

(5) 민간의 성숙도보다 지역의 성숙도가 우선이다

리조트 개발에서 민간의 성숙도가 지나치게 되면 민간 성숙도에 의존하는 경향이 높아진다. 기업이 지역에 기대하는 것은 지역으로서 어느 정도 일할 수 있는지를 분명히 하지 않으면 안된다는 의미이다.

:: 제2절 경쟁과 제휴의 윈윈(Win-Win)전략

리조트 상호간 선의의 경쟁은 질적 향상의 원동력이 된다. 그리고 리조트의 평가와 결론을 내리는 쪽은 리조트 이용자인 고객이다. 좋은 의미에서의 경쟁은 매우 격려할 만하다. 경쟁과 동시에 제휴는 상호보완과 확장이라는 측면에서도 경쟁력이 있다. 예컨대, 제휴를 통한 공동마케팅으로 보다 저렴한 비용으로 홍보를 할 수 있으며 이벤트의 순회공연, 하계형과 동계형의 제휴로 비수기를 타계하는 것 등이다.

:: 제3절 행정 · 민간업자 · 지역의 3위일체

행정 · 민간업자 · 지역의 3자가 각각의 입장을 자각하고 상호일체가 되어야 리조트 건설의 체제가 가능하다. 이를 위해 실무담당자들이 협의체를 구성하여 수시로 만나서 협의 조정을 해야 한다.

:: 제4절 리조트 개발의 성공추진전략

리조트 개발을 성공시키기 위해서는 다른 리조트와의 차별화와 특성화가 필요하다. 즉 차별화 · 특성화가 잘되어 있다는 것은 매스컴의 보도대상으로 부각될 수 있는 아이템이 잘 정립되어 있다는 것을 뜻한다. 과거에는 온천이나 기후를 중시한 보양 · 요양 목적으로 많이 개발되었지만, 요즈음은 콘도, 골프, 스키, 요트, 스포츠레크리에이션을 즐기는 액티비티, 즉 활동적 리조트가 급격히 증가하고 있다. 더구나 경제적 여유와 시간이 많은 사람들이 즐길 수 있는 레크리에이션과 먹을거리 문화, 그 외 쇼핑도 중요한 소재로 부각되고 있다.

(1) 리조트 붐의 맹목적 추종을 삼갈 것

리조트 개발은 1년이나 2년 내에 승부를 낼 수 없다. 단기로 자금을 회수하고, 2~3년 내에 원금을 회수하려는 생각의 사업은 불가능하고, 장기적인 비전을 세워 확실한 투자에 의한 지역 조성을 목표로 할 필요가 있다.

(2) 지역 독자의 자원을 발굴할 것

지역의 장점을 발굴하여 독창성을 보존한 지역 진흥을 먼저 전개하여 개발하고 그 개발을 통하여 인간과 문화, 역사, 산업, 자연 등의 지역자원을 살리는 활성화 역할이 되도록 한다.

(3) 관 · 민 · 학의 협력체제를 구축할 것

민간 단독으로 하기에는 어렵고 힘든 부분에 대해 관 · 민 · 학의 협의체를 구성하여 관에서는 행정의 중심역할로 개발에 따른 인 · 허가 업무와 급수나 도로, 전기 등의 사회기반시설을 적극 지원하고, 대학은 해당 관련 전공분야 인력을 지원하여 3자간 상생의 성과를 이루도록 한다.

(4) 민간에게 역할을 맡길 것

지역진흥을 위한 제3섹터를 조직하는 예가 많지만, 그 운영은 독자의 노하우를 갖는 민간에게 맡기는 것이다.

(5) 고급화의 디자인 콘셉트를 가질 것

모방하는 것이 아니고 독창적인 사고로 개발하는 것이다. 독창성을 갖기 위해서는 어느 정도 고급화 지향도 필요하다.

(6) 하드웨어와 소프트웨어의 균형을 유지할 것

하드웨어인 리조트 공간에 병행해서 소프트웨어인 연출을 십분 검토, 조화된 개발이 필요하다. 특히 음악예술 등의 이벤트, 꽃과 조각 등에 의한 가로변의 어메니티, 시설 운영상의 친절한 서비스를 고려한 검토가 동시에 필요하고, 지역 환경을 하드 및 소프트 측면에서 개량하는 것도 필요하다.

(7) 위치선정을 잘할 것

돈만 쓰면 어디든 리조트지가 될 수 있는 것은 아니다. 리조트지로서 어울리는 조건의 준비가 중요하다. 예를 들면, 산악리조트에 있어서는 해발 1천 미터 이상의 시원한 지역에 사계절 숲속의 경관이 즐거운 입지가 좋다. 겨울에는 다이내믹한 스키를 할 수 있고, 사계절 모두 체재할 수 있는 장소가 좋다. 또 교통조건으로는 수도권에서 고속도로, KTX열차 이용을 포함해 1시간 정도 이내의 장소가 사용자 측이 가장 희망하는 입지이다. 역시 시장과의 접근성은 중요하고, 좁은 국토라 해도 시장과 가까운 입지는 수요유발효과가 크다.

제5절 리조트 개발의 성공 3요소

리조트 개발의 성공요인 중에서 공통적인 3가지의 주요 요인은 다음과 같다.

첫째, 중심이 되는 인물(Key Person)이 존재할 것
둘째, 참신하고 이해하기 쉬운 개념이 존재할 것
셋째, 소프트자원(인재, 자금력, 노하우)이 존재할 것

이상 세 가지를 핵심 포인트로 하여 리조트 개발 전략을 세우는 것이 중요하다.

(1) 중심이 되는 인물(Key Person)의 존재

리조트 개발을 위해 테마를 선정하는 특색을 갖추기 위해서는 여러 가지가 있지만, 리조트가 갖는 특색 중에 '중심인물'의 스토리 전개와 콘셉트 설정은 정신과 문화적인 면에서 리조트의 생명력을 갖게 한다.

리조트는 반복해서 오는 곳이기 때문에 중심인물이 없는 단순하고 막연한 일반 리조트인 경우 시설상의 서비스 제공에는 한계가 있으므로, 지속적인 중심인물의 역사적인 사상과 정신, 혼 그리고 존경심을 심어줄 수 있는 리조트 개발이 필요하다.

(2) 참신하고 이해하기 쉬운 개념의 존재

리조트 개발은 그 지향하는 목표와 비전이 너무 추상적이거나 특정계층에 국한되는 콘셉트로 되는 것은 매우 위험하다. 그러므로 누구나 공감할 수 있는 쉽고 참신한 주제선정이 중요하다.

예컨대, 삼성에버랜드의 경우 단지 내에 있는 각 사업장별 콘셉트는 다음과 같다.

① 에버랜드 : 꿈과 환상의 나라로 어서오세요.
② 홈브리지 힐사이드 호스텔 : 아늑한 숲속의 휴식처
③ 캐리비안베이 : 사계절 물의 나라, 여름의 확실한 행복
④ 글렌로스골프클럽 : 최상의 품격과 명예, 최고의 자부심
⑤ 호암미술관 : 자연과 함께하는 2만 점의 미술품
⑥ 초식사파리 : 가까이에서 만나는 진짜 동물세상

(3) 소프트자원의 존재(인재, 자금력, 노하우)

리조트 개발은 시설적인 하드웨어 외에 인재, 자금, 노하우 축적 등의 소프트웨어적인 지원이 필요하다.

제 9 장

리조트 개발의 단계와 과제

리조트산업의 이해

리조트를 개발하는 데 있어서 최초의 기본 마스터플랜을 기획, 입안하여 최종 완성하기까지의 각 단계별 세부 추진내용들은 매우 중요하므로 작성하는 데 있어서 신중을 기해야 한다. 여기에서는 리조트의 1, 2단계와 리조트 개발의 선향과제를 각 단계별로 나누어 추진내용들을 제시하고자 한다.

제1절 리조트 개발의 단계

1. 제1단계 : 마스터플랜 작성단계

제1단계인 마스터플랜 작성단계에서는 리조트 개발의 최초기획 입안부터 사업의 구성과 발상, 기획, 개발사업에 필요한 기본적 개념을 정리하는 단계까지이다. 이것을 순차적으로 제시하면 다음과 같다.

1) 리조트 발상과 아이디어 정리

리조트 개발의 초기전개에서는 그 사업을 해야 하는 의욕과 열정에 가득 찬 참신한 아이디어 제시와 발상이 중요하다. 그러나 단지 그것을 머릿속에 막연히 묘사하는 것만으로는 안되고, 그것을 성공시킬 수 있는 사업 아이템으로 정리하여 남에게 분명히 설득시킬 수 있는 논리적인 근거를 정리해 놓는 것이 좋다. 특히 리조트사업은 앞에서도 언급했듯이 수요자 측에서 보면 정신적이고 내면적인 부분을 포함하므로 일반제조업과 달리 아주 예리한 감각과 센스를 갖는 발상이 중시된다. 이것이 리조트사업 개시의 실질적인 기초가 확립되는 것이다.

2) 리조트 개발 이미지 결정

발상과 아이디어 정리 다음에는 그 아이디어를 구체적인 리조트 이미지로 결정하는 작업이다. 구체적인 개발 이미지 결정을 위해서는 우선 자사의 장기적인 사업전개 비전을 정확하게 확인할 필요가 있다. 더불어 무엇을, 왜, 어디에, 어떻게 경영할 것인가라는 사업목표를 설정하며, 마지막으로 사업의 윤곽이 판명되도록 계획 설정 작업을 실시해 간다.

3) 개발용지 선정

리조트 개발에 대한 이미지가 확정되면 그러한 이미지에 맞는 토지를 선정한다. 리조트의 특성상 주변의 경관과 기후, 접근교통문제, 개발규제지역 등을 사전에 점검해 둔다. 그 다음에 사업전개가 가능한 후보지를 정해둔다.

4) 시장대응의 검토

이 단계에서는 시장동향에 대응한 사업의 기본적 전략 기초를 부여하는 것이다. 사회경제적 분석과 시장수요의 동향분석, 경쟁사업의 동향분석 등 사업이 대상으로 하는 타깃의 전체적인 검토를 행하는 것이다.

5) 개발사업의 기본개념

이 단계에서는 최초 사업발상과 아이디어 제공 시부터 지금까지 추진해 왔던 기본개념들을 구체적으로 검토·실행한다는 모든 사내 관련자들의 공통된 의견을 집약하여 현실화시키기 위한 구체적 전략을 수집하는 것이 중요하다.

2. 제2단계 : 마스터플랜형태의 완성단계

제2단계에서는 제1단계에서 검토했던 사업의 기본 콘셉트를 근거로 하여 여러 각도에서 다양한 필요사항을 검토하여 마스터플랜 형태를 완성하는 단계이다.

1) 먼저 사업전개를 계획하고 있는 지역의 기본적 조건, 예컨대 토지이용이나 지역의 인구, 산업, 법적 규제, 지가, 경제사회환경, 문화자연자원, 교통여건 등을 검토해 둔다.

2) 용지조건의 분석

리조트 특성을 잘 반영해 줄 수 있는 토지조건, 예컨대 입지조건, 토양과 지형, 용지형상, 취득가능성과 조건, 호수나 강을 낀 경관 등을 조사·정리한다.

3) 토지이용계획(Zoning)

리조트 개발산업의 토지를 전체적으로 용도 가능한 부분으로 분할·정리해 본다. 예컨대 이용하기 좋은 토지, 보전경관이 더 좋은 토지 등으로 구획한다.

4) 시장조사와 시설구성의 설정

시장조사는 마스터플랜을 작성한 후에 행하는 것 중 가장 중요한 부분이다. 시장조사목적은 현재의 리조트 시장에서 요구되는 가장 중요한 것이 무엇인가? 또 요구되는 서비스에는 어떤 종류가 있고 그 기대치는 어디까지인가? 등을 파악하여 그에 맞는 시설의 구성과 자재를 설정한다.

5) 시설정비계획

여기에서는 시설구성과 배치에 대해 구체적으로 시설정비계획을 작성한다. 예컨대 시설의 내용, 규모시설 배치, 수준, 공간설계, 자금계획, 건설스케줄 등을 검토하고 기능별 분류에서는 숙박거주 관련시설, 레크리에이션시설, 서비스 관련시설, 기반시설 외 4개 카테고리로 나눈다.

6) 사업운영계획

리조트 경영은 시설만 완료되었다고 해서 경영이 잘되는 것은 아니다. 하드웨어적인 시설 외에 소프트웨어적인 인력운영계획과 조직도, 시설운영비용, 수입가능 여부, 차입금변제 가능시기 등을 30년 후의 기준에 의거 추정손익계산서를 작성해 본다. 이때 만약 무리한 운영이 된다고 하면 일부 사업내용을 수정할 수도 있다.

7) 마스터플랜 작성과 사업화

이러한 각 단계와 과정을 거치면서 사업의 내용과 경영방식, 투자수지계획과 기본적 사업전략을 파악하여 마스터플랜을 작성한다.

⸪ 제2절 리조트 개발의 선행과제

리조트 개발의 선행과제는 각 단계별로 해결해야 할 과제들을 풀어나가는 방법이다. 선행과제는 리조트 개발 후 개관 전까지의 과정이며, 개관 후의 운영부분에서는 차후의 문제이다. 개발단계에 있어서 주요한 과제들은 〈표 9-1〉과 같이 1단계부터 16단계까지 요약되어 있으며, 이러한 각 단계별 원만한 해결이 리조트 성공의 중요한 열쇠이다.

그중에서도 특히 중점적으로 해결해야 할 과제는 4단계의 용지확보, 6단계의 마스터플랜 작성, 7단계의 사업리스크 분산, 8단계의 사업추진력 강화, 11단계인 법적 규제와 기득권의 해결이다.

〈표 9-1〉 리조트 개발단계별 주요과제와 해결사례

	과 제	포인트	해결사례	프로젝트 사례
1	초기투자	저금리에 의한 투자자금의 확보	정부계 금융기관에서의 융자	나가사키 오란다촌
2	자금회수	단기로 자금회수	기반조성 완료 후 용지분양과 콘도미니엄 등의 분양	安比고원 리조트
3	입지	우수한 입지조건을 가진 용지의 확보	전국 26개 자치단체에서 유치를 수용해 그중에서 최적지를 선택	사호로 리조트(삿포로)
4	용지	저렴하고 넓은 용지의 확보	지방자치체와의 협조에 의해 용지 취득	알파리조트 토마무
5	개발 스태프	우수한 개발스태프의 확보	강력한 기획, 개발스태프 부문을 갖고 항상 새로운 개발 전략을 입안한다.	월트 디즈니 월드
6	마스터 플랜	우수한 마스터플랜의 작성	고도의 노하우를 가진 전문회사(암팍사)가 마스터 디벨로퍼가 된다.	가나파리 리조트
7	사업 리스크	사업리스크의 분산	파트너로서 디벨로퍼를 유치한다.	와이레아 리조트
8	사업화 파워	다양한 기업의 참여 기획	각 개발단계에 따른 별개의 개발사업자 선정에 의해 특색 있는 사업전개를 행한다.	가나파리 리조트
9	지역경제 · 사회	지역과의 상호 협력체제 확립	지역어민과의 협력에 의해 관광어업의 전개와 지역에서의 석재, 인재의 확보	하이 무루부시
10	경영 스태프	우수한 경영스태프의 확보	많은 분야에서 경영스태프의 확보와 견실한 경영이념의 관철	월트 디즈니 월드
11	법 규제 및 기득권	법 규제의 해결, 기득권의 해제	국토 보전림 지정 전망의 움직임 및 어업권의 매수, 지역 어협과의 협조	万座비치 리조트
12	전략성	기업의 전체적 경영전략에 관한 위치 확보	오키나와선의 승객유치 시설로써 위치 확보	万座비치 리조트
13	행정지도	공정하고 통일성 있는 리조트존 형성	개발지구에 통일적 이미지를 확보시키기 위해 환경정비, 시설정비를 지도	랑그독 루시용
14	테마성	사회적 욕구에 적당한 리조트존 형성	심장병에 테마를 맞춘 헬스 케어 리조트를 확립	라 코스타호텔 앤드 스파

	과 제	포인트	해결사례	프로젝트 사례
15	리더십	선견성을 갖고 곤란을 뿌리칠 수 있는 강력한 리더십을 가진다.	트리플 화이브 코퍼레이션에 의한 독창적인 아이디어를 10년 이상에 걸쳐 착실히 사업화	웨스트 에드몬튼 몰
16	마케팅	항상 새로운 시장을 개척하는 전략을 실시	마케팅 부문을 독립시켜 세일즈, 이벤트, 기획, 홍보 등을 적극적으로 실행한다.	바덴바덴

자료 : 국제산업정보연구소, 전게서, pp. 97-98 참조.

〈표 9-2〉 세계 주요 리조트 프로젝트의 지역 평가점

리조트명	개발타입	평가점
바덴바덴 (독일)	도시복합 보양지형 (기원 : 온천 보양지)	• 전통 있는 우수한 리조트 환경이 형성·유지되고 있다. • 수익력 있는 매력적인 시설을 가지고 있다(카라카라 욕탕, 카지노). • 컨벤션에 의해 접객 성공 • 강력한 조직에 의해 리조트지로서 통일성 있는 도시개발을 진행함과 동시에 접객에도 힘쓰고 있다. • 이벤트 개최에 의해 4계절형 리조트화
뽀르 까마르끄 (프랑스)	임해복합개발형 (마리나 + 주택)	• 프랑스 국내뿐만 아니라 유럽 전역에서 높은 평가와 인기를 누리고 있다. • 주택의 분양, 마리나 임대 수입 등에 의해 전체적으로 투자 회수가 가능하다. • 우수한 경관을 형성하고 있다. • 마리나가 공영, 렌탈방식(1일, 주, 월, 연 단위)으로 편리성이 호평받고 있다. • 랑그독루시용 지방 전체를 개발대상으로 한 프로젝트의 일부로 지역의 전면적 협력을 얻고 있다. • 지가 급등을 방지하기 위해 분양시기를 조정해 맨션 구매력의 저하를 막는다. • 지역의 상징으로서 저층의 해변 주택군을 배치해 랜드 스케이프의 처리가 돋보인다.
코스타 델 솔 (스페인)	임해복합개발형 (광역리조트지대)	• 코스타 델 솔의 해안선에 고급스런 마르베야, 대중적인 토레모리노스 등 다양한 그레이트의 리조트 기점이 입지해 다양한 리조트 요구에 대응할 수 있다. • 해외자본에 의한 리조트시설이 많다. 개발사업의 진전이 현저하고 국제색도 풍부하여 이런 점들이 인기를 부른다. • 국외의 투자에 대해 우대조치를 만들어 국내 자금력 부족을 보충한다.

리조트명	개발타입	평가점
코스타 델 솔 (스페인)	임해복합개발형 (광역리조트지대)	• 양호한 기후환경을 적극적으로 활용하고 있다. • 인건비가 싸고 게다가 노동의욕 높은 사람들이 집적해 있다.
골드 코스트 (오스트레일리아)	임해복합개발형 (복합리조트 집적지역)	• 리조트객의 입장이 해마다 증가하고 있어 리조트 시설에의 투자도 활발하다. • 퀸즐랜드의 배후환경(자연환경, 관광도시=브리스베인)이 풍부하고 리조트 거점으로서 특별한 환경조성을 할 필요가 없는 입지조건을 가지고 있다. • 성장력이 큰 도시에 접근해 있어 접근성이 양호하므로 국내에서 이곳에 대한 투자의욕이 높다.
웨스트 에드몬튼 몰 (캐나다)	신도시공간 창출형 (쇼핑 + 어뮤즈먼트)	• 모도시의 인구 규모에 비해 대단히 큰 스케일을 가진 쇼핑센터에 북극 사람이 원하는 '상하(常夏)', 'Fantasy'의 요소를 도입하여 광범위한 지지상권을 얻고 있다. • 새로운 기기, 시스템을 도입해 화제성을 높이고 있다. • 에드몬튼시, 앨버타주를 관광의 모델로 삼아 홍보활동에 모든 행정력을 적극 지원하고 있다. • 북극의 새로운 도시에 'Fantasy', '常夏', '변화'라는 비일상성을 솜씨 있게 도입해 성공하고 있다.
마리나 델 레이 (미국)	임해복합개발형 (마리나 + 주택)	• 마리나의 이용률이 높고 채산성도 잘 확보하고 있다. • 레크리에이션 기능과 정주기능이 균형 있게 조화되어 전체적으로 우수한 리조트를 형성하고 있다. • 주변으로의 도시기능 유인력을 가지고 있다. • 환경·치안이 양호하고, 공항의 접근성이 좋아 비즈니스맨도 이곳에 체재하는 것이 가능하다. • 행정이 강력한 사업추진 조직을 갖고 있다. • 대도시인 LA에 매우 가까워 편리하다. • 캘리포니아 사람은 마린스포츠를 좋아한다(애호 인구가 많다). • 기후가 좋고 1년 내내 마린스포츠를 즐길 수 있는 지점에 입지하고 있다.
미션베이파크 (미국)	임해복합개발형 (마리나 + 파크)	• 공공사업이면서 수입원을 융자, 공공투자분을 회수(연간 수지도 흑자) • 대도시 근교의 레크리에이션 기지로서 대량의 집객력을 가졌다. • 공공과 민간사업자의 이해를 일치시켰다. • 개발테마에 합치한 접객시설의 입지를 유도 • 대도시 근교라는 입지를 살려 당일관광이나 단기체재객을 타깃으로 한 시설로 구성되어 있다.
아스펜 (미국)	산악복합개발형 (스키장 + 타운)	• 광산촌의 옛 건물을 재현하고, 신규 개발과의 조화를 이루어, 리조트지로서의 분위기 연출을 거리마다 행하고 있다. • 겨울 시즌에도 이벤트를 다수 개최하여 리조트객을 즐겁게 한다.

리조트명	개발타입	평가점
아스펜 (미국)	산악복합개발형 (스키장 + 타운)	• 고소득층을 표적시장으로 선정하여 다른 스키리조트와의 차별화를 꾀하고 있다. • 교통의 편리성을 확보하기 위해 동계에는 서부의 대도시로부터 비행기의 직항을 증편하고 있다. • 투자대상이 된 콘도미니엄의 건설이 활발한 것 외에 콘도미니엄의 호텔 오퍼레이션이 진행되고 있어 숙박 수용력이 증가하고 있다. • 개발·운영조직이 일체화되어 시설의 기능유지와 협력에 있어 행정보다도 민간이 리조트에서 강한 추진력을 가지고 있다.
월트 디즈니월드 (미국)	테마파크복합형 (테마파크 + 리조트시설)	• 레저시설로서 세계 최대의 수용력을 가졌다. • 디즈니정신이 철저해, 싫증나지 않는 매력을 갖고 있다. • 새로운 콘셉트를 가진 시설을 신설 또는 증설하여 높은 화제성을 가지고 있다. • 경영 전반에 걸쳐 기업정신을 철저하게 관철시키고 있다. • 광대하고 값싼 용지를 선행적으로 확보 • 항공교통을 중시한 접근성 정비를 꾀해 국제적인 집객력을 가졌다. • 레저파크와 함께 고급수준의 숙박시설을 정비하고 있다.
라 코스타호텔 & 스파(미국)	레저·보양시설 복합개발형 (레저 + 헬스케어 + 보양)	• 체재형의 피트니스 리조트로서 전 미국에서 높은 평가를 받고 있다. • 리조트 요구에 적극적이며 정확히 대응하고 있어 채산성도 높다. • 미국인 고소득 전문직 종사자가 가장 염려하고 있는 심장병에 타깃을 맞춘 풍부한 프로그램을 제공하고 있다. • 디벨로퍼가 강렬한 테마성과 주장을 가지고 있다.

10개 프로젝트의 성공요인과 평가내용의 공통점은 다음과 같다.

① 우수한 환경과 역사적 유산의 보전

② 투자금의 효율적 회수

③ 전략적 마케팅 실시

④ 행정체제의 강력한 뒷받침과 지도력

⑤ 사업주체의 강렬한 주장과 개성의 명확화

제 10 장

리조트 개발의 지역파급효과

리조트산업의 이해

제1절 경제적 효과

리조트 개발에 따른 지역의 파급효과는 그 영향이 매우 큰 것이 사실이며 다음 5가지로 요약될 수 있다.

① 지역고용기회의 증대
② 교통조건의 개선
③ 미활용자원의 활성화
④ 농수산업의 관광산업 진흥
⑤ 지역경제 활성화

제2절 비경제적 효과

① 지역이미지 향상
② 문화재 및 각종 레크리에이션 시설의 활용
③ 인적교류 및 인재육성

⁝ 제3절 산업별 지역 내 경제효과

〈표 10-1〉 산업별 지역 내 경제효과

구 분	리조트기업 (A사)	관광호텔 (B사)	전자부품메이커 (C사)
주 업 종 설 비	스키장, 유원지, 호텔, 유원시설, 테니스코트	리조트 호텔 객실수 1,200실	전자부품 외
종 업 원 (매출액 10억 엔당) 매 상	110명 (41.8명) 2,630백만 엔〈100〉	870명 (162.3명) 5,310백만 엔〈100〉	490명 (39.2명) 12,500백만 엔〈100〉
매 출 원 가(1) 인 건 비(2) 영 업 이 익(3) 감 가 상 각 비(4) 조(組) 부가가치액(5) (2+3+4)	520 370 760 410 1,540 〈59〉	1,590 1,070 510 360 1,940 〈36〉	10,860 2,000 980 720 3,700 〈30〉
지역조달매출원가(6) 지 역 내 환 류 액 (5+6)	522 2,062 〈79〉	1,586 3,526 〈66〉	0 3,700 〈30〉
비 고			• 원재료의 대부분은 지역 외에서 수입 • 노무비는 인건비에 포함

주 : 〈 〉는 매상을 100으로 한 경우의 비율, 국제산업정보연구소.

〈표 10-1〉은 리조트기업과 관광호텔, 전자제품의 지역 내 경제효과를 나타낸 것이며, 관광호텔 B사는 전자제품 C사에 비해 매상규모 대비 고용효과가 큰 것을 알수 있다. 또 리조트기업 A사는 매출액이 차지하는 부가가치율이 관광호텔 B사와 전자제품 C사보다 큰 것을 알 수 있다. 그리고 부가가치로서 그 지방에 조달한 원가를더한 역내 환류액의 매상비율이 B사, C사보다도 훨씬 높은 것을 알 수 있다.

제 ③ 편

리조트의 종류

제 11 장

테마파크(Theme Park)

리조트산업의 이해

제1절 테마파크의 개념

테마파크란 테마가 있는 공원이다. 즉 주제공원, 위락공원 등으로 해석된다. 영어로는 'Theme Park', 'Please Garden', 'Amusement Park' 외에 특정 주제를 중심으로 한 'Water Park' 해양 및 수족관 중심의 'Marine Park' 등으로 호칭된다. 이와 같이 테마파크에 대해서 국내외 학자가 다양한 정의를 내리고 있지만, 그 내용들을 종합하여 개념을 하나로 통합 정리하면 "특정한 주제를 가지고 일정한 공간 내에 비일상적으로 이루어지는 공연, 이벤트, 오락, 식음료 등을 제공하여 방문객들에게 흥미를 제공하는 공원"이라고 할 수 있다.

제2절 세계 테마파크의 발전배경

테마파크의 기원은 1661년 영국 런던의 복스홀가든(Vauxhall Garden)이 최초이다. 그 이후 1760년대에 유럽의 플레저가든(Pleasure Garden), 1843년에는 덴마크 코펜하겐의 티보리공원이 유원지와 도시공원의 개념을 접목한 오늘날의 테마파크 형태를 유지하게 되었다고 할 수 있다. 그 이후 19세기에 미국 뉴욕의 '존슨의 숲' 탄생과 뉴욕수족관이 있는 '코니아일랜드' 휴양지, 그리고 1861년에 오늘날 뉴욕의 상징이기

도 한 '센트럴파크'가 탄생되면서 테마파크의 기원이 되고 있으며, 우리나라는 1973
년 어린이대공원의 등장과 함께 1974년 한국민속촌, 1976년 용인자연농원(현, 삼성
에버랜드)이 한국 테마파크의 효시라고 할 수 있다.

테마파크의 유래가 비록 유럽에서 시작되었으나, 그 성장과 규모 면에서는 세계적
인 대규모 테마파크 중 1위에서 5위까지가 모두 월트디즈니(Walt Disney)사가 운영하
는 것으로 나타난 것만 보더라도 미국의 테마파크 규모는 세계적이라 할 만하다.

〈표 11-1〉 각 국가별 테마파크의 발전과정

연 대	유럽/아시아	미 국	일 본	한 국
1600년대	1661년 복스홀 가든			
1700년대	1760년 플레저랜드			
1800~ 1950년대	• 1843년 티보리공원 　(덴마크) • 1873년 빈 만국박람 　회(세계 최초의 대형 　오락놀이시설 등장)	• 19세기 초 존슨의 숲(뉴욕) • 19세기 후반 코니아일랜드 • 1861년 센트럴파크 • 1915년 유니버셜스튜디오 　(캘리포니아) • 1920년 너츠 베리 팜 　(캘리포니아)		
1950년대		• 1955년 디즈니랜드 　(캘리포니아) • 1959년 부쉬가든 　(플로리다) • 1959년 씨월드 　(캘리포니아)	• 하이랜드 • 소산유원지	
1970년대		• 1971년 디즈니월드 내 　매직킹덤(플로리다)		• 1973년 어린이대공원 • 1974년 한국민속촌 • 1976년 용인자연농원 • 1979년 부곡하와이랜드
1980년대		• 1983년 디즈니월드 내 　에콥센터(플로리다) • 1989년 디즈니월드 　내 MGM스튜디오 　(플로리다) • 1989년 타이푼 라군 　(플로리다)	• 1983년 도쿄 디즈 　니 랜드 • 1983년 나가사키 　올랜드 • 1986년 니코 에도 　빌리지	• 1985년 경주월드 • 1987년 서울드림랜드 • 1988년 서울랜드 • 1989년 롯데월드

연 대	유럽/아시아	미 국	일 본	한 국
1990년대	• 1992년 유로 디즈니 랜드(프랑스) • 1996년 블랙풀 플레저비치(영국) • 1997년 퓨처러스코프(프랑스)	• 1990년 유니버셜스튜디오(올랜도)	• 1990년 스페이스월드 • 1990년 산리오퓨로랜드 • 1992년 하우스텐보스 • 1993년 오션돔 • 1993년 요꼬하마 하케지마 씨파라다이스 • 1994년 조이폴리스 • 1994년 파르케네스파니아	• 1993년 통도환타지아 • 1994년 엑스포과학공원 • 1995년 대구우방타워랜드 • 1996년 용인에버랜드 • 1996년 캐리비안베이 • 1997년 설악 워터피아 • 1998년 아쿠아피아
2000년대	• 2005년 홍콩디즈니랜드(홍콩)		• 2001년 도쿄 디즈니씨 • 2001년 유니버셜 스튜디오 재팬	• 2000년 코엑스 아쿠아리움 • 2001년 아산스파비스

자료 : 김창수, 『테마파크의 이해』, 대왕사.

제3절 외국의 테마파크 발전배경(유럽/미국/일본)

1. 유럽의 테마파크 발전배경

유럽의 테마파크는 세계적인 테마파크의 효시라고 할 수 있다. 역사적으로 깊고 세계 강대국의 저력으로 성장했던 지역으로, 놀이문화와 오락시설들이 일찍부터 생성되었고 즐기는 문화의 시발점이 되었다고 할 수 있다. 1661년 런던의 복스홀 가든 (Vauxhall Garden)을 시초로 1760년대 플레저가든(Pleasure Garden), 1843년 코펜하겐의 티볼리가든(Tivoli Garden)을 비롯하여 가장 최근에 세워진 1992년 파리의 유럽 디즈니랜드가 탄생되면서 유럽지역의 가장 큰 테마파크로 자리매김하여 현재까지 운영되고 있다. 그 이후 영국의 블랙풀플레저(1996)인 해양오락공원을 비롯하여 프랑스의 퓨처러스코프(1997) 테마파크가 개관 운영되고 있다.

2. 미국의 테마파크 발전배경

미국의 테마파크 기원은 19세기 초반 뉴욕의 '존슨의 숲'이다. 그 이후 19세기 후반에는 뉴욕의 호텔과 댄스를 접목한 다이내믹 코니아일랜드를 개발하여 본격적인 테마파크의 개발이 시작되었다. 특히 월트디즈니사에 의해서 1955년 LA 근교에 세워진 디즈니랜드는 대중적인 오락과 음식을 판매하는 미국 내의 대표적인 테마공원으로 자리매김하였다.

월트디즈니회사의 캘리포니아(LA) 디즈니랜드의 획기적인 성공으로 인하여 1971년에는 플로리다에, 1983년에는 일본 도쿄에, 1992년에는 프랑스 파리에, 2005년에는 홍콩 디즈니랜드를 순차적으로 개장하게 되었으며 오늘날의 테마파크 대명사로 이미지를 구축하고 있다.

3. 일본의 테마파크 발전배경

일본의 테마파크는 1983년에 세워진 지바현의 도쿄디즈니랜드(TDL)가 최초이다. 그 이후에 나가사키 올랜드촌을 비롯하여 1992년 네덜란드풍의 하우스텐보스 테마파크를 개발함으로써 일본의 테마파크가 한 단계 성장하는 기틀을 마련하였다.

그 이후 2001년 오사카에 유니버설 스튜디오 재팬(USJ : Universal Studios Japan)을 개장하여 일본 테마파크를 새롭게 정립하였다.

제4절 한국의 테마파크 발전배경

한국의 테마파크 시초는 1960년 동물원 중심의 창경궁이라고 할 수 있다. 그 후 1973년 서울시에서 동양 최대 규모의 식물원과 동물원, 공연장, 놀이공원을 복합적으로 갖추고 서울시 성동구 군자동에 개장한 '어린이대공원'은 당시 우리나라에 현대적인 테마파크의 역사적 탄생이 되었다. 1976년에는 오늘날 삼성에버랜드의 전신인 '용인자연농원'이 식물원과 동물원, 사파리, 놀이시설 등을 모두 갖춘 국제적인 규모로 탄생되어 우리나라 테마파크의 효시가 되었다.

그 후 민간기업들의 테마파크 참여가 증가하여 1988년 과천서울랜드가 개장되었으며, 호텔과 실내스케이트장, 놀이시설을 갖춘 도심형 실내테마파크인 롯데월드가 1989년에 개장하였다.

지방에서는 1984년 속초에 트라랜드, 1985년에 경주월드, 1991년에 광주의 패밀리랜드, 1993년 양산통도환타지아, 1995년 대구의 우방타워랜드(현, 이월드)가, 그리고 2000년에는 마린월드(경기도), 2003년에는 아인즈월드(경기도)가 점진적으로 개장하였다.

제5절 테마파크의 특성

테마파크의 특성은 테마파크를 계획하고 운영하는 데 있어서 경영전략상 중요한 콘셉트이다. 그중에서도 특히 테마성, 통일성, 이벤트성이 강조되고 있다.

1. 테마성

테마파크의 핵심은 명확한 주제를 갖는 테마가 있어야 한다는 점이다. 테마의 선정은 많은 고객을 유치할 수 있는 독창성과 지역 밀착성을 동시에 갖출 수 있어야 한다. 이러한 테마 선정은 테마파크 전체의 주제인 테마도 있어야 하지만, 테마파크 내의 여러 시설 예컨대, 공연장, 전시시설, 놀이시설 등에 대한 주제의 설정도 중요하다. 물론 그 지역의 특성이나 문화를 반영한 테마설정도 매우 좋은 방법 중의 하나이다.

2. 통일성

테마파크의 외형적인 부분, 즉 가시성에 대한 통일성은 매우 중요하다. 강한 인상을 심어줄 수 있는 특정 주제를 부각하기 위한 건축양식, 색상, 이미지 등은 물론 종업원들의 유니폼 디자인이나 색상까지도 전체 건물의 색상과 조화를 이룰 수 있어야 한다.

3. 이벤트성

테마파크의 정신과 문화 그리고 비전이 테마성이라면 통일성은 하드웨어적이다. 테마성과 통일성 외에 테마파크의 성공을 위한 요소에는 소프트웨어적인 이벤트성이 있다. 이것은 곧 방문객에게 즐거움과 흥미, 감동을 줄 수 있는 프로그램이라고할 수 있다. 프로그램 역시 시간별, 계절별, 요일별로 수시 변경되어야 하며, 끊임없는 프로그램 개발로 이벤트를 창조해 나가야 한다.

⁛ 제6절 테마파크의 분류

테마파크는 여러 가지로 분류될 수 있지만, 주요 테마별로 분류해 보면 오락·영화 등으로 구성된 상상의 세계(imaginations), 교통·우주·게임 등으로 구성된 미래과학(future & science), 자연과 동식물 등으로 구성된 친환경(nature & life), 건축과 민속 등으로 구성된 문화(culture), 예술과 역사 등으로 구성된 교육과 예술(education & art)의 5가지로 나눌 수 있다.

▲ The Glasshouse Restaurant(제주)

〈표 11-2〉 **테마파크의 개념별 주제 및 내용별 분류**

개념별 분류	테마별 분류	내용별 분류	사 례
상상의 세계 (Imaginations)	꿈, 환상	상상의 세계를 현실로	디즈니랜드
	오락	각종 오락형태	롯데월드, 디즈니월드
	영화	2D의 세계를 3D 현실로	유니버셜스튜디오, MGM스튜디오
	동화, 만화	동화의 세계	판타지랜드
	캐릭터	다양한 캐릭터	산리오 퓨로랜드, 하모니 랜드
	신화, 전설	신화 재연, 간접체험	산리오 퓨로랜드, Legend of Goal
	미니어처	각종 모형	토부월드
	서커스	광대, 아크로바트	서커스서커스호텔
미래과학 (Future & Science)	교통	교통의 발전, 도로, 교량	하버브리지
	우주	우주여행, 행성	스페이스 월드
	미래	로봇, 미래의 기술	Star Tech, 에어리언 인타운트
	통신	통신의 발전, 전파	Spaceship Earth
	바이오	신물질, 기초과학	Future World
	게임	디지털, 가상현실	디즈니 퀘스트, 조이폴리스, 게임웍스

개념별 분류	테마별 분류	내용별 분류	사 례
친환경 (Nature & Life)	동물	야생동물, 애완동물 등	Animal Kingdom
	식물	꽃, 나무, 식물 등	티볼리공원
	곤충	곤충	일본 아타미시 곤충관
	바다, 물고기	해양생물, 바닷속 세상	씨월드, 홍콩의 오션파크
	자연	산, 정글, 사막, 온천	Discovery World
	물	폭포, 강, 바다, 호수	타이푼라군, 블리자드 비치
	불	화산, 화재	백드래프트, Mirage Volcano Show
문화 (Culture)	건축, 풍속	건축물, 상징물, 풍속별	하우스텐보스
	구조물	기념비적 구조물 등	밀레니엄 돔
	민속	문화, 건물, 상황 재현	민속촌, 너츠베리팜
교육과 예술 (Education & Art)	과학	과학기술, 이론, 학습	Expo 과학공원
	문화	각종 문화체험	EPCOT 월드 쇼케이스, 허쉬파크
	예술	음악·미술·조각·특정예술 관련	가우디공원
	전설, 역사	각국의 역사, 각종 역사	프런티어랜드
	인물	특정인물·위인·정치가 등	아메리카 어드벤처, 이효석생가, 셰익스피어생가, 충무공이순신파크
	교육	각종 모형, 체험	레고랜드

제7절 테마파크의 구성요건

테마파크의 성공적인 경영을 위해서 갖추어야 할 구성요건이 여러 가지 있지만 중요한 구성요건을 제시하면 다음과 같다.

1. 건축물 디자인의 통일성

테마파크 내의 주요 구성건물은 건축물의 색상이나 디자인의 통일성이다. 즉 방문객들이 테마파크에 입장할 때부터 퇴장할 때까지 특별한 세상에 와 있다는 착각을 일으킬 만큼 현실세계와의 별개 콘셉트를 디자인해야 한다.

2. 공연관람시설의 확충

테마파크 내에서의 연주, 쇼, 게임 등의 출연과 연주를 할 수 있는 공연시설 (Entertainment)과 영화, 영상시설을 갖춘 관람시설 등은 물론 거리행진이나 캐릭터 등을 위한 야외시설도 잘 갖추어져 있어야 한다.

3. 식당 및 편의시설

테마파크 내의 식당은 물론 식사 외에 휴식을 취할 수 있는 휴게실과 짐 보관, 유모차 대여 및 보관까지 완벽하게 잘 갖추어져 있어야 한다.

제8절 테마파크 사업의 기대효과

1. 지역의 개발효과

테마파크 개발에 따른 지역의 개발효과는 적게는 1백억 이상, 많으면 무려 5천억 이상까지 발생되는 대규모 사업이다. 따라서 테마파크의 계획 입안부터 개발 완료 시까지 그 지역의 도로, 교통, 통신, 숙박시설 등의 건설로 인한 기간산업이 급격히 개발되며, 이로 인하여 지역경제도 상당한 발전효과가 창출된다. 예컨대, 무주의 태권도공원 유치로 인한 태권도테마파크, 경주의 선덕여왕 드라마를 촬영했던 신라밀레니엄파크, 양주의 대장금테마파크 등이 해당된다.

2. 지역경제에의 파급효과

테마파크는 테마파크 소재지의 경제에 미치는 파급효과가 매우 크다고 할 수 있다. 우선 테마파크에 오는 세계 각지의 관광객들로부터 받아들이는 입장료를 비롯하여 테마파크 내 놀이시설의 이용료와 식사, 음료, 광고 등의 매우 다양한 수입 원천이 있으며, 그것은 곧 그 지역의 세금 수입에 기여하게 된다.

예컨대, 미국 LA디즈니랜드는 캘리포니아주에 납부하는 지방세가 무려 2억 3천만 달러(약 2조 4천억원)나 되며 국내 삼성에버랜드의 경우에도 용인시에 납부하는 지방세금이 연간 50~60억원 정도 된다.

3. 지역의 고용창출효과

테마파크는 지역의 고용창출에 기여하는 부분도 상당히 크다고 한다. 초기의 건설단계부터 필요한 건설부문의 인력창출은 물론 개장 후의 운영에 필요한 종업원 숫자는 테마파크의 규모에 따라 차이가 있겠으나, 삼성에버랜드의 경우 5천여 명의 고용창출이 되고 있으며, 미국 LA 디즈니랜드의 경우 직간접 인원이 약 6만 5천여 명이나 된다. 특히 테마파크는 기계나 전산화의 대체에는 한계가 있으므로 사람이 직접 서비스를 제공해야 하는 인적서비스의 의존도가 매우 크기 때문에 타 생산제조업이나 전산업보다도 인적서비스의 고용 유발계수가 거의 2배 정도로 높다고 하겠다.

제9절 테마파크의 개발준비

1. 입지 선정과 테마주제 선정

테마파크의 입지 선정에는 리조트지역이나 대도시와 중소도시 근교 광산의 폐광지역(예 : 강원랜드) 등이 해당되며, 지방자치단체가 테마파크를 유치하기 위하여 요청할 수도 있는 지역이 있으므로 정확한 입지 선정과 테마주제의 선정이 중요하다.

2. 건설계획의 수립

건설계획의 수립단계에서는 우선 기술적 검토가 선행되어야 하며, 그 다음으로 「문화재보호법」, 「자연환경보전법」, 「국토의 계획 및 이용에 관한 법률」 등으로 구성된 관련법규의 검토가 필요하다. 그 다음 단계로 건설비의 산정에 필요한 선행연구가 전제되어야 한다.

3. 운영계획 수립

테마파크의 운영계획 수립에는 첫 번째가 요일별, 계절별, 시간대별로 입장객수를 산정해 보는 것이다. 그리고 테마 전체의 최대 수용능력을 추정해 보고 내부 각 시설별로 1개 시설당 수용능력, 시설별 회전수 등을 산정하고 피크시에 예상 대기시간도 산정해야 한다.

4. 객단가 산정

객단가는 고객 한 사람이 테마파크에 입장하여 퇴장시간까지 얼마의 금액을 소비하는지를 나타내는 금액이다(국내 평균 객단가 3만 원 정도임).

> ＊ 매출액 ＝ 총입장객수 × 객단가(고객 1인당 소비금액)

∷ 제10절 한국의 주요 테마파크 현황

한국의 테마파크는 철도박물관, 참소리박물관, 자동차박물관 등을 비롯하여 대구시민안전테마파크, 시흥연꽃테마파크, 임실의 치즈테마파크, 칠곡꿀벌나라테마파크, 제주소인국테마파크, 합천영상테마파크, 춘천레고랜드테마파크 등과 같이 단일 품목의 전문성 있는 테마파크는 상당히 많은 편이다. 그러나 여기에서는 종합적인 시설을 갖춘 한국의 대표적인 테마파크를 언급하고자 한다.

〈표 11-3〉 **한국의 주요 테마파크 현황**

테마파크	총면적 (천/m²)	연평균입장객 (연/천명)	시설내용
삼성에버랜드	10,413	6,000	유희시설/동물원/식물원 및 과수단지/눈썰매장/야영장 및 사파리/관람시설 2종/탑승시설 23종/기타 시설 2종
과천 서울랜드	281	3,000	세계의 광장/삼천리동산/미래의 나라/환상의 나라/모험의 나라 공연 6종/탑승시설 18종/관람시설 7종/게임 9종/식당 12종
서울 롯데월드	실 내 132 + 실 외	4,500	프랑스, 네덜란드 거리/독일, 영국 거리/아리비아, 모로코 거리/이탈리아/스페인 거리 공연 7종/탑승시설 옥내 13종/옥외 14종/관람시설 12종/게임 18종/식당 33종/상품점 47종
경북 경주월드	264	1,200	운동시설 : 수영장/테니스장/야구/족구/배드민턴/골프 연습장 숙박시설 : 단체 20동/가족 20동 탑승시설 13종/게임 7종/기타 3종
광주 패밀리랜드	172	670	탑승시설 26종/관람시설 5개관/공연시설 4종/수영장
경기용인 한국민속촌	661	150	전시시설가옥 270동/유스호스텔/가족공원
대전 엑스포 과학공원	331	200	영상관/체험관/어린이전용시설
대구 이월드	397	300	휴식공원, 물놀이공원, 종합유희공원

주 : 연평균 입장객은 참고용임.

▲삼성에버랜드 테마파크의 캐빈호스텔

제11절 외국의 주요 테마파크 현황(유럽/미국/일본)

1. 유럽의 주요 테마파크 현황

1) 유로 디즈니 리조트 파리(Euro Disney Resort Paris)

(1) 개요

- 개관 : 1992년 4월 12일
- 위치 : 마르나빌레(Marine La Vallee) : 파리에서 32km 거리
- 면적 : 1,927만㎡(파리시의 1/5 크기)
- 시설규모 : 호텔 6개, 방갈로 414개, 골프장 18홀, 상가시설 32개
- 총투자비 : 223억 프랑

(2) 내용

- 프랑스 정부의 파격적인 세금감면 혜택을 받음(약 50%)
- 프랑스 정부의 파리고속지하철의 노선연장혜택
- 프랑스 정부의 TGV역 신설과 고속도로 I/C 신설
- 지분의 구성 : 미국 월트디즈니사의 지분(49.9%) / 프랑스정부, 기업, 개인지분(51%)
- 로열티 지급 : 입장료의 10% + 기타 매출액의 5%를 미국 월트디즈니사에 지급

2) 티볼리 가든(Tivoli Garden)

(1) 개요

- 개관 : 1843년
- 위치 : 덴마크의 코펜하겐
- 면적 : 79,338m²
- 시설규모 : 어트랙션 25개, 레스토랑 29개, 슬롯머신 및 카지노
- 개장기간 : 4~10월

(2) 내용

- 로마 인근의 티볼리시에 조성된 티볼리공원을 벤치마킹해서 만들어짐
- 티볼리가든의 퍼레이드와 11만 개의 조명과 800그루의 수목이 장관을 이룸

3) 마두로담(Madurodam)

(1) 개요

- 개관 : 1952년
- 위치 : 네덜란드 헤이그
- 개장기간 : 5~9월

(2) 내용

- 네덜란드 전국 각지의 유명 명소와 특징적인 시설 122개를 선정하여 1/25로 축소한 건축물을 한꺼번에 볼 수 있도록 만든 미니어처랜드이다.
- 특징적인 시설 122개 중에는 비행선, 골프장, 은행, 교회, 운하, 박물관, 해수욕장, 고속도로 등이 있으며 모두 각각의 특징을 가진 조형물이다.

〈표 11-4〉 **유럽의 테마파크 순위별 현황**

순위	테마파크명	위 치	순위	테마파크명	위 치
1	유로디즈니랜드	프랑스	11	왈라비웨이버	벨기에
2	블랙풀 플레저비치	영국	12	퓨처로스코프	프랑스
3	티볼리가든	덴마크	13	프런티어랜드	영국
4	에프텔링	네덜란드	14	홀리데이파크 하슬로크	독일
5	알튼타워	영국	15	레고월드	덴마크
6	판타지랜드	독일	16	체싱턴월드	영국
7	유로파크	독일	17	버거스 주 부시사파리	네덜란드
8	하이드파크	독일	18	톨페파크	영국
9	플레저랜드	영국	19	파 아스테릭스	프랑스
10	누더디렌파크	네덜란드	20	플라밍고랜드	영국

자료 : 진현식·이승곤·윤병국 공저, 『리조트개발 및 경영』(참고용).

2. 미국의 주요 테마파크 현황

1) 캘리포니아 디즈니랜드

(1) 개요

- 개관 : 1955년 7월
- 위치 : 캘리포니아 남서부 에너하임(LA에서 40km 거리)

(2) 내용

- 9개의 주제를 가지고 출발

- 현대 테마파크의 효시
- 어린이 중심 테마공원 : 주류판매 금지
- 식민지시대의 미국에 대한 동경심 유도
- 화장실에 거울 없음 : 회전율 높임

2) 월트디즈니월드(Walt Disney World)

(1) 개요

- 개관 : 1966년 구상

  1971년 매직킹덤(Magic Kingdom) 개장

  1982년 엡콧센터(Epcot Center) 개장

  1989년 디즈니MGM스튜디오(Disney MGM Studio) 개장

  1998년 디즈니애니멀킹덤(Disney Animal Kingdom) 개장
- 위치 : 미국 플로리다 키시미 및 올랜도

(2) 내용

- 최고급 수준의 숙박시설 완비(1만 실)
- 천연 호수를 이용한 워터리조트
- 골프장, 동/식물원, 쇼핑시설, 레스토랑 설치

〈표 11-5〉 미국 플로리다 월트디즈니월드의 테마 구성현황

테마별	위 치	내 용	
Magic Kingdom (1971년)	플로리다주 키시미	모험의 나라	• 이국적인 열대지방 분위기 • 문명세계와 동떨어진 곳으로의 여행주제
		개척의 나라	• 미국 서부개척시대를 주제로 재창조함
		환상의 나라	• 월트디즈니의 만화를 주제로 함
		미래의 나라	• 미래에 대한 기대감 충족으로 우주과학시대의 도래를 예측하는 주제

테마별	위치	내용
Epcot Center (1982년)	플로리다주 올랜도 월트 디즈니월드 내	• 미래에 대한 상상의 세계인 Future World 지향 • 세계 각국의 역사촌인 World Show Case를 주제로 하고 있음(세계 각국의 문화와 산업 전시) • 월트디즈니월드 내의 최고 쇼핑과 레스토랑 이용 가능
MGM Studio (1989년)		• 디즈니에서 제작한 영화를 중심으로 한 촬영세트장 관광 및 체험 등으로 구성 • 유니버셜스튜디오와 강력한 경쟁구도 • 지진과 폭발, 홍수장면의 영화촬영 체험
Animal Kingdom (1998년)		• 일반적인 동물원과의 차별성 • 각종 캐릭터와 뮤지컬 등의 볼거리를 만든 동물의 왕국 • 킬리만자로 사파리를 관람할 수 있음

〈표 11-6〉 미국/캐나다/멕시코 지역 테마파크의 연평균 입장객 현황(참고용)

(단위 : 천 명)

순위	국가	테마파크명	위치	연평균 입장객
1	미국	매직킹덤(디즈니월드)	플로리다 레이크 부에나	16,160
2		디즈니랜드	캘리포니아 애너하임	14,550
3		엡콧센터(디즈니월드)	플로리다 레이크 부에나	9,917
4		디즈니MGM스튜디오테마파크(디즈니월드)	플로리다 레이크 부에나	8,670
5		디즈니애니멀킹덤(디즈니월드)	플로리다 레이크 부에나	8,210
6		유니버셜스튜디오 올랜도	올랜도	6,130
7		디즈니즈 캘리포니아 어드벤처	캘리포니아 애너하임	5,830
8		아일랜드 오브 어드벤처(유니버셜스튜디오)	올랜도	5,760
9		씨월드 플로리다	올랜도	5,600
10		유니버셜스튜디오 할리우드	캘리포니아 유니버셜시티	4,700
11		어드벤처 돔(서커스서커스)	라스베이거스	4,500
12	미국	부쉬가든 템파베이	플로리다 템파베이	4,300
13		씨월드 캘리포니아	샌디에이고	4,100
14	캐나다	파라마운트 캐나다 원더랜드	온타리오 메이플	3,660
15	미국	노츠베리팜	캘리포니아 부에나 파크	3,470
16		파라마운츠 킹즈 아일랜드	오하이오 킹즈 아일랜드	3,330
17		모레이즈 피어스	뉴저지 와일드우드	3,130

순위	국 가	테마파크명	위 치	연평균 입장객
18	미국	써더 포인트	오하이오 쌘더스키	3,110
19		산타크루즈 비치 보드워크	캘리포니아	3,000
20		식스플레그즈 그레이트 어드벤처	뉴저지 잭슨	2,968
21		식스플레그즈 그레이트 아메리카	일리노이 거니	2,852
22		식스플레그즈 매직 마운틴	캘리포니아 발렌시아	2,835
23		허쉬파크	펜실베이니아 허쉬	2,700
24		부쉬가든	버지니아 윌리암스버그	2,600
25		돌리우드	테네시 피죤 포그	2,360
26		식스플레그즈 오버 텍사스	알링턴	2,310
27	멕시코	식스플레그즈 멕시코	멕시코시티	2,279
28	미국	캠프 스누피(멜 오브 아메리카)	미네소타 블루밍턴	2,200
29		파라마운츠 케로윈즈	노스캐롤라이나 샬럿	2,130
30		씨월드 샌안토니오	샌안토니오	2,100
31		파라마운츠 그레이트 아메리카	캘리포니아 산타클라라	2,070
32		식스플레그즈 오버 조지아	애틀랜타	2,050
33		실버 달러 시티	미주리 브랜슨	1,910
34		카지노 피어	뉴저지 씨사이드 하이츠	1,750
35		식스플레그즈 뉴잉글랜드	매사추세츠 에가웜	1,695
36		식스플레그즈 마린월드	캘리포니아 발레이오	1,530
37		더니 파크	펜실베이니아 알렌타운	1,500
38		와일드 어드벤처	조지아 밸도스타	1,475
39		식스플레그즈 피스타 텍사스	샌안토니오	1,442
40		레고랜드 캘리포니아	캘리포니아 칼스배드	1,430
41		사이프러스 가든	플로리다 윈터헤븐	1,400
42		식스플레그즈 세인트루이스	미주리 유레카	1,377
43		식스플레그즈 아스트로월드	휴스턴	1,330
44	미국	노벨즈 어뮤즈먼트 리조트	펜실베이니아 엘리스버그	1,288
45		식스플레그즈 다리엔 레이크	뉴저지 다리엔센터	1,275
46	캐나다	LA런드(식스플레그즈)	몬트리올	1,254
47	미국	케니우드	펜실베이니아 웨스트 미핀	1,200
48		식스플레그즈 아메리카	메릴랜드 라그고	1,180

순위	국 가	테마파크명	위 치	연평균 입장객
49	미국	식스플레그즈 엘리치 가든	덴버	1,155
50		러곤	유타 파밍턴	1,152

자료 : (사)한국종합유원시설협회.

3. 일본의 주요 테마파크

1) 도쿄 디즈니랜드(Tokyo Disneyland)

(1) 개요

- 개장 : 1983년 개장
- 위치 : 일본 도쿄 지바현 우라야스
- 규모 : 일본 최대의 테마파크(25만 평). 호텔 3,200실, 탑승 및 놀이시설 45종, 상품시설 57개소
- 특징 : 기본방문인원 확보로 안정적 매출(회원관리 : 250만 명)
  운영 점포업체 간 객단가 향상 비율에 의한 평가시스템 도입으로 경쟁을 통한 매출증대방법 시행
- 순위 : 세계 50대 테마파크 중 입장객수 기준 평균 3위(1일 평균입장객 약 4만 2천 명)

2) 하우스텐보스(Huis Ten Bosch)

(1) 개요

- 개장 : 1992년
- 위치 : 일본 나가사키현 시세보시
- 규모 : 길이 6km, 너비 20m, 길이 5m의 운하를 타고 조성. 쇼핑시설 68개소, 식당 58개소, 놀이시설 13개, 호텔 및 빌딩 6개동, 맨션과 컨벤션시설

● 특징 : 네덜란드를 테마로 하여 쾌적한 자연환경 유지를 위한 리조트 도시이며, 여러 체험관이 있지만, 특히 '대 항해체험관'은 대형 스크린에 영상을 쏘아 바닥이 움직이는 시설을 하여 마치 네덜란드의 범선에 탄 듯한 시뮬레이션을 즐길 수 있다.

〈표 11-7〉 **일본의 주제별 테마파크 현황**

분 류	테마파크명	소재지	주제내용
외국풍물	하우스텐보스	나가사키	네덜란드
	돈구리촌	사가	남프랑스농장
	몽골촌	나가사키	몽골 풍경
	아시아파크	구마모토	아시아건축물, 유적
	그리크왕국	홋카이도	중세 독일풍경
	캐나디언월드	홋카이도	캐나다풍경
	마린파크닉스	홋카이도	북유럽 고성, 수족관
	노보리세츠중국정원	홋카이도	중국 청왕조별장, 정원
	뉴질랜드촌	이와데	뉴질랜드 목장
	대리석촌	군마	영국 고성, 석조건축물
	다와라호스위스촌	야키다	스위스 풍경
	크로넨베르크	군마	독일농촌, 목장
	러시아촌	나가타	러시아미술관, 교회
	리틀월드	아이치	세계 민가재현
	스페인촌	미에	스페인풍경
	볼트유럽	와카야마	지중해 항구

자료 : 진현식 외 2인, 상게서, p. 87.

〈표 11-8〉 **아시아지역의 테마파크 평균입장객 현황(참고용)**

(단위 : 천 명)

순위	테마파크명(소재지)	연평균입장객	순위	테마파크명(소재지)	연평균입장객
1	도쿄 디즈니랜드(일본)	13,000	6	요코하마 핫케이지마 씨파라다이스(일본 요코하마)	5,300
2	도쿄 디즈니 씨(일본)	12,000	7	오션파크(홍콩)	4,030
3	유니버셜스튜디오 재팬(일본 오사카)	8,000	8	나가시마 스파랜드(일본 구와나)	3,800
4	에버랜드(한국 경기도)	7,500	9	스즈카 써키트(일본 스즈카)	2,600
5	롯데월드(한국 서울)	6,200	10	해피밸리(중국 선전)	2,600

자료 : (사)한국종합유원시설협회.

〈표 11-9〉 **세계 테마파크 언평균 입장객 상위 50위 현황(참고용)**

(단위 : 천 명)

순위	공원명(위치)	입장객	순위	공원명(위치)	입장객
1	매직킹덤(디즈니월드)(미국 플로리다 레이크부에나)	17,233	12	유니버셜스튜디오 올랜도(미국 올랜도)	6,130
2	디즈니랜드(미국 캘리포니아 애너하임)	14,550	13	블랙풀 프레저비치(영국)	6,000
3	도쿄 디즈니(일본)	13,000	14	디즈니즈 캘리포니아 어드벤처(미국 캘리포니아 애너하임)	5,830
4	도쿄 디즈니 씨(일본)	12,000	15	아일랜드 오브 어드벤처(미국 올랜도)	5,760
5	파리디즈니랜드(프랑스 마르네-라-발레)	10,200	16	씨월드 플로리다(미국 올랜도)	5,600
6	엡콧센터(미국 플로리다 레이크 부에나)	9,917	17	요코하마 핫케이지마 씨 파라다이스(일본)	5,300
7	디즈니 MGM스튜디오 테마파크(미국 플로리다 레이크부에나)	8,670	18	유니버셜스튜디오 할리우드(미국 캘리포니아 유니버셜 시티)	4,700
8	디즈니애니멀킹덤(미국 플로리다 레이크부에나)	8,210	19	어드밴처 돔(미국 라스베이거스)	4,500
9	유니버셜스튜디오재팬(일본 오사카)	8,000	20	부쉬가든 템파베이(미국 플로리다 템파베이)	4,300
10	에버랜드(한국 경기도)	7,500	21	티볼리가든(덴마크 코펜하겐)	4,100
11	롯데월드(한국 서울)	6,200	22	씨월드 캘리포니아(미국 샌디에이고)	4,100

순위	공원명(위치)	입장객	순위	공원명(위치)	입장객
23	오션파크(홍콩)	4,030	37	식스플레그즈 그레이트 아메리카 (미국 일리노이 거니)	2,852
24	유로파-파크(독일 러스트)	3,950	38	식스플레그즈 매직 마운틴 (미국 캘리포니아 발렌시아)	2,835
25	나가시마 스파랜드(일본 구와나)	3,800	39	허쉬파크 (미국 펜실베이니아 허쉬)	2,700
26	파라마운트 캐나다 원더랜드 (캐나다 온타리오 메이플)	3,660	40	부쉬가든 (미국 버지니아 윌리암스버그)	2,600
27	노츠베리팜 (미국 캘리포니아 부에나파크)	3,470	41	스즈카 써키트(일본 스즈카)	2,600
28	포트 어벤츄라(스페인 살루)	3,350	42	바켄(덴마크 크란펜보르그)	2,600
29	파라마운츠 킹즈 아일랜드 (미국 오하이오 킹즈 아일랜드)	3,330	43	해피 벨리(중국 선전)	2,600
30	에프텔링(네덜란드 카슈벨)	3,300	44	알톤 타워즈 (잉글랜드 스테포시어)	2,400
31	리세베리(스웨덴 고튼버그)	3,150	45	윈도 오브 더 월드(중국 선전)	2,390
32	모레이즈 피어스 (미국 뉴저지 와일드우드)	3,130	46	돌리우드 (미국 테네시 피죤 포그)	2,360
33	씨더 포인트 (미국 오하이오 쌘더스키)	3,110	47	식스플레그즈 오버 텍사스 (미국 알링턴)	2,310
34	가르다랜드(이탈리아 카스텔루오바 델 가르다)	3,100	48	식스플레그즈 멕시코 (멕시코 멕시코시티)	2,279
35	산타크루즈 비치 보드워크 (미국 캘리포니아)	3,000	49	캠프 스누피 (미국 미네소타 블루밍턴)	2,200
36	식스플레그즈 그레이트 어드벤처(미국 뉴저지 잭슨)	2,968	50	파라마운츠 케로윈즈 (미국 노스캐롤라이나 샬럿)	2,130

자료 : (사)한국종합유원시설협회자료를 참조하여 개별자료 수집(입장객수는 3년간의 평균자료이므로 참고용으로 활용).

제 12 장

골프리조트

리조트산업의 이해

⠿ 제1절 골프의 유래와 발달

1. 골프의 유래

골프는 다른 운동과 달리 그 창시자나 기원에 대한 정확한 기록은 없지만 일반적인 '골프'의 유래는 스코틀랜드의 고프(Goulf)에서 유래되었다는 설이 가장 많다. 로마제국의 시저(BC 100~44) 황제시절 로마병사들이 스코틀랜드섬을 정복했을 당시 야영지에서 휴식하던 중, 스틱을 가지고 새털로 만들어진 공치는 놀이를 즐겼던 로마인의 놀이인 '필라 파가니카(pilar paganica)'란 놀이가 스코틀랜드에 그대로 남아서 오늘날의 골프가 되었다는 유래로 전해오고 있다.

2. 골프의 발달과정

1) 골프규칙의 제정

- 1608년 영국 런던의 블랙히스클럽에 골프회 구성
- 1774년 스코틀랜드 '리스'에서 리스젠틀만골프회(The Gentle-man Golfers of Leith)가 골프규칙전문 13조항을 제정한 것이 오늘날의 골프규칙 기초가 되었다.

2) 골프클럽의 유래

클럽(club)은 '분담하기 위하여 결합한다'는 뜻의 클레오판(Cleofan)이라는 고어에서 유래되어 통상 '경비를 분담'한다는 뜻으로 해석되기도 한다.

3. 한국 골프의 발전배경

1) 효창원 골프장

① 1921년 한국 최초의 골프장으로 개장
② 당시 조선호텔에서 외국인 투숙객을 위한 골프장 경영
③ 추후 경성골프구락부로 변경 창립

2) 전 조선 아마추어골프 선수권대회

① 1925년 청량리골프코스에서 개최된 한국 최초의 골프대회
② 일본인 골퍼들이 주축을 이룸

⠿ 제2절 골프의 구성요소

골프경기가 성립되기 위해서는 골퍼(Golfer), 골프코스(Golf course), 골프용구(Club)
의 3가지 요소를 갖추어야 한다.

1. 골퍼(Golfer)

골프경기를 하는 자를 말하며 프로 골프와 아마추어 골프로 나누어지며, 아마추
어 골퍼는 선수와 일반 골퍼로 구분한다.

2. 골프코스(Golf Course)

근본적으로 골프코스는 티(tee)라고 하는 시작점과 그린 위에 설치한 홀컵(108mm
: 4.25inch) 직경의 구멍을 낸 특정한 종점을 분명하게 지정해 두고, 토지 위에 여러
개의 홀들을 공간적으로 배치한 것이다.

3. 골프용구

1) 클럽(Club) : 목제인 우드(Wood)클럽과 철재인 아이언(Iron)클럽으로 구분
2) 각 클럽에는 1번부터 2, 3번이라는 번호가 붙어 있는데, 작은 번호(1번)일수록
   먼 거리에 사용
3) 공식경기에는 1938년 이후, 14개 이하로 제한되어 현재는 대개 목제 4개, 아이
   언 9개, 퍼트 1개가 1세트로 사용
4) 공식볼(Ball)로는 스몰사이즈볼, 라지사이즈볼의 두 가지가 있음
5) 표준적인 정규코스는 18홀로 구성되고 총 72파를 기준으로 삼음
6) 홀 종류별 파의 종류 : 숏홀 - 3개파/미들홀 - 4개파/롱홀 - 5개파

제3절 골프경기 방법

1. 스트로크플레이방식(타수 기준)

18개의 각 홀마다 정해진 총 타수(기본 72타)를 합하여 가장 적은 숫자가 나온 팀을 승자로 하는 경기(볼 친 횟수, 헛스윙, 벌타 포함)를 스트로크플레이(Stroke play) 방식이라고 한다.

- 스크래치(Scratch) : 핸디캡을 인정하지 않는 방법의 경기(핸디캡 0인 경우)

2. 매치플레이방식(홀 기준)

18개의 총 홀 중에서 각 홀별로 타수의 많고 적음에 따라 가장 적은 타수로 친 홀의 숫자가 많은 쪽을 승자로 결정하는 경기방식

3. 핸디캡이란?

핸디캡(Handicap)이란 골프경기에서 실력차이가 있는 사람들이 대등한 상황에서 할 수 있도록 실력이 부족한 사람에게 기본점수를 미리 부여해 주고 하는 경기방식 이다. 우선 타수에서 선출된 기준타수(par)를 정해서 그것을 어느 정도 타수로 라운 드할 수 있는지 평균타수를 내보고, 파(par)와의 차이가 그 사람의 핸디캡이 된다. 예를 들어, 파 72의 골프장을 A, B, C 세 사람이 평균적으로 A는 80, B는 95, C는 110 타의 경우 이 홀의 타수에서 파 72를 뺀 것이 핸디캡이 된다.

따라서 A의 핸디캡은 80−72 = 8이므로 8, B의 핸디캡은 95−72 = 23이므로 23, C의 핸디캡은 110−72 = 38이므로 38이 된다. 원래의 실력만으로 경기를 하게 된다면 당 연히 A가 이기겠지만, 핸디캡에 의해 A, B, C는 언제나 같은 조건에서 경기를 할 수 있다. 핸디캡에는 0~30까지가 있는데, 골프의 초보자는 모두 핸디캡이 30으로 정해 져 있으며, 파와 동등한 실력을 가진 사람은 당연히 핸디캡이 0이다.

제4절 골프용어의 기본해설

1. 티 그라운드(Tee Ground) : 볼을 치기 시작하는 곳

2. 티업(Tee up) : 경기를 위해 핀 위에 공을 올려놓는 것

3. 샷(Shot) : 공을 공중으로 멀리 치는 것

4. 티샷(Tee shot) : 홀에서 경기를 시작할 때 처음 치는 행위

5. 아너(Honor) : 첫 번째로 치는 선수

6. 스크래치(Scratch) 플레이어 : 핸디캡이 0인 상태(평균 이븐파를 치는 플레이어)

7. 웨지(Wedge) : 공치는 부분이 쐐기(v)모양으로 되어 있는 골프채

8. 페어웨이(Fairway) : 깎은 잔디로 이루어진 티와 그린의 중간지역

9. 러프(Rough) : 잔디의 깎은 높이가 다르거나 잔디가 아닌 지역

10. 워터 해저드(Water Hazard) : 연못, 하천, 바다 등의 장애물

11. 벙커(Bunker) : 모래나 잔디웅덩이 등에 의한 인공장애물

12. 그린(Green) : 목표지로서 깃대가 꽂혀 있는 원형의 특수 잔디지역

13. 파(Par) : 티를 출발하여 홀을 마치기까지의 정해진 기준타수

14. 오버파(Over par) : 규정타수보다 많은 타수

15. 이븐파(Even par) : 규정타수와 같은 타수

16. 언더파(Under par) : 규정타수보다 적은 타수

17. 버디(Birdie) : 한 홀에서 규정파보다 1타 적은 타수로 홀인하는 것

18. 이글(Eagle) : 한 홀에서 규정파보다 2타 적은 타수로 홀인하는 것

19. 앨버트로스(Albatross) : 한 홀에서 규정타보다 3타 적은 타수로 홀인하는 것(더블이글이라고도 함)

20. 보기(Bogey) : 한 홀에서 규정파보다 1타 많은 타수로 공을 홀에 넣는 것

21. 더블보기(Double bogey) : 한 홀에서 규정파보다 2타 많은 타수로 공을 홀에 넣는 것

22. 트리플보기(Triple bogey) : 한 홀에서 규정파보다 3타 많은 타수로 공을 홀에 넣는 것

23. 퍼팅(Putting) : 그린에서 공을 홀에 넣기 위해 치는 것(Approach한다고 함)

24. 퍼터(Putter) : 어프로치를 하기 위한 골프채 중의 하나

25. 라이(Lie) : 공이 놓여 있는 곳의 기울기

26. 투온(Two on) / 쓰리온(Three on) : 샷을 두 번이나 세 번 쳐서 그린에 공을 올려 놓는 것

27. 칩 샷(Chip shot) : 20m 이내의 그린 안팎에서 홀을 향해 공을 쳐 올리는 것

28. 디폴트(Default) : 기권

29. OB(Out of Bound) : 골프코스와 외부 경계는 울타리 또는 말뚝으로 표시하며, 공이 이 경계선을 넘어 바깥에 떨어진 경우를 말함

30. 스루더 그린(Through the Green) : 페어웨이와 러프의 총칭(티잉그라운드와 해저드, 그린 제외)

31. 쓰리섬(Three sum) : 1인 대 2인의 경기로 2인조는 1개의 공을 교대로 침

32. 홀인원(Hole in One) : 티 그라운드에서 1타로 볼이 홀에 들어가는 것. 에이스라고도 함

33. 싱글(Single) : 18홀을 규정타인 72타보다 9오버파 이내(81타)로 치는 것(최근에는 7오버파 이내인 79타 이내를 싱글로 하는 경우가 많음)

34. 카트(Cart) : 캐디백을 실어 나르는 수레이며 전동카트, 사람이 타고 다니는 캐디 카드가 있음

35. 디봇(Divot) : 골프공을 칠 때 골프채에 뜯긴 잔디조각(잔디가 패인 곳은 디봇자국)

36. 팔로우 윈드(Follow wind) : 공을 칠 때 뒤에서 불어오는 바람

37. 어게인스트 윈드(Against wind) : 맞바람

38. 크로스 윈드(Cross wind) : 옆에서 부는 바람(Side wind)

39. 나소(Nassau) : 18홀을 인코스와 아웃코스, 전체를 3부문으로 하여 매치플레이로 각각 승자가 1등을 하는 내기게임

40. PGA : 프로골프협회

41. 아웃코스(Out course) : 18홀 중 전반 9홀을 말하며 공을 처음 치고 나가는 코스

42. 인코스(In course) : 18홀 중 후반 9홀을 말하며 공을 치면서 들어오는 코스

제5절 골프장의 종류

1. 회원제 골프장(Membership Course)

1) 회원을 모집할 수 있으며, 회원 위주로 운영하는 골프장
2) '회원'의 의미 : 시설 설치에 투자된 비용을 부담하고 그 시설을 우선적으로 이용하기로 골프장 사업자와 약정한 자
3) 규모 : 18홀 이상이어야 하고, 총 코스 길이는 18홀 기준으로 6,000m 이상(1홀당 평균길이는 333m)
4) 운영 : 회원이 회원을 위하여 클럽을 설립하고, 회원 및 비회원들로 운영하는 골프장
5) 회원모집(「체육시설의 설치·이용에 관한 법률」(약칭 '체육시설법' 제17조)
   ① 시기 : 공정이 30% 이상 진행된 이후부터 모집 가능(체육시설법 시행령 제17조)
   ② 방법 및 모집절차 : 회원은 공개모집해야 하고, 회원자격을 제한하고자 할 때에는 미리 약관에 명시하여야 함
   ③ 총인원 : 회원모집약관에 회원모집예정 총 인원수를 명시하고, 그 인원수 범위 내에서 회원모집
   ④ 모집계획서 제출 : 회원모집 시에는 모집개시일 15일 전까지 회원모집 계획서를 시·도지사에게 제출-회원모집이 완료된 때에는 모집결과를 보고
   ⑤ 회원증 확인·교부 : 회원제골프장 사업자는 사단법인 한국골프장사업협회의 확인을 받아 각 회원에게 회원증을 교부함

2. 대중 골프장(Public Course)

1) 회원을 모집할 수 없으며, 불특정인을 상대로 운영하는 골프장
2) 종류 및 규모
   ① 정규 대중 골프장 : 18홀 이상, 총 코스 길이는 18홀 기준으로 6,000m

② 일반 대중 골프장 : 9~18홀 미만, 총 코스 길이는 9홀 기준으로 3,000m

③ 간이 골프장 : 3~9홀 미만, 6홀 기준으로 2,000m

　※ 총 코스 길이는 지형에 따라 총길이를 증감할 수 있음

　3) 운영 : 골프장 운영사의 자기자본으로 건설하고, 입장객의 수입으로 경영하는 골프장

〈그림 12-1〉 **골프장의 종류**

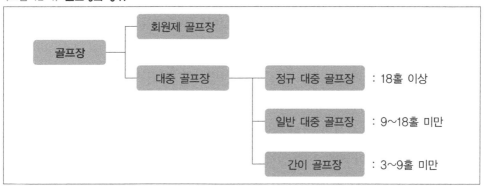

제6절 국내 골프리조트 현황

1. 국내 골프리조트 동향

2023년 국내 골프리조트의 변화는 「코로나 19」를 계기로 상당한 변화의 시작점이 되기도 했다. 「코로나 19」로 인해 전국의 골프장 평균 매출이 10% 이상 늘어났고 내장객도 역대 최고였음을 알 수 있다.

그리고 20대와 30대의 골프인구가 40% 가까이 늘어나면서 여성골퍼의 증가로 골 프웨어시장은 3조원을 넘는 매출을 기록했으며 골프회원권 시장도 지난해 대비 20% 이상 증가했다. 우리나라 골프장은 543개로 운영되고 있으며 회원제와 대중골프장 비율은 3:7 정도로 운영되고 있는 실정이며 이러한 현상은 당분간 지속될 것으로

전망된다.

세계인구는 2023년 기준으로 81억만 명이고, 그중 1%인 8천백만 명 정도가 골프를 친다고 추정했다. 인구 대비 골프장이 많은 국가로는 스코틀랜드(9,400명당 1개 골프장), 뉴질랜드(1.1만 명), 아일랜드(1.1만 명) 등이 꼽혔고, 미국은 인구 2만 1천 명당 골프장이 하나꼴이었다. 그리고 일본은 5만 3천 명당 하나의 골프장이 있는데 반해, 우리나라는 10만 명당 하나의 골프장이 있다.

2020년 기준 전국 골프장이 총 533개였으며 2023년 기준 지난 3년간 10개 골프장이 증가했다. 그중 회원제 골프장은 21개 줄어들었으나 비회원제 골프장은 31개가 늘어났다.

골프장 수가 가장 많은 지역은 수도권으로 172개이며 전체의 32%를 차지하고 있다. 그다음은 영남권으로 114개(21.3%), 충청권 75개(14.0%), 호남권 74개(13.8%), 강원권 67개(12.5%), 제주권 41개(7.6%) 순으로 나타났다.

전 세계적으로 볼 때 전체 골프장의 50% 정도가 북미지역에 분포되어 있고 그다음은 23%를 차지한 유럽지역, 17% 정도가 아시아지역에 분포되어 있다.

2. 국내 골프리조트의 영업현황

국내 골프리조트의 산업현황은 전면적으로 회원제 골프장의 매출액은 감소하는 반면 대중 골프장의 매출액은 증가추세에 있다. 따라서 골프장의 M&A가 확대되고 있으며 회원제 골프장은 점차 대중 골프장으로 전환되는 현상이다. 이러한 현상은 골프장의 매출액 현황에서도 잘 나타나고 있다.

국내 골프장산업의 전체 시장규모(캐디피 지출액 포함)는 2016년 5조 486억원으로 전년보다 4.4% 증가했고 11년만에 2배로 급증했다. 이 중 골프장산업의 매출액은 2016년 4조 191억원으로 전년보다 4.1% 증가했는데, 회원제 골프장의 매출액은 2015년보다 4.7% 감소한 2조 475억원으로 2010년 이후 7년 연속 감소한 반면, 대중 골프장의 매출액은 1조 8,766억원으로 15.3% 급증했고 2000년 이후 17년 연속 증가했다.

한편 국내 골프장산업의 과거 10년 지표를 보면, 골프장 시장규모는 2005년 2조 1,558억원에서 2015년에는 3조 8,696억원으로 79.5% 증가했다. 회원제 골프장의 시장규모는 같은 기간에 23.7% 증가에 그쳤지만 대중 골프장의 시장규모는 4.9배 급증했다.

1) 2023년 골프장 이용요금

- 대중형 골프장 4~6월, 9~11월 코스 이용료
  - 주중 평균 13만 7천 원, 주말 평균 17만 7천 원
- 수도권 회원제 골프장 비회원대상 5월, 10월 코스 이용료
  - 주중 평균 22만 3천 원, 주말 평균 28만 2천 원

2) 2023/2022 상반기 전국 골프장 운영실적 현황

- 전국의 골프장 내장객 수는 2022년 상반기 대비 6.7% 감소되었으며, 매출액 5.2% 입장수입 5.8%, 영업이익 24.5%, 순이익 23.9%가 감소되었다.
- 지역별로는 제주지역의 순이익이 지난해와 비교해 114.8% 감소하여 가장 큰 폭 감소하였다.
- 경기 · 호남 지역은 내장객 수와 매출액은 크게 줄지 않았으나 영업이익 및 순이익에서 큰 감소세가 나타났다.
- 충청지역은 큰 변화가 적었다.

골프장 세금은 크게 퍼블릭과 회원제로 나누며 회원제가 기본적으로 세금이 높다.

〈표 12-1〉 골프장세금(퍼블릭과 회원제 차이)

	퍼블릭(대중골프장)	회원제(멤버십골프장)
취득세	4%	12%
재산세(토지)	최저 0.4%	4%
재산세(건축물)	0.25%	특소세 12,000원 교육세 3,600원 농특세 3,600원 부가세 1,920원 계 21,120원

〈표 12-2〉 한국 주요 대기업 골프장 운영현황

업체명	골프장명	위 치	규모(홀)
삼성	안양베네스트	경기도 군포시	18
	동래베네스트	부산시 금정구	18
	안성세븐힐스	경기도 안성시	18 + 9
	글렌로스	경기도 용인시	9
	가평베네스트	경기도 가평군	27 + 9
LG	곤지암	경기도 광주시	18
GS	엘리시안 강촌	강원도 춘천시	27
	엘리시안 제주	북제주군 애월읍	27 + 9
	샌드파인	강원도 강릉시	18
현대자동차	해비치	제주도 남제주군	18 + 9
한진	한일	경기도 여주군	36
롯데	롯데스카이힐김해	경남 김해시	18
	롯데스카이힐부여	충남 부여군	18
	스카이힐제주	제주도 서귀포시	27 + 9
포스코	승주	전남 순천시	27
한화	프라자	경기도 용인시	36
	설악프라자	강원도 속초시	18
	제이드팰리스	경기도 가평군	18
	프라자CC제주	제주도 봉개동	18
	골든베이	충남 태안	27
두산	춘천	강원도 춘천시	27
대림	오라	제주도 제주시	36
CJ 그룹	나인브릿지제주	제주도 안덕	18 + 9
	헤슬리나인브릿지	경기도 여주	18

업체명	골프장명	위 치	규모(홀)
동양	파인크리크 파인밸리	경기도 안성군 강원도 삼척시	27 + 9 18
코오롱	우정힐스 마우나오션	충남 천안시 경북 경주시	18 18
KCC	금강	경기도 여주군	18
한솔	오크밸리	강원도 원주시	36 + 9
부영	덕유산리조트	전북 무주군	18
농심	일동레이크	경기도 포천시	18
하이트맥주	블루헤런	경기도 여주군	18
신세계 그룹	자유 트리나티 영랑호	경기도 여주군 경기도 여주군 강원도 속초	18 18 9

〈표 12-3〉 **전국 골프장의 지역별 매출액 대비 평균영업이익률 <과거자료참고용>**

(단위 : 천만)

구 분			수도권	충청권	강원권	호남권	영남권	평 균
18홀	2007년	금액	1,944	1,055	1,850	1,017	1,856	1,544
		비율	14%	6%	11%	12%	19%	13%
	2006년	금액	2,019	1,553	−	2,245	1,208	1,756
		비율	15%	15%	−	24%	12%	17%
	전년대비	금액	−75	−498	−	−1,228	648	−212
		비율	−1%	−9%	−	−12%	7%	−4%
27홀	2007년	금액	2,358	3,235	1,081	1,445	1,180	1,860
		비율	14%	18%	4%	13%	6%	11%
	2006년	금액	2,632	4,821	−	1,177	1,877	2,627
		비율	12%	28%	−	11%	13%	16%
	전년대비	금액	−274	−1,586	−	268	−697	−767
		비율	2%	−10%	−	2%	−7%	−5%
36홀	2007년	금액	6,195	2,842	−	7,542	2,970	4,887
		비율	22%	16%	−	37%	21%	24%
	2006년	금액	6,762	1,931	−	−	3,601	4,098
		비율	28%	11%	−	−	19%	19%
	전년대비	금액	−567	911	−	−	−631	789
		비율	−6%	5%	−	−	2%	5%

구 분	수도권	충청권	강원권	호남권	영남권	평 균
2007년 매출액 대비 평균영업이익률	17%	14%	8%	21%	15%	16%
2006년 매출액 대비 평균영업이익률	18%	18%	−	18%	15%	17%
전년대비	−1%	−4%	−	3%	0%	−1%

주 : 평균영업이익률은 기업의 대외비 관계로 과거자료를 제시함 : 109개 골프장 대상(참고용으로만 활용).

3. 골프시장 경쟁국의 골프비용 비교 분석

다음 표는 세계 주요 도시의 골프 물가에 대한 비교를 나타내고 있다. 주말 비회원기준으로 그린피를 보면 LA는 30달러인 데 반해, 서울은 226달러를 지급해야만 한다. 이는 LA의 약 7.5배, 방콕의 6.5배, 뉴욕의 3.8배, 그리고 도쿄의 1.5배로 나타났으며, 카트피 역시 약 2배 수준인 것으로 나타났다. 또한 골프용품 역시 미국의 2배, 일본의 1.2배 수준으로 나타났다.

〈표 12-4〉 **세계 주요 도시의 골프물가 비교(참고용)**

(단위 : 달러)

	그린피	캐디피	카트피	나이키SQ sumo2 드라이버	테일러메이드 r7수퍼퀴드	캘러웨이 X-20 아이언세트
서울	226	24	21	570	580	1,720
도쿄	160	29	13	504	504	1,155
뉴욕	60	−	15	400	400	900
LA	30	−	12	300	400	900
베이징	116	19	12	698	647	1,129
홍콩	79	22	−	383	679	947
방콕	35	14	9	459	471	1,364
파리	81	−	20	611	611	1,044

주 : 그린피는 주말 비회원 기준/ 캐디피, 카트피는 1인당 기준/ 한국 골프채가격은 모 백화점 골프숍 기준/ 서울 및 도쿄는 아시안 스팩 가격/ 아이언 세트는 3~9번, P, S 등 9개로 구성/ 중국 및 태국 캐디피는 1인 1백 기준/ 태국의 경우 캐디피에 캐디팁 포함(자료 : 동아일보, 2007년 6월 4일자 8면(종합)).

〈표 12-5〉에서는 한국골프시장 경쟁국의 골프비용을 비교한 것이다. 제시한 표에 따르면, 국내에서 주말 3회 골프 라운딩 시 드는 비용이 동남아(중국/태국 등)에서 항공료, 숙박비 등 여행경비를 모두 포함한 금액보다 더 비싸게 나타나고 있다.

〈표 12-5〉 **한·중·일·동남아 주말 3회 골프비용 비교**

(단위 : 원)

		그린피	캐디피	카트피	점 심	항공료	숙박비	총 계
한 국	경기 (리베라)	687,500	78,046	69,375	34,687	–	–	869,608
	제주도 (로드랜드)	485,625	69,375	69,375	34,687	194,250	254,375	1,107,687
중국(엔타이)		692,593 (여행상품)	49,718	54,343	23,125	–	–	819,779 (주말추가 그린피 없음)
태국/방콕 /파타야		692,593 (여행상품)	없음 (포함)	33,531	33,531	–	–	759,655 (주말추가 4만 원 포함)
일본(나고야)		1,263,937 (여행상품)	92,812	70,875	40,500			1,468,124 (주말 9만 원 포함)

주 : 환율 1$=1,110원/100엔=1,350원 기준, 숙박=2인 1실 기준, 플레이=4인 1조 54홀 기준.

이러한 이유 때문에 호남권 및 영남권 골프장의 이용객수는 갈수록 줄어들고 있다. 제주권의 이용객수 역시 골프장 공급과잉과 국내 골퍼들의 해외골프 원정으로 감소폭이 더욱 커지고 있으나 「코로나 19」 사태로 일시적인 호황이 있기는 하나 반짝 수지에 지나지 않을 전망이다.

4. 국내 골프리조트의 경영전략과 대책

국내 골프리조트는 2020년 기준으로 전국에 533개소로 운영되고 있으며 그 중에서 31.8%(170개)가 서울, 인천, 경기 지역에 위치하고 있다. 그 동안 골프리조트는 공급과잉에 따른 재정적자를 면치 못해왔으나 2019년부터 상승국면으로 접어들었으며 「코로나 19」를 맞은 2020년에는 해외여행 제한으로 인한 국내 골프 수요 확대에 따라 최대의 호황을 누렸으나 「코로나 19」가 종식되고 해외여행이 개방된다면 많은 해외골프를 찾는 이용객 증가로 다시 또 국내 골프리조트의 어려움이 예상되기도 한다. 따라서 전국적으로 많은 골프장들의 신규진출과 골프장 개발의 법적 규제 완화 등을 고려한다 해도 골프장의 매출액 증대는 매우 우려되는 부분이다.

1) 주중골퍼의 중요성과 주중회원제의 기능 확대가 필요

앞으로의 골프장 영업은 가동률을 높이기 위해 주중골퍼의 유치가 큰 과제로 부각되고 있다. 주말골퍼는 향후에도 충분히 유치할 수 있으리라 예상되지만, 주중골퍼의 유치는 더욱더 치열해질 것으로 예상된다. 예컨대, 주중 요금체계에서도 회원과 비회원, 요일별, 시간대별(새벽, 오전, 오후)로 차별화하여 요금의 다양성을 통한 경쟁력을 확보할 수 있어야 할 것이다.

요금의 유연성과 주중회원의 확대방안이 근본대책이 될 수 있으며, 주중연간이용권제의 도입 확대방안이 요구된다. 그 외 골프장 간에 상호제휴를 맺어 회원 간의 상호 이용혜택을 주는 평일대책을 세울 수도 있다.

2) 객단가 위주의 영업정책 탈피와 잔디관리의 중요도 증가

차별화된 경영전략이 필요한 시대에 단순히 객단가를 낮추는 것은 누구나 손쉽게 할 수 있는 경영전략이며, 이는 골프장 모두가 몰락할 수 있는 단편적인 전략이다. 그러므로 상기에서 지적한 플렉시블 요금체계가 다양해지려면 가장 시급한 것이 잔디관리이다. 예전에는 6만 명만 내장해도 잔디가 몸살이 났었지만, 오늘날에는 잔디관리기술이 발달하여 11만 명까지도 소화할 수 있게 되었다.

이것은 18홀이 27홀이 된 것과 같다. 향후 플렉시블 요금이 확대되면 잔디관리가 취약한 시간대에도 고객을 모시게 되고 젊은 주니어타임도 설정하게 되면 회원과 일반고객과는 부딪히지 않는 시간대를 정하게 되므로 결국 잔디관리의 중요성이 높아지고, 코스관리부서의 근무시간대도 급격히 바뀌게 될 것이다. 즉 객단가 중심경영에서 가동률 중심경영으로 전환될 것이고, 우수한 잔디관리는 상대적으로 그린피 우위와의 이점과 비용 면의 코스관리비도 줄일 것이다.

3) 하드웨어보다는 소프트웨어의 경영전략에 승부

골프장마다 직원에 대한 교육비 투자를 통한 마인드 강화와 주인의식을 고취시킬 수 있는 소프트웨어에 집중해야만 한다.

박리다매를 즐기는 고객이 있는가 하면 정당한 대가로 차별화된 고객대우를 받고자 하는 고객층은 결코 싼 곳만을 찾지는 않게 된다. 싼 곳 중에서도 서비스 질에 따라 행선지를 정하기 때문에 교육의 중요성은 훨씬 더 높아진다. 간혹 골프장 중에는 실질적인 평소 직원교육에는 소홀히하면서, 1년에 한 번 정도 국내외 여행위주의 이벤트에만 신경 쓰는 골프장이 있어 안타깝게 생각한다. 교육이란 결코 1회성이 아니고 매일매일 지속적인 교육이어야 하는 것이다.

교육은 서비스의 질을 해결하는 것에 그치지 않고 의식교육에 성공하게 되면 불필요한 직원수를 줄일 수 있는 구조조정 기능도 갖게 된다. 이는 결국, 직원의 개인보수도 올려줄 수 있게 됨으로써 인력관리의 선진화가 이루어질 수 있는 것이다.

그 외 골프장 서비스 향상을 위해 라운딩 후에 설문조사시스템을 정착시켜서 조사결과에 따른 미비점을 개선 발전시키는 노력이 곧 골프장 이용고객의 만족도를 높여줄 것이다. (예컨대, 캐디의 친절도, 프런트 직원의 친절도, 부대시설만족도, 카트상태, 그린상태, 라커룸상태, 골프장 진행요원의 친절도 등)

4) 일본 골프 연구의 감소에 따른 시사점

일본의 경우, 50대 이상의 남성 중 3.5명당 1명이 골프를 하고 그 부인이 골프를 하는 비율은 35명당 1명이라고 한다. 정년퇴직을 한 부부의 대부분은 부부 공통의 취미를 갖는데, 부인이 골프를 하지 않으면서 정년퇴직한 남성들의 골프 이탈이 급격히 진행돼 남성 10명당 1명으로 급감했다고 한다. 우리나라 시니어 골프인구도 일본처럼 감소할 것으로 보인다. 다만 골프장간 고객유치 경쟁이 치열해지고 이용료가 하락하면서 가격부담 때문에 치지 못했던 중산층 골퍼들이 참여하게 되면서 골프장 이용객수 감소세를 다소 억제할 것으로 예상된다.

:: 제7절 골프리조트의 개발

1. 기본계획

골프장의 기본계획을 세우기 위해 제일 먼저 고려해야 할 사항은 골프장의 기본 콘셉트를 정하는 일이다. 골프장의 기본 콘셉트에 따라 골프장의 경영방침과 목표가 설정되므로 기본 콘셉트를 정하는 것은 골프리조트의 기본계획에서 첫 번째로 중요한 사항이며 그 외 고려되어야 할 주요 기본계획은 다음과 같다.

① 골프장 형태를 먼저 정한다(회원제 골프장/ 대중 골프장).
② 단독규모의 골프장인가? 아니면 대규모의 리조트형인가?
③ 숙박형태는 골프텔로 할 것인가? 호텔로 할 것인가?
④ 내·외국인 동시 이용시설로 할 것인가? 내국인 전용인가?
⑤ PGA나 LPGA와 같은 국제경기를 할 수 있는 곳인가?
⑥ 스파와 온천시설을 할 것인가?

〈표 12-6〉 **골프장 구성면적과 비율현상(예시)**

구 분		부지면적(m²)	비율(%)	시설내역
계		1,545,240	100	
1. 체육시설		455,965	29.5	9,497m 108par
	그린	15,808	1.0	27개소
	티	24,254	1.6	121개소
	벙커	15,102	1.0	110개소
	훼어웨이	161,729	10.5	27개소
	러프	237,093	15.3	27개소
	연습그린	1,979	0.1	2개소

구 분	부지면적(m²)	비율(%)	시설내역
2. 건축시설	8,381	0.6	8동 6,401m²
클럽하우스	5,380	0.3	1동 지하 1층, 지상 3층
스타트하우스	200	0.05	3동
휴게소	201	0.05	3동
관리동 및 장비창고	2,600	0.2	1동
3. 부대시설	174,941	11.3	
진입 및 관리도로	48,487	3.1	L=4,847m B=10m
카드 및 관리도로	39,531	2.6	L=14,005m B=2.5m
연못	72,683	4.7	8개소
주차장	10,940	0.7	350대
물탱크	1,800	0.1	3개소
오수처리장	1,500	0.1	1개소(290톤/일)
4. 녹지용지	905,953	58.6	
보전녹지	415,115	26.9	
기타(조성)녹지	490,838	31.7	

주 : 사업기간 : 3년, 총사업비 : 850억 원.

2. 입지여건 고려사항

① 구릉지대와 산악지형의 개발가능성이 있는 곳

② 주변에 온천이나 호수 등의 자연경관이 수려한 곳

③ 접근성이 1시간 30분 이내의 위치에 있을 것

④ 완만한 경사가 남동쪽으로 있을 것

⑤ 배수가 잘되고 지하수가 좋을 것

⑥ 지가가 가급적 저렴할 것(총건설비의 6분의 1 이상 차지함)

⑦ 용지면적이 가급적 넓을 것(국제규격 18홀 기준 110만 제곱미터)

3. 골프코스의 기본설계

골프코스 설계에는 5가지의 기본형이 있고 그 하나하나마다 몇 가지 임의로 달리할 수 있는 부분이 있어서 각 개발사업의 특정 요구조건을 쉽게 충족시킬 수 있다. 또한 용지가 결정되면 어떤 형의 조합이 가장 적합한가를 판단하게 된다.

1) 코스설계의 유의점

① 보통 코스 구성(18홀 기준)
- 파 3, 130~200야드(120~180m)짜리 홀 4~5개
- 파 4, 350~470야드(320~430m)짜리 홀 9~10개
- 파 5, 480~550야드(440~500m)짜리 홀 3~4개

② 230~320야드(210~295m) 짧은 홀은 1~2개 정도는 설계할 수 있지만, 그래도 가능하면 피하는 것이 좋다.

③ 첫 홀은 정식 파 4나 약간 짧은 파 5로 하고 나머지는 길이·특징과 방향을 달리하되 짧은 파 3과 긴 파 5는 연속해서 배치하지 않는다.

④ 가능하면 전반과 후반에 그 수를 같이 배정하되 같은 것이 두 번 연이어지는 일은 없도록 한다.

⑤ 첫 번째 티와 10번 티 그리고 9번째와 18번째 그린을 클럽하우스 앞이나 근처에 배치하고 바로 옆에 연습장을 설치한다.

⑥ 연습용 퍼팅 그린은 첫 번째 티 가까이에 있어야 한다.

⑦ 코스는 각 코스별 거리를 다양하게 구성하여 모든 클럽을 고루 사용하도록 한다.

⑧ 코스는 벙커, 연못, 언덕, 커버 등의 다양성을 갖추어 각 코스마다 심리적인 부담감으로 경기의 즐거움을 배가시킨다.

⑨ 경기진행을 원활하게 하기 위해 코스의 시작 홀인 1, 10, 19홀을 파 4홀로 하되 폭을 넓고 평탄하게 하여 OB를 줄이고 시간의 지체를 방지한다.

⑩ 페어웨이 시작 코스의 폭은 40m 이상으로 하고 그린 주변의 페어웨이 폭은 60m 이상으로 한다.

2) 표준 홀의 거리

① 파(Par)라는 것은 숙련된 경기자가 실수 없이 티에서부터 그린에 이르는 타(Shot)수(그린상에서는 2타로 산정한 점수)로서 거리에 따라 남녀가 각각 다르다.

② Par의 산정

Par	남(Yd)	여(Yd)
3	250 이하(230m)	210 이하(192m)
4	251~470(231~430m)	211~400(193~366m)
5	471 이상(431m)	401~575(367~526m)
6		576 이상(527m)

③ 또한 한 세트가 14개의 서로 다른 비거리를 가지고 있는 클럽의 특성과 결부되어 다음과 같은 표준 홀을 생각할 수 있게 된다. 이는 절대적이라기보다 설계의 기준이며, 홀의 여건에 따라 다소 달라질 수 있다.

④ 표준 홀 : 홀은 백 티 중심부터 페어웨이의 중앙을 따라 그린 중심까지의 수평거리를 가지고 파 3의 숏 홀, 파 4의 미들 홀, 파 5의 롱 홀로 구분되며 설계 시 설정하게 되는 표준 홀의 규모는 다음과 같다.

홀	거리 (Yd)	Par
Shot	160~250(146~230m)	3
Middle	340~470(311~430m)	4
Long	480~600(439~549m)	5

⑤ 160야드 이하의 숏 홀이 표준적인 홀이 아닌 이유는 너무 쉬워 흥미가 떨어질 수 있기 때문이다. 하지만 홀의 모양이나 주위 여건에 따라 난이도는 달라질 수 있다.

3) 표준 골프코스와 동급(Rating)

① 골프코스는 18홀, 9홀 등의 소형과 27홀, 36홀, 54홀 등의 대형도 있으나 18홀 단위가 표준이므로, 18홀 코스, 36홀 코스를 가진 골프장이 정상이다.

② 18홀의 경우 공식 골프코스의 파는 70, 71, 72이며 간혹 69, 73인 경우가 있다.

Par	홀의 배합		
	Shot	Middle	Long
70	6	8	4
	4	12	2
71	5	9	4
	4	11	3
72	4	10	4
73	4	9	5

4. 클럽하우스의 기본설계

클럽하우스는 프런트데스크를 갖추고 체크인, 체크아웃을 담당하는 곳이며 골프를 치는 데 필요한 장비(카트, 골프백 등)를 대기 및 보관시키고 골프 경기자들의 식당과 휴게실, 샤워실, 탈의실 등이 갖추어진 제반 편의제공시설이다.

① 클럽하우스 위치는 조금 높은 곳에 설치하여 코스 전체가 잘 보이는 곳으로 한다.

② 시작 홀과 끝나는 홀의 위치는 클럽하우스와 인접하게 설계한다.

③ 클럽하우스는 고객과 캐디의 동선을 다르게 한다.

④ 클럽하우스의 면적을 9홀 미만의 골프장은 500㎡ 이하로 하고, 9~18홀 미만은 600㎡ 이하, 18홀은 3,300㎡ 이하로 한다.

⑤ 골프코스 사이의 휴게소(일명 그늘집) 설치는 18홀 이하는 2개소 이내, 18홀 초과 시에는 기본 2개 외에 9홀마다 1개씩을 추가한다.

5. 인 · 허가 준비

골프장의 인 · 허가는 「체육시설의 설치 · 이용에 관한 법률」에 근거하여 사업승인을 받아야 하며, 골프장은 체육시설업 중 「등록체육시설업」으로 지정되어 있다. 그리고 골프장은 「국토의 계획 및 이용에 관한 법률」(약칭 "국토계획법")상의 준도시지역, 운동휴양지구에서만 허가가 가능하다.

〈기본 허가기준〉

① 회원제골프장업 : 18홀 이상

② 정규대중골프장업 : 18홀 이상

③ 일반대중골프장업 : 9홀 이상~18홀 미만

④ 간이골프장업 : 3홀 이상~9홀 미만

⑤ 주차장시설 : 1홀당 10대 이상 주차시설(18홀 기준×10대 = 180대)

〈표 12-7〉 골프장의 단계별 개발과정

단 계	주요내용	세부내용
PRE-PLANNING PHASE 예비단계	(입지 후보지 타당성 검토) 인문환경 분석(법적 검토) 자연환경 분석(지형 및 여건분석)	• 각종 관련법 필터링 • 사업의 타당성 조사 및 분석 • 접근성 및 주변 여건 분석
APPROVAL IN LAW PHASE (1차) 인허가 단계	(개발사업 인 · 허가 신청서 작성) • 「국토의 계획 및 이용에 관한 법률」 • 「체육시설의 설치 · 이용에 관한 법률」 • 관련 법규 총괄 검토	• 토지적성 평가 • 사전 환경성 검토 • 문화재지표 조사
DEVELOPMENT MASTER PLAN 기본설계단계	(기본계획 및 설계) • Route Plan • Course Lay Out • 시설별 동선 검토 • 기본설계 설명서	• 개략 토공량 산정 • 배수개념도 • 조경개념도 • 조형개념도 • Model 제작(필요시) • 개략 공사비

단 계	주요내용	세부내용

DETAILED DESIGN PHASE 실시설계단계	(실시설계)
	• 상세설계(Detail Design)
	• 시공도면 작성
	• 시공도서 작성
		• 시설설계도면
		  - 토공, 배수공
		  - 잔디공, 구조물공
		  - 연못공, 포장공
		• 실시설계서류
		  - 시방서
		  - 내역서
		  - 단가산출서

APPROVAL IN LAW PHASE (2차) 인허가단계	(개별 인·허가 및 준공등록 신청) • 개발사업 관련 개별법 • 준공신청서 • 등록신청서	• 관련법 50여 종 • 체육시설의 설치·이용에 관한 법률
ACTUALIZATION PHASE 실행단계	(공사감리) • 토목 • 조형 • 조경	• 개·보수 시공 감리 포함

자료 : GMI골프디자인 컨설팅.

〈표 12-8〉 **골프장 인·허가 업무관련 부서**

실과별	협의 및 인·허가 내용	관련법규
투자진흥과	국내·외 기업 및 자본투자유치 지원	국내·외기업 및 자본투자유치를 위한 지원 조례
세무회계과	국·공유 재산 매입·임차	「국유재산법」, 「지방재정법」
관광진흥과	권역계획 변경	「관광진흥법」
관광개발과	관광(단)지 지정 관광숙박업 사업계획 승인	「관광진흥법」
문화예술과	문화재보호물·보호구역 해제 협의	「문화재보호법」
체육지원과	골프장 사업계획 승인	「체육시설의 설치·이용에 관한 법률」
사회복지과	무연분묘개장 허가	「장사 등에 관한 법률」
친환경농업과	농지 전용·협의(허가)	「농지법」
	농업기반시설 목적 외 사용승인	「농어촌정비법」
축정과	초지 전용허가·협의	「초지법」
산림소득과	산지 전용허가·협의	「산지관리법」
해양항만정책과	수산자원보호구역 해제 협의	「국토의 계획 및 이용에 관한 법률」
	공유수면 매립면허 및 실시계획인가	「공유수면 관리 및 매립에 관한 법률」

실과별	협의 및 인·허가 내용	관련법규
환경보전과	환경영향평가 협의	「환경영향평가법」
	사전환경성 검토 협의	「환경정책기본법」
	생태계보전지역 해제 협의	「대기환경보전법」
	조수보호구역 해제 협의	「조수보호 및 수렵에 관한 법률」
	공원사업시행, 공원시설 점·사용 허가	「자연공원법」
	폐기물처리시설 설치 승인·신고	「폐기물관리법」
수질개선과	상수도관련 인가 및 급수공사 상수도보호구역 행위허가	「수도법」
	하수도관련 인가 및 허가	「하수도법」
	오염총량관리	「영산강특별법」
지역계획과	도시관리계획 변경	「국토의 계획 및 이용에 관한 법률」
도로교통과	교통영향평가 협의	「환경교통재해등에 관한 영향평가법」
	연결도로 허가, 도로점용 허가, 접도구역관리	「도로법」
개발건축과	건축허가·신고, 가설건축물 허가·신고	「건축법」
복구지원과	재해영향평가 협의	「환경교통재해등에 관한 영향평가법」
	폐천부지양여 지방 1, 2급 하천 점·사용 허가	「하천법」
	소하천공사 관련 허가	「소하천정비법」
지적과	공공측량성과 사용심사	「계량에 관한 법률」

6. 골프리조트 분양 및 운영

골프장은 회원제일 경우 분양의 성패가 사업의 성패라고 할 만큼 경영에 중요 변수이다.

① 분양 : 공사 진척이 30% 이상 되었을 때 실시해야 한다.
② 회원모집인원 : 1홀 기준 약 25명 정도이다(18홀×25명＝450명).
 (산출기준은 1년 중 겨울철 3개월을 제외한 9개월 동안 약 8분 간격의 티업 기준)
③ 분양금액 : 1홀 기준 30억 원 소요(18홀×30억 원＋제 비용＝700억 원)
 (회원 1명기준 분양가 1억 원)

제8절 골프리조트의 환경측면 이해

1. 환경영향평가의 목적

① 환경은 일단 한 번 파괴되면 원상회복이 거의 불가능하고, 또한 복구에 막대한 비용이 소요되어 궁극적으로는 경제활동을 제약하게 되므로 환경문제에 효율적으로 대처하기 위해서는 환경오염에 대한 사전예방이 필요하다.

② 각종 사업계획을 수립·시행함에 있어서 당해 사업의 경제성, 기술성뿐만 아니라 환경적 요인도 종합적으로 비교·검토하여 최적의 사업계획안을 모색함으로써 쾌적한 환경을 유지·조성한다.

2. 환경영향평가 대상사업

① 골프장 건설 등 사업특성상 자연환경·생태계를 훼손할 우려가 큰 사업

② 자연공원 집단시설지구 등 환경적으로 민감한 지역에서 시행되는 사업

③ 매립사업·댐건설 등 환경영향이 장기적·복합적으로 발생하여 쉽게 예측하기 곤란한 사업

④ 택지·공단조성 등 대기·수질오염 등 복합적 환경오염이 발생될 것으로 우려되는 사업

3. 환경영향평가항목 및 분야

① 환경영향평가항목은 3개 평가분야에 걸쳐 23개로 구성되었다.

② 「환경정책기본법」에 규정된 환경기준을 고려하여 각 항목별 환경영향을 평가한다(「도시교통정비촉진법」에 의한 교통영향평가대상은 교통항목으로 함).

평가분야	평가항목
① 자연환경 (5개 분야)	• 기상, 지형·지질, 동·식물, 해양환경, 수리·수문
② 생활환경 (11개 분야)	• 토지이용, 대기질, 수질, 토양, 폐기물, 소음·진동, 악취, 전파장애, 일조장애, 위락·경관, 위생·공중보건
③ 사회·경제환경 (7개 분야)	• 인구, 주거, 산업, 공공시설, 교육, 교통, 문화재

4. 골프장의 환경오염과 생태계

1) 골프장은 야생동물의 훌륭한 서식처이다

골프장은 30%의 잔디와 70%의 야생 초화류, 과실나무, 잡관목들로 우거진 숲과 연못으로 조성되어 있어 야생조수들에게는 풍부한 먹이를 제공하는 훌륭한 서식처가 되고 있다.

2) 잔디는 공기정화작용 및 기온조절효과가 크다

식물은 햇빛, 공기 중의 탄산가스와 토양 중의 물을 흡수하여 광합성작용을 한다. 광합성작용에서 만들어진 탄수화물은 생장에너지로 활용되고 이 과정에서 배출된 산소는 인간의 호흡에 필요한 신선한 공기가 된다.

3) 골프장에서 쓰는 농약은 국민이 우려할 수준은 아니다

① 골프장에서의 농약사용은 일반농가에서보다 훨씬 엄격한 규제하에 사용되고 있으며 그 사용량에 대하여 정부가 관리 감독하고 있다.

② 법률에 의거 농약 사용량 및 농약 잔류량 조사를 의무적으로 연 2회 실시하고 있으며, 골프장의 농약 사용량은 일반농지 사용량보다 적어 국민들이 우려할 수준은 아니다.

③ 골프장에서 사용되는 농약은 환경부에서 고시한 품목을 사용하고 있으며,
이는 인체 및 인근 농산물의 피해를 주지 않는 저독성 농약으로 한정되어
있다.

〈표 12-9〉 골프장의 환경오염방지를 위한 농약사용검사 내용(체육시설법 제14조, 제15조, 제30조)

구 분	주요 검토내용
농약사용량 조사	• 조사기관 : 시·도지사 • 결과보고 : 문화체육관광부 장관, 환경부 장관 - 시기 : 매 반기 - 조사항목 : 농약구입량 및 사용량
농약잔류량 검사	1. 토양에 대한 농약잔류량 검사 • 검사시기 : 매년 5월부터 9월까지 2회 이상(상·하반기 각 1회 이상) • 검사지역 : 그린과 훼어웨이를 구분 실시 • 시료채취 : 동일지역 내의 여러 지점에서 채취해 시료를 잘 혼합하여 각 1점 이상 채취 2. 유출수에 대한 농약잔류량 검사 • 검사시기 : 토양과 동일 • 시료채취 : 골프장 부지경계선의 최종 유출구에서 1일 4시간 이상의 간격으 로 2회 이상 채취

제9절 한국 골프장의 경영악화 요인과 전망

1. 골프장 이용객의 문제

① 회원이용 집중화 현상(수도권 인구유입으로 인한 지역인구 극감 현상)

② 절대인원의 증가세 둔화(세부담 과중에 따른 영향)

③ 골프장 증가에 따른 이용고객의 분산화(해외원정골프, 지역골프장의 파격유치 전략)

2. 골프장 경영환경의 악화

① 간접경비의 지속적 증가

② 기상이변에 따른 재해의 증가(절개지 및 산사태 복구비용 부담)

③ 골프장 시설 및 장비의 노후현상 진행(잔디 20~25년 사용 후 전면교체 필요)

3. 조세부담의 급증

① 보유세의 급격한 증가(공시지가/재산세 및 종합부동산세 등)

② 불공평과세의 지속

③ 과세상 운영경비의 범위 제한

제10절 한국 골프장의 발전방향

1. 세법개정의 추진(특소세/종토세/종부세 등)

① 이용고객 부담 감소를 위한 개정
② 골프장 경영수지 개선을 위한 개정
③ 형평성 과세 제고를 위한 개정

2. 국내 골프장 경영합리화 방안

① 자동화 시스템의 보완 및 도입
- 공동관리시스템 도입으로 인건비 절감 효과
- 영업시스템 재검토(용역 및 합병 등)로 운영경비 절감
- 권역별 간접경비 절감을 위한 공동운영(차량, 장비(호수, 병충해), 숙박 등) 관리
② 재해예방 대책의 체계적 수립
③ 골프장 시설 개보수 충당금 적립
④ 에너지 절약시설 및 설비 보강

3. 고객관리의 개선 및 활성화

① 골프장 운영의 차별화(그린피의 차별화, 카트 및 캐디의 선택적 운영 등)로 만족도 제고
② 국내 골프투어의 활성화 모색
③ 종합레저시설로의 변화 시도
④ 골프 대중화를 위한 파격적인 정책적 지원(기존 골프장의 수익 일부를 사회로 환원해 골프장 대중화에 기여(3홀/6홀/7홀 등 다양화)

4. 정부의 역할차원

정부는 국민건강을 위한 스포츠시설로서 골프장의 세금인하나 토지에 대한 규제 완화를 통하여 국민스포츠 진흥차원에서 골프 서비스산업 활성화에 이바지해야 할 것이다. 장기적으로는 골프인재 양성을 위한 국가적 지원체계를 확립하여 골프진흥 산업을 국가브랜드 진흥사업의 하나로(LPGA 한국 여자선수들의 예) 개발할 필요가 있을 것이다.

5. 지방 및 국가 경제차원

골프장 신설 및 확장에 대한 절차의 간소화와 세제완화는 글로벌시대의 경쟁사회 에서 골프관광의 해외자본 유출 방지와 유입에 크게 기여하는 역할로 인하여 지방 및 국가경제에 크게 기여할 것이다. 또한 골프장 건설의 경우 수도권역은 초기비용 및 토지수급의 해소차원에서 3홀, 6홀, 7홀, 9홀 등 대중골프장 중심으로 건설되는 것이 바람직할 것이며, 낙후된 지방권역은 건설비용 및 토지수용의 용이함을 활용 하여 18홀, 27홀, 36홀 등 정규홀 중심의 골프 특성화 도시 및 지역으로 개발되어야 할 것으로 생각한다. 아울러 서울 난지도 골프장과 같이 국가에서 저렴하게 운영하 는 골프장을 대폭 확대하여 일반 국민들이 부담 없이 즐길 수 있는 생활스포츠로서, 그리고 대도시에는 주거개념(수도권 출퇴근 가능)의 콘도 골프장을, 중소도시(제주 권/호남권/경주권 등)에는 권역별 골프장 콘도 등의 공동개발을 추진한다면 골프장 의 수익뿐만 아니라 지역사회의 경제활성화에도 크게 기여할 것으로 생각된다.

6. 국내 골프장의 역할차원

국내 골프장의 역할이 중요하리라 생각된다. 지금까지 국내 골프장은 그 벽이 너 무 높아 사실 일반 사람들이 쉽게 접근할 수 없는 스포츠로 여겨졌다. 이러한 국내 골프장 위기의식 경영의 근본적인 문제는 우선적으로 골프장 소유주와 경영자, 그 리고 골프장 직원들의 의식개혁이 선행되어야 할 것으로 생각된다. 즉 골프장 경영이 고객 중심이 아닌 골프장 중심의 운영체제로 이루어져 왔다는 것이다. 따라서 이제부터라도 과다한 서비스 비용을 줄이고 다양한 고객 차별화 전략으로 골프장의 대중성을 지향해야 할 것이다.

구체적인 방법으로는 골프장 사용의 선택적 기회부여(식사/캐디/카트/그늘집 등), 관련 이벤트나 강연회 유치 등을 통해 골프장의 접근성 확보, 가족단위의 패키지 상품 개발(놀이시설/스파/온천욕) 등으로 골프장의 친근감 유도, 골프장의 개방으로 대국민 부정적 인식의 불식, 자매결연을 통한 지역사회와의 연계, 장학금사업을 통한 지역사회에 기여, 꿈나무 육성사업(골프학교/골프선수 등)을 통한 재투자, 양지마을 공덕비 건축과 같은 골프장 개발이익금 사회환원 등 수익의 일부(금전 외의 행사임대나 할인쿠폰 등)를 지역사회에 환원함으로써 지역사회와의 유대감 및 지역주민들의 골프장에 대한 부정적 인식 제고를 통해 지역사회와 함께하는 스포츠로서, 사회적 책임을 질 줄 알고 모든 국민들에게 더욱 사랑받는 골프가 되기 위해 노력해야 할 것이다.

7. 언론차원

언론차원에서는 뉴 골프장이나 특징적인 골프장에 대한 홍보 및 소개 프로그램을 통하여 골프가 국민들의 생활 속에 있다는 인식의 전환에 일조해야 할 것으로 생각한다. 즉 골프장에 대한 시각 변화를 유도하는 것은 언론의 역할이 가장 크다고 본다. 아직까지도 많은 부분에서 '골프 = 사치'라는 국민정서가 높아 골프장에 대한 규제완화는 번번이 좌절되었다. 이것은 골프에 대한 국민들의 인식부족의 원인이 가장 크다고 할 수 있다. 사실상 이러한 현상은 골프장 경영자는 물론 이용객 모두가 피해자인 셈이다.

따라서 연간 골프 이용객 2천만 명 시대의 생활스포츠로서의 골프에 대한 이미지 개선사업을 위해 골프장의 지역경제 활성화 기여에 대한 홍보나 소수의 몇몇 골프장을 제외한 일반 골프장은 국내 골프장이 해외 골프장보다 더 우수하다는 것을 널리 홍보하여 국민들에게 사랑받는 진정한 스포츠로서의 긍정적 인식전환의 계기가 되기를 희망한다.

골프장 예약안내(견본)

◎ 예약안내

▷ 예약방법

회원구분	예약방법
회원	1. **주중**은 2주전 해당요일 9시 30분부터 인터넷예약 예) 희망일자 5/21(월)이면 → 5/7 월요일 9시30분부터 예) 희망일자 5/25(금)이면 → 5/11 금요일 9시30분부터 2. **주말**은 　　토요일은 2주전 월요일 / 일요일은 2주전 화요일 / 공휴일은 2주전 수요일 ------------------------------ 09시 30분부터 인터넷예약 예) 희망일자 5/26(토)이면 → 5/14 월요일 9시30분부터 예) 희망일자 5/27(일)이면 → 5/15 화요일 9시30분부터 예) 희망일자 5/24(공휴일)이면 → 5/9 수요일 9시30분부터
비회원	1. 주중은 2주전 인터넷예약 2. 주말은 2주전 인터넷예약
단체팀	한달전 팩스접수

▷ 시간대별 차등 그린피 안내

구 분		주 말		주 중	
		회원제	대중제	회원제	대중제
정회원		45,000	45,000	23,000	23,000
가족회원		158,000~185,000	148,000~185,000	45,000	45,000
비회원	18홀	148,000~195,000(시간대별 차등요금)		80,000~150,000(시간대별 차등요금)	
	27홀	185,000~270,000(시간대별 차등요금)		120,000~200,000(시간대별 차등요금)	

▷ 캐디피안내

* 저희 캐디일동은 권장캐디피를 다음과 같이 차등화하여 시행하고 있습니다.
* 캐디등급은 명찰에 표시되어 있습니다.
* 캐디피는 캐디에게 직접 주시면 됩니다.

구분	신입캐디	스마일캐디	베스트캐디
18홀	80,000원	90,000원	100,000원
27홀	120,000원	140,000원	150,000원

★ 캐디피 환불제도 ★
*캐디들의 서비스가 부실하여 고객님께 심한 불편을 드렸을 때에는 캐디피를 받지 않겠습니다.
*플레이가 끝나신 후에 프론트나 경기실등에 말씀하신 컴플레인도 저희 스스로 책임을 질 사항이므로 환불하여 드리겠습니다. ....
....
*명실공히 전문직업인으로서 최선을 다하는 모습을 보여드리겠습니다. ....

▷ 렌탈/전동카트요금 안내

구분	전동카트요금	구분	서비스종류
18홀	76,000원/팀당	클럽렌탈	랭스필드(퍼펙트2)
27홀	114,000원/팀당		

○ 라운딩후기

> 성명 [   ]
> 이메일 [   ]

질문	답을 선택해주시기 바랍니다
1. 캐디의 친절도는?	○ 아주좋다 ○ 좋다 ◉ 보통이다 ○ 나쁘다 ○ 아주나쁘다
2. 골프장 부대시설의 만족도는?	○ 아주좋다 ○ 좋다 ◉ 보통이다 ○ 나쁘다 ○ 아주나쁘다
3. 프론트직원의 친절도는?	○ 아주좋다 ○ 좋다 ◉ 보통이다 ○ 나쁘다 ○ 아주나쁘다
4. 카트 상태는?	○ 아주좋다 ○ 좋다 ◉ 보통이다 ○ 나쁘다 ○ 아주나쁘다
5. 그린 상태는?	○ 아주좋다 ○ 좋다 ◉ 보통이다 ○ 나쁘다 ○ 아주나쁘다
6. 골프장 진행요원의 친절도는?	○ 아주좋다 ○ 좋다 ◉ 보통이다 ○ 나쁘다 ○ 아주나쁘다
7. 티그라운드의 상태는?	○ 아주좋다 ○ 좋다 ◉ 보통이다 ○ 나쁘다 ○ 아주나쁘다
8. 골프장까지의 교통 혼잡도는?	○ 아주좋다 ○ 좋다 ◉ 보통이다 ○ 나쁘다 ○ 아주나쁘다
9. 그린피 만족도는?	○ 아주좋다 ○ 좋다 ◉ 보통이다 ○ 나쁘다 ○ 아주나쁘다
10. 라커룸 상태는?	○ 아주좋다 ○ 좋다 ◉ 보통이다 ○ 나쁘다 ○ 아주나쁘다
11. 기타 (클럽에 건의사항이나 친절도,칭찬,불만 사항등을 말씀하시면 되도록 시정하여 메일로 답변드리겠습니다.)	[ ]

[확인]

제 13 장

스키리조트

리조트산업의 이해

제1절 스키의 유래와 발달

1. 스키의 유래

스키의 어원은 skid, skip, skate 등에서 유래되었으며 BC 3천 년경부터 시작되어 러시아 동북부의 추운 지방인 Aldai와 Baikal호 지역을 중심으로 발전하기 시작했다. 그 후 근대스키는 1830대 후반 노르웨이에서 시작되었으며, 1879년에는 하스빌힐에서 제1회 스키점프대회가 개최되었다. 1924년 1월에는 프랑스 샤모니에서 제1회 동계올림픽을 개최하였으며, 동년 2월에는 국제스키연맹(FIS : Federation International de ski)이 탄생되었다.

2. 한국 스키리조트의 역사

한국의 스키역사는 썰매에서 유래되었으며 1904년 함경도 원산지역의 신풍리에 최초의 스키장이 개설되었다. 당시는 해방되기 전이므로 일본인들에 의해서 개장되었으며, 1927년에는 역시 일본인들에 의해 최초의 스키강습회가 개최되었다. 1930년 2월 16일 원산시에서 일본인 선수들로 구성된 제1회 전조선스키선수권대회가 개최되었으며, 1947년 2월에 제1회 전국스키선수권대회가 지리산 노고단에서 한국인들도 함께하는 70여 명의 참석인원으로 처음 개최되었다. 1960년 제8회 미국 스퀴밸리

동계올림픽 때 처음으로 태극마크를 단 한국선수들이 참여함으로써 한국의 스키가 세계무대에 등장하는 계기가 되었다.

제2절 스키리조트의 개념

스키리조트는 스키장의 체육시설 하나에 리조트가 접목된 종합휴양지이다. 따라서 종전에는 스키장의 단독시설에 의존하는 경향이 높았으나, 레저인구의 증가에 따른 체재형, 휴양형, 스포츠형 등의 다양한 욕구를 충족시키기 위해 콘도미니엄, 호텔, 빌라, 방갈로 등의 숙박시설과 스파나 식당, 휴게오락실 등의 부대시설들이 복합적으로 갖추어지게 됨으로써 오늘날의 스키리조트가 탄생·발전하게 되었다.

제3절 스키리조트의 자연적 입지조건

스키리조트는 자연적인 요건에 가장 영향을 많이 받는 리조트이며, 특히 기온과 바람, 적설량의 질에 따라 스키장리조트의 성패가 좌우되는 결정적인 요소이다. 그러므로 자연적인 요건의 고려사항을 면밀히 파악해서 개발에 임해야 할 것이며, 산의 경사도와 지형조건, 주변의 경관과 생태식물들의 환경요소까지도 고려하는 것이 중요하다.

1. 눈(적설)의 조건

눈의 3요소는 적설량과 적설기간, 적설질이다.

① 적설량 : 적설량은 통상 1m 이상 되는 게 가장 안전하지만, 활강에 지장이 없는 적설량은 최소한 50cm 이상은 되어야 한다.

② 적설기간 : 적설기간 즉 눈이 녹지 않고 스키를 탈 수 있는 기간을 말하며 최소한 90일(3개월) 이상이 되어야 스키장 운영수지 면에서 적정하다고 할 수 있다.

③ 설질(눈의 질) : 눈의 질은 건설과 습설로 구분될 수 있으며, 가루눈인 건설이 좋으며 습설이나 싸락눈에서도 가능은 하나 활강 질주의 스릴은 낮은 편이다.

2. 기상조건

스키장리조트의 기상조건은 바람 즉 풍속과 일조량이 해당된다.

① 풍속(바람) : 통상 15m/sec 이하가 되어야 하며, 그 이상이 되면 위험하므로 리프트 운행이 중단되어야 한다.

② 일조량 : 스키리조트의 개발에 있어서 크게 일조량이 많은 지역과 그늘진 지역으로 구분해야 한다. 그리고 스키코스 부문은 그늘진 부분 즉 북향으로 해야 눈이 빨리 녹지 않고 설질이 좋으며, 리조트 내 호텔이나 콘도, 주차장, 휴게실, 전망대, 관리실 등은 일조량이 많은 양지에 배치하는 것이 좋다. 그 외 정확한 양지와 음지의 일조량 측정은 겨울철 스키시즌인 11월, 12월, 1월, 2월까지 하루 중 오전, 정오, 오후에 3차례 이상 측정하고 분석한 자료를 근거로 하여 스키리조트를 배치하는 것이 최상의 방법이라고 할 수 있다.

3. 지형조건

① 면적 : 스키리조트의 면적은 그 규모 면에서 매우 다양하나 소규모 스키장이라고 해도 최소한 10ha 이상은 되어야 한다.

② 표고 : 스키리조트에서 표고는 보통 500m 이상은 되어야 하며, 800m 이상이면 더욱 좋다. 표고의 수직거리는 최소한 70m 이상 최대 80m까지 가능하다.

③ 경사도 : 스키리조트의 스키코스 경사도는 초급자와 상급자에 따라 경사도의 차이가 엄격하게 나타난다. 일반적으로 초급자는 15~25% 정도의 완만한

곳이어야 하며, 중급자는 25~40%, 상급자는 40~50% 정도의 경사도를 유지하는 것이 좋다.

④ 경사길이 : 스키코스의 경사길이는 초급자는 20~50m, 중급자는 200~400m, 상급자는 300m 이상 되어야 스키속력과 제동에 큰 무리가 없다.

⑤ 경사폭 : 스키코스의 경사폭은 초급자인 경우 60m 이상 되어야 부딪히거나 제동에 안전하며, 중급자는 20~80m, 상급자는 20~60m 정도로 하는 것이 좋다.

〈표 13-1〉 **스키장의 지형조건**

구 분	초급자	중급자	상급자
면적	최소 10ha 이상		
표고	• 보통 : 500m 이상	• 우수 : 800~1,700m 이하	• 수직차이 : 70~800m
경사도(%)	12~25	25~40	40~50
경사길이(m)	20~50	200~400	300 이상
경사폭(m)	60 이상	20~80	20~60

4. 스키슬로프의 개요

스키슬로프는 스키리조트의 핵심이다. 스키슬로프의 숫자에 따라 스키리조트의 규모가 결정된다. 따라서 스키슬로프의 개발에 따른 주요 고려사항은 다음과 같다.

① 초보자에 대한 연습장을 별도로 갖추고 안전성을 고려한다.
② 슬로프의 표면을 평탄하게 고르고 잔디를 파종한다.
③ 중급슬로프의 급경사 지역폭을 넓게 한다.
④ 스키실력 차이에 따른 슬로프를 분리시킨다.
⑤ 슬로프의 지형지물과 형태에 대한 안내 : 위험 표지판을 적절히 설치하여 위험에 대비한다.

5. 리프트의 개요

리프트(Lift)는 스키슬로프 하단 도착지점에서 산 정상지점의 출발지점까지 스키어들을 실어 나르는 수송수단이다. 그 종류별 특징은 다음과 같다.

〈표 13-2〉 **리프트의 종류별 특징**

구 분	로프토우 (Rope Tows)	텔레스키 (Teleskies)	의자리프트 (Chair Lift)	곤돌라 (Gondola)	케이블카 (Teleferics)
견인방식	지면견인	지면견인	의자견인	소형객차	소형객차
로프형식	저공삭도	저공삭도	저공삭도	고공삭도	고공삭도
선로길이	100~400m	900~1,000m	500~2,000m	2,000m 이상	2,000m 이상
운송력	200인/시	2인승 기준 1,000인/시	4인승 기준 1,500인/시	8인승 기준 약 3,000인/시	8인승 기준 약 3,000인/시
이용측면	스키착용	스키착용	스키착용	스키착용, 스키미착용	스키미착용
비 고	면허 불필요 설치비 저렴 운송이 간단	바람 관계 없이 활주 가능	승강장 필요 건설비 크다. 운송력 크다.	승차 안정감 설치비 크다. 장거리용(Ropeway)	비용이 크다. 장거리/선수용 으로 적합

자료 : 유도재, 『리조트경영론』, p. 118.

▲ 스키장 '곤돌라'와 '의자리프트'

6. 스키장의 시설 구비조건

스키장의 시설에는 스키코스와 리프트시설 외에 산 정상의 휴게실과 매표소 산 하부지역인 베이스부분(Base area)의 숙박시설과 스키하우스, 교통시설, 휴게시설, 장비강습시설, 관리보안지원시설 등으로 구분·설치된다.

〈표 13-3〉 스키리조트의 주요 시설현황

시설구분	시설내용
교통진입시설	진입도로 및 주차장
숙박시설	호텔, 휴양콘도미니엄, 유스호스텔, 방갈로
휴게시설	식당, 매점, 휴게소
피트니스시설	실내 및 야외스포츠시설, 체력장
스키센터시설 (스키하우스)	초보자스키학교 운영, 스키장비대여 및 수리, 리프트티켓발권소, 안내 및 휴식시설
수송시설	곤돌라, 케이블카, 체어리프트, 텔레스키(Teleskies), 로프토우(Rope tows), Railway
슬로프	연습용 슬로프, 강습용 슬로프, 경기용 슬로프
관리지원시설	사무실, 예약실, 보안점검실, 관리시설, 방송실, 홍보실, 은행, 우체국, 미 아보호센터 등의 종합안내센터

〈표 13-4〉 스키장의 시설 및 안전위생 기준

구 분		내 용
시설 기준	운동시설	• 슬로프 길이 : 300m 이상, 폭 30m 이상 • 평균 경사도 7° 이하인 초보자용 슬로프 1면 이상 설치 • 슬로프 이용에 필요한 리프트 설치
	안전시설	• 이용자를 위한 안전시설(안전망, 안전매트) 설치 • 구급차와 긴급구조에 사용할 수 있는 설상차 1대 이상
	관리시설	• 정전 시, 안전관리에 필요한 전력공급장치 • 절토지 및 성토지 조경
안전·위생 기준		• 문화체육관광부 장관이 정하는 교육을 이수한 스키지도요원 및 스키구 조요원을 배치하되, 지도요원은 슬로프면적 5만㎡당 1인 이상, 구조요원 은 운영 중인 슬로프별로 2인 이상 배치 • 각 리프트의 승·하차장에는 1인 이상의 승하차 보조요원 배치 • 의료법에 의한 간호사 1인 이상 배치 • 스키장 이용 시설에 관한 안전수칙을 이용자가 알아보기 쉽게 3곳 이상 의 장소에 게시

〈표 13-5〉 **스키리조트의 지형 여건**

구 분		시설 및 설비기준
눈	적설량	보통은 1m 이상이어야 안정성이 있음. 곡면형태로 되어 있으면 활강에 변화를 주는 의미에서도 바람직함. 사면의 상태가 좋은 경우(초지 등)라면 50㎝ 정도로도 가능
	적설기간	리프트 등의 경영면에서 보면 90~100일 이상이 필요
	눈의 질	분설이 바람직하며 상대적으로 입지에 맞는다면 습설에서도 가능
기상	바람	15m/sec 이상이면 리프트 운행은 어려움
	일조	일조는 쾌적한 스키활동에는 좋은 조건이고 일조시간이 길면 활동시간도 길어짐
지형	경사도	활강코스는 6~30°, 각 class별로는 초급이 6~19°, 상급 20~30°, 대기소는 0~5°
	경사폭	• 초·중급 : 長 200~400m, 폭 상부 20~30m, 하부 60~80m • 상급 : 長 300~350m, 폭 상부 30~40m, 하부 50~60m • 하급 : 長 20~50m, 폭이 바람직함
	경사방향	눈의 질 유지를 위해서는 북서면이 바람직하며 일조를 위해서는 남경사면이 바람직함
경관	지모(식생)	• 지모조건이 초지라면 적설량이 적더라도 스키가 가능하며, 수목이 있으면 방풍, 리프트 차폐효과가 있음 • 활강의 Point로 나무간 코스로서 특화된 코스개발이 가능함
	조망	상·하부 대기소로부터의 조망은 스키 이용객 움직임이 시각적 accent가 되고 스키장 전체의 sale point로도 작용함

자료 : http://www.gisco.re.kr

7. 경관조건

1) 식생조건

스키리조트의 경관조건 중 식생조건 즉 나무의 종류별 삼림형태와 동식물 생태계 등을 고려해야 한다. 삼림의 수목은 상록수지역이 스키코스별 방풍림효과가 있으므로 코스개발에 유리하며 비수기의 경관도 상록수가 훨씬 보기가 좋다. 그 외 희귀동식물의 보존과 생태계가 파괴되지 않도록 해야 한다.

2) 경관조건

스키리조트는 스키를 타고 활강할 때의 스릴과 감동을 줄 수 있는 경치도 중요하

지만 리프트를 타고 올라갈 때의 주변설경이나 경치도 매우 중요하다. 그러므로 4계
절의 아름다움을 만끽할 수 있는 경관지역을 선택하여 개발하는 것도 고려대상이라
는 점에 유의해야 할 것이다.

제4절 스키코스와 시설구비 조건

1. 스키코스의 개요

스키코스는 국가별로 다소 차이는 있으나 ski trail. ski rum, ski slope 등으로 호칭
되고 있다.

2. 스키코스의 등급과 경사도

스키코스에는 스키를 타는 사람의 실력 차이에 따라 초급자코스(beginner), 중급
자코스(intermediate), 상급자코스(advance)의 3단계 등급으로 나누어진다.

〈표 13-6〉 **스키코스의 등급과 경사도**

구 분	코스등급	표기법(FIS기준)	경사도
초보자코스	초보자코스	Beginner	10~20%
	초급코스	Novice	20~40%
중급자코스	초·중급코스	Low-intermediate	
	중급코스	Intermediate	
	중·상급코스	High-intermediate	
상급자코스	상급자코스	Advance	40~50%
	최상급자코스	Expert	50~70%

제5절 스키리조트 운영의 주요과제

1. 안전성

스키리조트에서 가장 중요한 고려사항이 안전성이다. 다른 어떠한 리조트보다 인명사고가 많이 나는 리조트라고 해도 과언이 아니다. 물론 스키장의 설치요건에 안전시설이나 간호사 1명을 배치해야 하는 법적기준이 있기는 하지만, 그것만으로는 안전시설이 완비되었다고 할 수 없다. 스키장의 형태나 계곡상황 등에 따라 스키어들의 적응정도가 다르고 스키어들의 상호충돌, 초보스키어들의 미숙함으로 인한 사고의 위험요소는 곳곳에 산재해 있음을 항상 염두에 두고 유의해야 한다. 그에 대한 대비책으로 사고를 줄이기 위한 시설의 설치와 응급장비의 도입은 물론 전 종업원에 대한 안전교육과 응급대처능력의 교육을 지속적으로 강화해야 할 것이다. 실례로 스키장에서의 충돌로 인한 사망사고 발생건에 대하여 스키장에서 1억 2천만 원을 손해배상한 대법원 판례가 있음을 주시해야 할 것이다.

2. 수익성

스키장리조트의 수익성은 타 산업에 비해 계절적 수익성만을 창출할 수 있다는 점에서 매우 어려운 한계점에 있다. 스키장의 주상품은 '눈'이며 1년 중 겨울철 3개월밖에 가동할 수 없는 상품이므로 수익성 창출에 어려움이 따르기 마련이다. 이를 극복하기 위해서는 겨울 외의 나머지 9개월을 활용할 수 있는 상품을 기획해야 할 것이며, 호텔, 콘도, 골프, 스파, 수영장, 단체연수 등의 시설을 통한 복합리조트형태를 갖추는 것이 최적의 방법임을 알 수 있다. 예컨대, 스키리조트는 청정지역의 산악지역에 위치하므로 노인들을 위한 실버타운이나 전원주택의 건립운영도 고려해볼 만하다. 겨울철 외에 리프트의 장기간 방치에 따른 부식이나 훼손 등의 장비교체비용이 많이 발생하게 되며 이로 인한 고정비용이 증가하게 된다. 그러므로 여름철의 연수를 통한 고객유치와 리프트 활용을 통한 훼손방지 등을 강구해야 할 것이다.

3. 차별성

스키리조트의 차별성은 다른 스키장과의 차별화를 기하는 방법인데, 스키슬로프의 차별화는 한계점이 있으므로 스키어 또는 가족과 어린이들에게 스키리조트에서 즐길 수 있는 이벤트 상품을 개발해야 할 것이다. 예컨대, 외국관광객들의 유치를 위해 여행사와 공동기획상품을 만들거나, 정기적인 스키강습회를 통한 스키인구의 저변확대 외에 고객이 원하는 시간에 원하는 만큼 즐길 수 있는 '리프트시간권'의 도입을 고려해 볼 만하다.

4. 환경성

스키리조트의 건설은 대규모 면적의 산이나 계곡을 필요로 하므로 산림의 일정부분 훼손과 생태계의 파괴는 불가피한 상황이다. 그러므로 최소의 벌목과 식재를 통한 환경오염과 훼손부분을 극복해 나가야 할 것이다.

⠿ 제6절 한국의 스키리조트 현황

한국의 스키리조트는 강원권 10개, 경기권 5개, 충북 1개, 전북 1개, 경남 1개 등으로 총 18개가 운영되고 있다. 따라서 우리나라 스키리조트 대부분은 강원도와 경기도에 밀집되어 있는 것을 알 수 있으며, 이는 강원지역이 스키장의 최적요건을 갖춘 산악지역과 적설량의 풍부함, 영동고속도로의 확장으로 인한 교통의 편리함 등이 주요 원인인 것으로 해석되고 있으며, 경기권은 서울에서 1시간 이내의 거리로 접근성이 유리한 장점이 있다.

〈표 13-7〉 한국의 스키리조트 현황(2024년 11월)

■ 총괄

구분	경기	강원	충북	전북	경남	계
등록	4	9	0	1	1	15

스키장명(법인명)	스키장 위치	슬로프(면)	리프트(기)	최초등록년원일
용평리조트	강원(평창, 대관령)	28	14(곤도라 1기 포함)	75.12.21
양지파인리조트	경기(용인, 처인)	8	6	82.12.07
덕유산리조트	전북(무주, 설천)	34	14(곤도라 1기 포함)	90.12.20
비발디파크(대명)	강원(홍천, 서면)	10	10(곤도라 1기 포함)	93.12.24
휘닉스 스노우파크	강원(평창, 봉평)	15	9(곤도라 1기 포함)	95.12.15
웰리힐리파크	강원(횡성, 둔내)	18	8(곤도라 1기 포함)	95.12.15
지산포레스트리조트	경기(이천, 마장)	7	5	96.12.23
엘리시안 강촌	강원(춘천, 남산)	10	6	02.12.07
오크밸리리조트	강원(원주, 지정)	7	3	06.11.27
하이원리조트	강원(정선, 고한)	18	9(곤도라 1기 포함)	06.12.07
곤지암리조트	경기(광주, 도척)	9	5	08.12.17
알펜시아	강원(평창, 대관령)	6	3	09.11.24
베어스타운리조트	경기(포천, 내촌)	7	8	85.12.19
에덴밸리리조트	경남(양산, 원동)	7	3	06.11.27
오투리조트	강원(태백, 서학)	12	6(곤도라 1기 포함)	08.12.11

제7절 외국의 스키리조트 현황

외국 각 국가들의 스키리조트는 그 규모가 매우 크고 다양하다. 그중에서도 세계적으로 유명한 스위스와 프랑스, 캐나다, 미국 등의 스키리조트 일부를 제시하면 다음과 같다.

〈표 13-8〉 **외국의 스키리조트 현황**

국 가	스키장명	슬로프	리프트	부대시설	비수기대책
스위스	St. Moritz and Upper Engrandine	전장 : 350km 최장 : 9km 고도 top : 3,303m base : 1,856m	59개 케이블웨이 7 케이블카 3 곤돌라 1 의자리프트 5	골프장(18홀) 스포츠클럽, 상가, 박물관, 빙상폴로, 행글라이딩, 수영장	빙상스키, 윈드서핑, 뱃놀이, 펫목타기, 사이클, 경마, 하이킹, 산보, 패션쇼, 골프
	Davos	전장 : 270km 최장 : 14km 고도 top : 2,844m base : 1,560m	40개 (산악철도) 페니쿨라 3 케이블카 10 곤돌라 5 의자리프트 2	레스토랑, 극장, 수영장, 테니스장, 행글라이딩, 패러글라이딩, 박물관, 사우나, 골프장	승마학교, 윈드서핑, 낚시, 뱃놀이, 골프, 잔디스키, 빙하스키, 산악철도
프랑스	Courcheval	전장 : 92km 최장 : 4km 고도 top : 3,200m base : 600m	67개	레스토랑, 디스코텍, 피아노바, 극장, 방송국, 수영장, 행글라이딩, 낙하산, 사우나, 수영장	정기적인 고전음악회, 국립공원, 9홀 골프, 잔디스키, 테니스코트, 낚시, 궁도, 수영, 스케이트, 산상바이킹, 자전거타기, 페스티벌, air-related sports
	La plagne	전장 : 200km 최장 : 15km 고도 top : 3,250m base : 1,250m	101개 케이블카 1 케이블캐빈 7 의자리프트 23	레스토랑, 극장, 디스코텍, 스쿼시, 크로스컨추리, 자연아이스링크, 수영장, 사우나	빙하스키, 테니스, 여름스포츠
	VAL d'15ERE	전장 : 150km 최장 : 4,824km 고도 top : 3,500m base : 1,850m	51개 케이블카 3 곤돌라 3 의자리프트 17	레스토랑, 비어디스코텍, 극장, 실내풀장, 사우나, 골프연습장, 스포츠클럽	실외테니스코트, 빙하스키, 승마, 궁도, 등산, 윈드서핑, 낚시, 골프, 산상바이킹, parascending, 야간눈자동차여행

국 가	스키장명	슬로프	리프트	부대시설	비수기대책
캐나다	Lake Louise	최장 : 8km 고도 top : 2,6370m base : 1,644m	9개 의자리프트	레스토랑, 디스코텍, 극장, 크로스컨추리, 수영장, Jacuzzi, 헬스스포츠클럽, 사우나, 아이스스케이트	급류타기, 승마, 하이킹, 골프, 수영(호수, 풀장), 낚시, 곤돌라관광, 국립공원
	Whistler Resort	최장 : 12km 고도 top : 2,284m (Blackcomb) base : 652m (Whistler)	29개 곤돌라 2 의자리프트 19	레스토랑, 클럽, 사우나, 테니스장, 미니골프장, 크로스컨추리, 박물관, 영화관	카약(캔버트를 입힌 카누형 보트), 카누, 여름스키, 바이킹, 콘서트, 헬리콥터관광, 낚시
	Sun Shine Village	최장 : 8km 고도 top : 2,730m base : 1,658m	12개 곤돌라 1 의자리프트 8	레스토랑, 바, 카지노, 영화관, 크로스컨추리, 사우나, Jscuzzi	54km 산책로, 곤돌라타기, 살인추리극(범죄해결하기), 하이킹
미국	Aspen	최장 : 4.8km 고도 top : 3,420m base : 2,420m	8개 곤돌라 1 의자리프트 7	극장, 클럽, 크로스컨추리, 헬스클럽, 스케이트, 미술관	하이킹, 풍선타기, 산상바이킹, 급류타기, 콘서트, 뮤직, 페스티벌
	Park City	최장 : 5.6km 고도 top : 3,840m base : 2,183m	14개 곤돌라 1 의자리프트 13	레스토랑, 바, 노천극장, 골프장	하이킹, 바이킹, 승마, 헬리콥터관광, 비행낚시, 열기구타기
	Deer Valley	최장 : 2.25km 고도 top : 2,865m base : 2,195m	8개 의자리프트 8	레스토랑, 식품점, 크로스컨추리, 테니스장	여름 콘서트, 골프

제8절 스키리조트의 수요예측

스키장의 건설에 따른 사업의 기본방향과 콘셉트가 결정되면 사업성을 검토해야
한다. 사업성 중에서 가장 중요한 단계는 수요예측과 개발규모를 결정하는 단계이
다. 여기에서 스키장의 부대시설을 제외한 순수스키장 시설만을 대상으로 하는 수
요예측 방법을 제시하면 5가지로 요약된다.

① 가장 인접해 있는 주변 스키장의 이용자를 대상으로 예측하는 방법

② 스키슬로프의 수용능력에서 예측하는 방법

③ 스키리프트의 수용능력에서 예측하는 방법

④ 주변 스키시장의 분담률로부터 예측하는 방법

⑤ ①~④까지의 방법들을 종합하여 평균으로 전체 수요를 예측하는 방법이 있다.

〈표 13-9〉 스키장 수요예측

스키장 수요예측방법	구체적 내용
1. 주변 스키장의 이용자로부터 예측하는 방법	$Y = a \times (100/L + 1/1) \times T/100 \times N \times P/10$ Y : 연간 예측 입장객수　　　　a : 정수 2.7 L : 서울중심에서의 거리(km)　I : 국도에서 분지후의 거리(km) T : 동계영업일수(일)　　　　N : 리프트수 P : 계획스키장의 잠재력(설질, 슬로프, 경관, 숙박시설, 이미지) ✱ 설질적용수치 : 우수(A) = 3점, 보통(B) = 2점, 불량(C) = 1점 ✱ 슬로프평가기준 : 11면 이상 = A, 7~10면 = B, 100 이하 = C ✱ 숙박시설평가기준 : 400실 이상 = A, 100~400실 = B, 100 이하 = C
2. 슬로프의 수용능력으로 예측하는 방법	연간스키장 이용객수 $= \dfrac{2 \times 최대슬로프점유객수}{3\sim4\%}$
3. 리프트 수용능력으로 예측하는 방법	연간스키장 이용객수 = 리프트 1일 최대 수용능력 × 동계영업일수 × 평균가동률 ✱ 전체리프트 1일최대수용능력 $= \dfrac{총이용수직이동거리(km)/1일}{1인당활주면적수직이동거리(km)/1일}$
4. 주변스키시장 분담률로부터 예측하는 방법	✱ 전체시장의 시장분담률에서 유사지역 스키장의 분담률 직접 적용
5. 종합평균으로 예측하는 방법	✱ 위 4가지 방법의 평균 : (1 + 2 + 3 + 4) / 4

자료 : 채용식, 『리조트개발론』, 현학사, p. 126.

제9절 스키리조트의 이용현황 분석

(1) 스키리조트의 최성수기

스키리조트의 최성수기는 겨울철 7일이다. 그 시기는 크리스마스 연휴(12/24~12/25), 신정연휴(1/1~1/2), 구정연휴(2/2~2/4 : 매년 유동적)이다.

(2) 1일 최대이용시간대

오전 10:30~11:00에 전체 이용자의 70~80% 점유

(3) 연간이용일수

연간이용일수는 평균 75일 정도 된다. 스키장에 따라 72~90일 정도 이용하게 된다.

(4) 수준별 이용비율

수준별 이용비율은 상급 : 중급 : 하급으로 나누어지며 그 비율은 1 : 6 : 3의 비율로 이용하는 것으로 나타난다.

(5) 대기자의 대기시간

대기자의 적정대기시간은 평균 15분으로 하는 게 적정하다.

제10절 스키리조트의 인·허가요건 3가지

(1) 체육시설의 설치·이용에 관한 법률근거

이 방법은 스키리조트 내 체육시설에 한하여 인·허가가 가능하고 나머지 시설은 관련법규 즉 「체육시설의 설치·이용에 관한 법률」(약칭 "체육시설법")에 의해 사업승인을 받아야 한다.

(2) 「관광진흥법」에 근거

「관광진흥법」에 의해 관광단지로 지정하여 개발하는 방법이다. 그러나 관광단지로 지정해서 사업승인을 받았다 하더라도 개별시설에 대한 인·허가 충족요건은 체육시설의 설치·이용규정에 맞도록 해야 한다.

(3) 특별법에 근거

특별한 지역이나 산업을 개발할 필요가 있을 때 특별법이 제정되며 그 특별법에 의해 사업승인을 받는 방법이다. 예컨대, 강원도 정선지역의 폐광지역 개발촉진을 위해 특별법, 즉 「폐광지역개발지원에 관한 특별법」(약칭 "폐광지역법")에 따라 강원랜드 카지노리조트 개발을 추진한 것이 그것이다.

〈표 13-10〉 「체육시설의 설치·이용에 관한 법률」상 스키장의 시설기준

스키장의 조건	세부기준	내 용
기본적 기준	편의시설	• 수용인원에 적합한 주차장 및 화장실을 갖추어야 한다. 여러 복합시설이 있을 경우 공동사용 시에는 별도로 설치하지 않아도 된다. • 수용인원에 적합한 탈의실, 급수시설을 갖추어야 한다.
	안전시설	• 산업표준화에 의한 조도기준에 적합하여야 한다. • 상병자와 구호를 위한 응급실 및 구급약품을 갖추어야 한다. • 적정한 환기시설을 갖추어야 한다.
	관리시설	• 매표소 • 사무실, 휴게실 등
개별시설	운동시설	• 슬로프는 길이 300m 이상, 폭 30m 이상이어야 한다. • 평균경사도가 7도 이하인 초보자용 슬로프를 1면 이상 설치하여야 한다. • 슬로프 이용에 필요한 리프트를 설치하여야 한다.
	안전시설	• 슬로프 내 이용자의 안전사고 위험이 있는 곳에 안전시설(안전망과 안전매트 중 어느 하나)을 설치하여야 한다. • 구급차와 긴급구조에 사용할 수 있는 설상차(雪上車)를 각 1대 이상 갖추어야 한다.
	관리시설	• 절토지 및 성토지의 경사면에는 조경을 하여야 한다.

제 14 장

크루즈리조트

리조트산업의 이해

제1절 크루즈리조트의 개요

1. 일반적인 크루즈의 정의

크루즈(Cruise)의 어원은 네덜란드의 항해사들이 "가로지르다(Cross)", "횡단하다(Traverse)"라는 의미로 사용한 "Kruisen"에서 유래되었으며 영어식 표현으로 마침내 "Cruise"로 명명되었다.

크루즈(cruise)란 순항한다는 뜻으로 일정한 항로에 교통선으로 운항하는 여객선이 아니라 단순한 해상관광의 목적으로 여러 항구를 경유하면서 길게는 수개월, 짧게는 수일간의 항해를 하는 순수 관광여객선이다. 따라서 여행객이 보고, 먹고, 즐길 거리가 있으며, 고급호텔과 같은 안락한 침실을 갖출 것을 조건으로 한다.

일반적으로 크루즈에서의 모든 식사와 부대시설, 선상프로그램은 크루즈 요금에 포함되어 있으며, 숙박은 호텔수준의 크루즈 객실에서 하면서, 세계의 관광지를 순항하는 여행 패턴으로 운송의 개념에 리조트와 호텔의 개념이 합쳐진 새로운 여행 패턴이다.

크루즈관광은 Cruiseship tour, Cruiseship Travel로 줄여서 표현되기도 하는데, Kendall(1983)은 "위락추구 여행자에게 다수의 매력적인 항구를 방문하게 하는 해안항해"로, Dittmer와 Griffin(1995)은 "떠 있는 리조트"라고 정의하고 있다.

2. 세계관광기구(UNWTO)의 크루즈 정의

세계관광기구(UNWTO)에서는 크루즈관광을 "최단시간에 다양한 경험을 즐길 수 있는 여행"이라고 하며, 한국관광공사(1987)에서는 크루즈의 개념을 "운송보다는 순수관광을 목적으로 하는 선박여행으로 숙박, 음식, 위락 등 관광객을 위한 시설을 갖추고 수준 높은 관광상품을 제공하면서 수려한 관광지를 안전하게 순항하는 여행"이라 정의하고 있다.

3. 「관광진흥법」상의 크루즈 정의

「관광진흥법」은 관광객이용시설업의 일종인 관광유람선업을 2008년 8월 「관광진흥법 시행령」 개정 때 일반관광유람선업과 크루즈로업으로 세분하였다.

일반관광유람선업이란 「해운법」에 따른 해상여객운송사업의 면허를 받은 자나 「유선 및 도선사업법」에 따른 유선사업의 면허를 받거나 신고한 자가 선박을 이용하여 관광객에게 관광을 할 수 있도록 하는 업을 말한다.

크루즈업이란 「해운법」에 따른 순항(順航) 여객운송사업이나 복합 해상여객운송사업의 면허를 받은 자가 해당 선박 안에 숙박시설, 위락시설 등 편의시설을 갖춘 선박을 이용하여 관광객에게 관광을 할 수 있도록 하는 업을 말한다.

크루즈업의 등록기준은 일반관광유람선업의 등록기준에 일부를 추가하고 있는데, 욕실이나 샤워시설을 갖춘 객실을 20실 이상을 갖추어야 하고, 체육시설·미용시설·오락시설·쇼핑시설 중 두 종류 이상의 시설을 갖출 것을 요건으로 하고 있다.

4. 우리나라 크루즈산업의 육성 및 지원에 관한 법률(시행 2017.6.3.)
　　(약칭 크루즈산업법)

　1) 크루즈 관련 용어의 정의

　　① "크루즈선"이란 국적크루즈선과 외국크루즈선으로 나눈다.
　　② "국적크루즈선"이란 「해운업」 제3조 제5호에 따른 순항(巡航) 여객운송사업

에 사용하는 선박 및 같은 조 제6호에 따른 복합 해상여객운송사업에 사용하는 선박으로서 대통령령으로 정하는 선박

③ "외국적크루즈선"이란 국적크루즈선에 상응하는 외국선박으로 외국정부로부터 관련사업의 승인이나 면허 등을 받은 자가 해당 사업에 사용하는 선박

④ "크루즈산업"이란 크루즈선 및 승객과 관련된 재화와 서비스를 통하여 부가가치를 창출하는 산업

⑤ "크루즈시설"이란 크루즈선의 접안과 승객의 이용에 필요한 「항만법」제2조 제5호에 따른 항만시설

⑥ "기항"이란 크루즈선이 관광 등의 목적으로 특정항만에 잠시 들르는 것

⑦ 출입국관리법특례에서 법무부장관은 사증발급의 절차와 1회에 부여할 수 있는 체류기간의 상한을 해양수산부장관과 협의하여 달리 정할 수 있다.

⑧ "관광진흥개발기금의 대여" - 문화체육관광부장관은 국적크루즈선의 확보, 개수(改修), 관광객유치를 위한 사업에 관광진흥개발기금을 대여할 수 있다.

⑨ "카지노 시설" - 국제순항크루즈선으로서 국제총톤수가 2만톤 이상인 경우 카지노를 설치할 수 있다.

∷ 제2절 크루즈리조트의 특성

1. 바다 위에 떠 있는 리조트다

크루즈는 통상 수천 명 이상이 탑승할 수 있는 초대형 여객선으로, 승객 2~3천여 명과 승무원 1~2천여명으로 약 3~5천여명정도가 탑승하여 1주일, 길게는 1개월 이상 여객선 내에 체재하면서 즐기고 생활할 수 있는 제반여건이 갖추어졌다. 관광객이 숙박하면서 여행하기에 적합한 시설과 환경이 갖추어졌기 때문에 리조트가 갖추어야 할 관광인프라를 모두 구비하였으므로 바다 위에 떠 있는 리조트의 명칭에 손색이 없다고 하겠다. 더불어 프린세스 크루즈(princess cruise)의 모토는 'Escape Completely'

즉 '완벽한 탈출'을 선언하고 있다.

2. 부정기운항이다

크루즈는 일반정기여객선과 달리 부정기여객선으로 운항 정기성, 객실의 등급수, 선박의 내부시설, 기상상태, 예약과 판매관리 및 승무원 구조에 있어서 차이가 있다.

〈표 14-1〉 정기여객선과 크루즈의 특성 비교

구 분	정기여객선	크루즈선
운항정기성	정기운항	부정기운항(계절성, 시장수요, 공급상황, 항로변경에 따라)
객실등급	적은 등급수	다양한 등급(단기 5~10개/중장기 10~20개)
선박시설	최소한 숙박시설 및 식사시설	호텔수준의 다양한 객실(식당, 바, 스포츠, 엔터테인먼트 시설)
예약관리	단순	복잡하고 장기적(객실등급별, 유통경로별, 시장수요별 요금적용)
승무원	기본적인 서비스	승객활동을 중심으로 다양한 서비스

자료 : 이경모, 『크루즈산업의 이해』, 대왕사, 2004.

크루즈는 선박을 이용하는 여행자를 대상으로 생산·판매하는 여행상품이며, 선박 이용 자체가 여행으로서 가치를 갖는 경우와 왕복 교통편으로 선박을 이용하는 경우로 분류되는데, 유람선 여행상품은 통상 장시간에 걸쳐 시행되어 일반 여행상품에 비해 비교적 고가라는 특성이 있다.

크루즈 여행상품의 주요 대상이 되는 지역은 파도가 낮으며 기후가 온화하고 선박이 항해하기 가장 적절한 곳이다. 동남아에서는 홍콩과 싱가포르가 크루즈의 기항지로 각광받고 있으며, 일본의 경우는 크루즈 선박을 직접 운항하고 있다.

크루즈는 일반적으로 왕복여행의 항해가 대부분이지만, 특정구간을 설정하여 편도의 선박여행을 하기도 한다. 따라서 크루즈는 단순한 운송이라기보다는 위락을 위한 선박여행으로서 숙박, 음식, 위락시설 등 관광객을 위한 각종 구비와 수준 높은 서비스를 제공하면서 순수관광유람을 목적으로 수려한 관광지를 안전하게 순항하는 선박여행이라고 규정할 수 있다. 여객선이 여객의 수송을 주목적으로 하며, 카페리는 차량과 화물의 수송목적으로 단시간에 주요 항구구간을 운행하는 것이 특징이다. 쾌속선은 소규모의 고속 수송을 특징으로 하고 있다는 점에서 위락 추구 여행개념의 크루즈와는 근본적인 차이가 있다.

〈표 14-2〉 **일반패키지여행과 크루즈여행의 특성 비교**

구 분	일반패키지여행	크루즈여행
교통상황	• 여행사의 지정된 교통수단 이용	• 크루즈 기항지의 지상관광 시 자유여행
가방/짐 관리	• 숙소 이동 시마다 휴대	• 크루즈 출발부터 돌아올 때까지 옮길 필요 없음
숙박/식사	• 관광지마다 호텔 이용 • 지정된 식사메뉴	• 크루즈 내 최고급 호텔수준의 뷔페 이용 • 고급 전문식당 이용 시 별도요금 지불
여행일정	• 지정된 프로그램 참여 • 개인활동 제한	• 기항지관광의 선택관광코스 이용 • 크루즈 내의 다양한 위락시설(골프장, 수영장, 사우나, 카지노, 나이트클럽, 오락실 등) 자유이용
입출국수속	• CIQ(가이드가 단체 일괄수속)	• 전용터미널이 없을 경우 국제여객터미널에서 CIQ 개별수속 후 선박 이동 • 선상 수속은 선내 라운지 안내에 따라 CIQ가 개별 수속하거나 대면 없이 CIQ 일괄수속 후 입국

3. 기상의 변화에 민감하다

크루즈는 육상과 달리 바다 위에서 운항하는 초대형 여객선이므로 기상상태에 따라 운항에 영향을 많이 받는다. 강풍이나 태풍이 아주 심한 경우에는 운항에 차질이 발생할 수 있으므로 쾌적한 여행이 될 수 없다. 그런 경우에는 기상상태를 사전에 충분히 파악하고 가까운 항구에 정박하여 안전에 대비해야 한다. 배의 규모가 초대형이므로 심한 태풍이 아니면 운항에는 지장이 없지만, 승객의 안전과 쾌적한 여행을 위해서는 기상상태가 중요하다.

4. 여행기간 동안 짐을 옮길 필요가 없다

크루즈여행은 국가와 도시 간을 이동하는 여행형태이지만, 크루즈 탑승 시 한 번 체크인을 하게 되면 여행을 마치고 하선할 때까지 객실의 변경을 요청하지 않는 한 여행짐을 옮길 필요가 없는 것이 가장 편리한 특징이다. 크루즈여행이 아닌 일반여행일 경우 각 도시나 국가 간을 이동할 때마다 숙소가 바뀌게 되므로 여행짐을 챙기고 다시 풀어야 하는 번거로움이 있지만, 타 도시나 지역으로 이동하더라도 크루즈 터미널에 정박하면 가벼운 여권이나 소지품만 챙겨서 하선하고 관광한 후 다시 탑승하면 된다.

5. 별도의 크루즈터미널이 필요하다

크루즈리조트를 운영하기 위해서는 해양지역에 필수적으로 갖추어야 할 부분이 크루즈터미널이다. 크루즈터미널은 크루즈전용 터미널을 만들어 CIQ검사 즉 출입국심사와 세관검역 등의 시설을 갖추는 것이 보안과 안전상 가장 좋은 방법이다. 그러나 막대한 비용이 발생되므로 정기여객선터미널과 공동으로 사용하는 경우도 있다. 그 외 연료공급, 용품공급, 선박정비 등의 시설도 갖추어져 있어야 한다. 특히 국가 간의 이동을 할 때에는 기항지에 하선한 후 그 지역 국가를 관광하면서 구입한 과일이나 식품류 등을 가지고 탑승하게 되면 병충해의 전염경로가 될 수 있으므로 승객들에게 충분히 교육을 시키고 검역부분을 철저히 해야만 국가 간 농산물에 대한 식품안전성을 유지해 나갈 수 있다.

제3절 크루즈리조트의 구성요소

크루즈리조트에는 여객선, 여행일정, 시설, 서비스의 4가지로 구성되어 있으며, 선박은 그 자체가 관광매력물이다. 따라서 선박의 안전도, 지명도, 선박의 구조가 중요한 요소이다. 그리고 크루즈 일정은 소비자가 느끼는 가장 중요한 편익으로서 기항지 매력, 전체 여행기간, 항해기간이 주요 구성요소가 된다.

승객의 편의와 지루함을 해소시켜 줄 크루즈시설은 여행과 항해의 즐거움을 제공해 주며, 주요 구성요소로는 객실시설, 식당시설, 스포츠시설, 문화시설 등이 있다.

〈그림 14-1〉 **크루즈리조트의 구성요소**

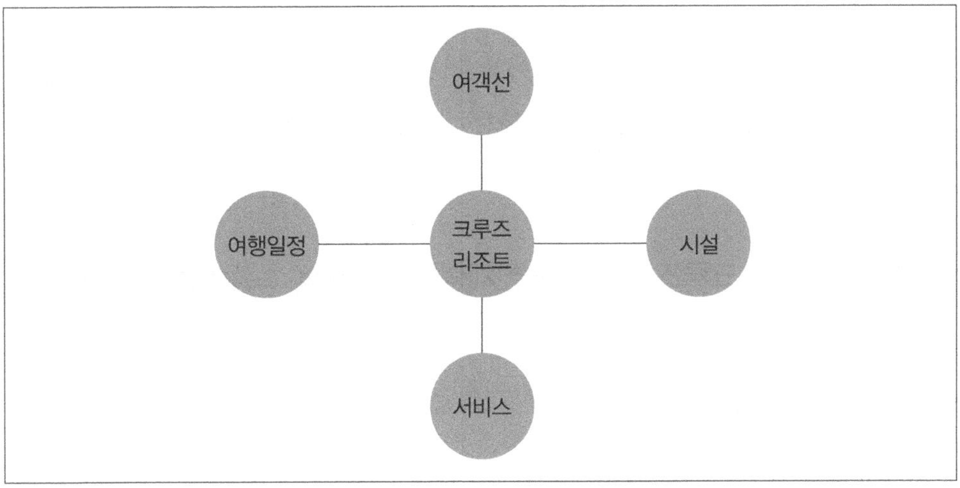

1. 여객선

크루즈는 초대형 여객선을 이용하는 여행상품이므로 여객선의 규모나 시설이 여행상품을 결정짓는 중요 요소이다.

2. 여행일정

크루즈리조트는 여객선의 규모나 크기도 중요하지만 국가 간, 도시 간을 항해하고 그 지역에서 하선하여 체험하고 즐길 수 있는 육상 관광상품도 중요한 구성요소이다.

3. 시설

크루즈리조트는 여객선 내에 설치된 숙박, 오락, 식사, 영화관, 수영장, 카지노, 조깅, 나이트클럽 등의 부대시설의 종류와 고급화 정도가 중요한 구성요소가 된다.

4. 서비스

크루즈리조트 내에서 체재하고 즐기는 각종 영업장에서 승객에게 제공하는 인적·물적 서비스가 크루즈리조트의 품격을 결정하는 중요한 구성요소이다.

제4절 세계 크루즈관광의 승선체험투어(크루즈명 : 노르위지안(NCL) 펄 중심)

1. 크루즈선박의 규모(승선인원, 탑재품목과 수량)

크루저는 바다 위의 움직이는 리조트!

크기는 9만 3천 톤급 선박이며 바다 위 15층 높이에 미식 축구장의 3배 길이이며, 쇼핑몰과 카지노의 11개 음식점이 있다.

미국 플로리다 마이애미항 카리브해 연안 바하마제도 등에 1주일 항해 - 배이름은 노르위지안 펄!

매주 동트기 직전 마이애미에서 정교하게 짜인 출항준비를 하며 크루즈 1대가 도착하자마자 또 다른 크루즈 1대가 출항한다. 이것은 계획된 혼돈이며 크루즈 여행의 스케줄이다.

승선인원은 승객 2천2백 명과 1천 명의 승무원 그리고 1천2백 개의 객실, 4천 개의 짐가방, 9만6천끼의 식사를 위해 1주일 분량의 음료, 30만 달러어치의 식량, 파스타 1천1백 파운드, 1천2백만 파운드의 초콜릿, 2만2천개의 계란, 해산물 4천6백 파운드, 채소 2만 6천 파운드를 배에 싣는 동안, 기름을 공급하는 연료선은 4시간에 걸쳐 50만 달러어치의 연료를 채우게 된다.

2. 크루즈 부대시설의 종류와 규모

부대시설로는 11개의 식당 중에 7개의 전문식당, 미술경매, 마술, 보석점, 스파, 볼링장, 수영장, 암벽타기, 미니골프장, 여러 개의 탁구대, 조깅코스, 카지노, 면세점 등이 있으며 16종류의 객실이 각양각색이다. 객실요금은 2인 1실이 1주일에 1천6백 달러, 1인 8백 달러, 창문이 없는 객실(Inside Cabin)은 1인당 1일 35달러의 할인혜택이 주어지고 왕족이 머무는 가든빌라 특등실은 베란다를 포함해서 면적이 5천7백 제곱미터이며 침실 3개의 스위트룸은 1주일에 2만 6천 달러가 된다.

3. 크루즈회사별 세계관광 점유율

크루즈는 3백억 달러의 글로벌사업이라 경쟁이 치열하다. 크루즈관광시장의 50%는 카니발이 점유하고, 로얄캐러비안이 30%, 노르위지안(모체인 스타크루저)이 10%이다.

4. 크루즈의 엔터테이너

전 미국인 중 크루즈 경험은 17%로 평균 연령대도 낮아지고 있는 추세이며 승객 복장 또한 프리스타일을 추구하는 경향이다. 예전에는 지정석 운영과 저녁시간 디너 때 복장을 통제함으로써 크루즈는 격식을 갖추는 것으로 인식되기도 했지만 최근에는 많이 자유로워진 편이다.

오후 4시에 모든 수속을 마치고 출항하며 이어서 승선출항 파티가 있고 가장 중요한 것은 음식으로 9만 6천 끼의 식사가 준비된다.

승객들이 하루에 즐길 수 있는 것은 100가지 정도가 된다.

크루즈회사는 일단 승객들이 배에 탑승하면 다채롭고 흥미로운 시설과 서비스를 총동원하여 승객들을 즐겁게 해주고, 돈을 쓰길 기대하며 총수익의 25%를 승객들의 크루즈 내 선상소비로 충당한다.

뷔페나 메인식당에서 식사하면 객실요금에 포함되지만, 전문식당에서는 별도의 돈을 지급해야 한다.

5. 크루즈의 주요 수입원과 매출

크루즈업의 가장 큰 수익은 카지노와 바(Bar)이다. 여기서 1인당 술값 예상이 7달러 25센트, 1주일에 11만 2천 달러의 매출을 달성함으로써 손익분기점이 된다.

크루즈 내에는 술에 대한 교육과 판매전략으로 음주강좌를 하고 있으며, 맥주, 마티니 유니버시티는 한 강좌 수업료가 1인당 15달러이다.

승객들이 배에 탑승하기 전에 주류반입금지, 모든 수하물은 엑스레이 검색대를 거치며 술병이 있으면 압수해서 갈 때 반환해 준다.

요금을 받지 않는 것은 대극장에서 개최되는 공연 및 오락에 한한다.

크루즈 회사에서는 섬 전체를 통째로 사서 배를 정박시키고 하선하는 승객들로 하여금 오락과 주류로 돈을 쓰게도 한다. 따라서 섬 내에는 승객들이 즐기고 마실 수 있는 카페나 클럽, 오락, 카지노 등의 시설을 설치·운영하고 있다.

예약률은 104%가 되면 대만족이다. 왜냐하면 객실이 100% 예약되면 1객실에 부부와 아이들까지 포함되므로 104% 정도의 매출극대화가 이루어지기 때문이다. 그러나 비가 오면 수익은 내지 못한다. 크루즈가격은 비싼 크루즈일 경우 13억 달러이며 보수하면 30~40년을 운항할 수 있다. 크루즈 이용객의 재방문 승객은 50% 정도로 나타나고 있으며 불황이지만 가치 있는 휴가상품을 공급한다면 크루즈관광사업은 지속적으로 성공할 수 있다.

6. 크루즈의 보안과 인력운영

크루즈선상 내에는 보안과 인력관리를 위해 1천1백 대의 감시카메라가 화장실과 객실, 개인공간 외 모든 지역에 설치되어 있으며, 이를 통한 승객의 바다실족, 도난, 안전감시는 물론 요리사, 엔지니어 등 모든 승객과 선원들의 움직임을 24시간 파악하면서 녹화하여 만일의 사태에 대비한다.

월 급여는 고참 승무원인 필리핀인의 경우 2천5백 달러를 받고 있으며, 승무원과 승객들은 세계 64개국에서 온 사람들이다.

선박은 상대적으로 미국보다 임금이 저렴한 국가인 인근의 파나마, 라이베리아, 바하마군도에 등록시킴으로써 미국 국적의 비싼 임금법과 소득세를 피할 수 있고, 또한 외국인 승무원 고용에 따른 임금을 절감할 수 있었다. 왜냐하면 성조기를 달고 항해하는 미국 국적법을 따라야 하며, 미국의 높은 임금과 세금을 납부해야 하는 어려움이 따르기 때문이다.

7. 기항지관광

크루저는 기항지에 도착하면 현지관광을 하는데 30% 정도는 출항하기 전에 미리 관광을 예약하지만, 그 외는 그때그때 관광안내데스크에서 안내를 받아 관광하게 된다.

승객 중 75% 정도가 기항지에서 관광을 하며, 나머지 25%는 크루즈 내에서 즐기거나 휴식을 취한다.

8. 기항지 입항세금

기항지 여객터미널에 도착하면 '인두세' 1인당 알래스카 50달러, 카리브해의 로아탄에서는 3달러 50센트를 내야 한다. '리즈'라는 기항지는 배 한 척당 하루에 25만 달러를 벌어들이며 한 해에 249척이 입항한다(연간 6천2백만 달러 수입).

9. 안전 및 기타

크루즈에 승선하면 첫 번째 임무가 자기객실 내의 구명조끼를 직접 입고 호루라기를 불어보며 승객 전원이 대강당으로 집결하여 안전교육을 받고 다시 갑판으로 모여 비상시 탈출 대피훈련을 한 후 각자 객실로 돌아가 크루즈 여행을 실시하게 된다. 비상시 탈출대비훈련 중에는 크루즈선박 옆에 장착된 소형탈출용 보트에 타고 바다 수면으로 내려간 후 탈출하는 과정을 실제 보면서 리허설을 통한 비상시 만반의 준비에 임하게 된다. 크루즈는 배의 운항상 밀폐된 창문임에도 불구하고 객실의 환기시설은 매우 우수하고 쾌적하며, 특히 객실 내의 화장실 환기 등이 매우 잘되어 있고, 객실승객이 객실 밖으로 나갔다 오면 객실은 항상 깨끗하게 청소와 정리정돈이 되어 있다.

〈표 14-3〉 크루즈의 시설규모와 객실요금 : 노르위지안 펄

구 분	내 용
시설규모	• 크기 : 9만 3천 톤 선박(미식축구장 3개 길이/높이 15층) • 객실수 : 1,200실(16종류) • 1회 연료량 : 50만 달러(4시간 동안 주유) • 짐가방 : 통상 4천 개 • 감시카메라 : 1천 1백 대(24시간 녹화로 승무원과 승객 안전보호)
부대시설	• 식당 11개(7개 전문식당), 미술품경매장, 마술장, 보석점, 스파, 볼링장, 수영장, 암벽타기, 골프장, 탁구장, 조깅코스, 카지노, 면세점, 나이트클럽, 댄스클럽, 바(Bar), 마사지룸, 에어로빅룸, 뷰티살롱실, 회의실, 갤러리, 메디컬센터
객실요금	• 2인 1실 기준 1주에 2천6백 달러(1인 8백 달러) • 창 없는 객실 1인당 1일 35달러 할인혜택 • 스위트룸 : 1주일 2만 6천 달러(침실 3개) • 특등실 : 면적 5천7백 제곱미터(베란다 포함)
승선인원	• 승객 : 2천2백 명 • 승무원 : 1천 명 • 총 3천2백 명 승선
1주일분의 소모량	• 9만 6천 끼의 식사준비 • 2만 2천 개의 계란 • 1천 2백만 파운드의 초콜릿 • 1천 파운드의 파스타 • 2만 6천 파운드의 채소 • 4천 6백 파운드의 해산물 • 30만 달러의 식량 • 2만 8천 개의 수건 사용
크루즈의 가장 큰 수입원	• 카지노 • 바(Bar) • 1인당 1일 평균 술값예상 7달러 25센트

∷ 제5절 크루즈리조트의 분류

일반적으로 크루즈는 목적에 따라 분류할 수 있다. 대부분 항해지역과 선박의 크기가 기준이 되며, 항해지역에 따라 해양크루즈(Ocean cruise), 연안크루즈(Coastal cruise) 및 하천크루즈(Small ship cruise), 중형크루즈(Mid-size ship cruise), 대형크루즈(Large ship cruise)로 구분된다.

1. 항해지역에 따른 분류

크루즈리프트는 항해지역에 따라 대양이나 국가 간 이동을 목적으로 하는 해양크루즈와 출발 항구를 기점으로 한 지역의 해안을 따라 이동하는 연안크루즈, 그리고 긴 강을 따라 이동하며 숙박을 제공하는 하천크루즈로 구분된다.

2. 선박크기에 따른 분류

선박크기에 따라 2만 5천 톤급 이하로서 500명의 승객을 수용하는 소형 크루즈와 2만 5천 톤급에서 7만 톤급 이하이며 500~700명을 수용하는 중형크루즈, 7만 톤급에서 10만 톤급 이하이며 1천 명의 승객을 수용하는 대형크루즈, 10만 톤급 이상 승객 2천5백 명 이상을 수용하는 초대형 크루즈의 4가지 형태로 나눌 수 있다.

3. 크루즈리조트의 목적에 따른 분류

크루즈리조트의 목적에 따른 분류는 일반관광목적과 크루즈선사에서 직영하는 관광크루즈와, MICE관련 크루즈의 임대형인 세미나크루즈, 오페라, 판촉상품발표회 등의 특별주체로 운영되는 테마크루즈의 3가지로 분류된다.

〈표 14-4〉 **크루즈의 항해지역, 선박크기, 목적별 분류**

구 분		내 용
항해지역	해양크루즈	대양으로 항해 또는 국가 간 이동
	연안크루즈	한 지역의 해안을 따라 이동
	하천크루즈	긴 강을 따라 이동하며 숙박을 제공
선박크기	소형크루즈	25,000톤급 이하/ 승객 500명 수용
	중형크루즈	25,000~70,000톤급 이하/ 승객 500~700명 수용
	대형크루즈	70,000~100,000톤급 이하/ 승객 1,000명 수용
	초대형크루즈	100,000톤급 이상/ 승객 2,500명 이상 수용
크루즈목적	관광크루즈	일반적인 관광목적 크루즈선사에서 직접 운영
	세미나크루즈	MICE(Meeting, Incentive, Convention, Exhibition)관련 크루즈 교육, 훈련, 연수 목적, 크루즈선사에서 임대, 선상 프로그램
	테마크루즈	오페라, 판촉, 상품발표회 등 특별주제로 운영하는 것이 목적. 유럽과 시행(예 : 옥토버페스트크루즈, 올드무비 크루즈)

제6절 크루즈리조트의 터미널요건과 분류

1. 크루즈리조트의 항만조건

항만은 안전정박을 위한 수면과 수심, 넓은 접안시설, 하역장비 및 창고, 화물장치장과 유상교통과의 연계, 입출항에 필요한 세관 및 검역시설 등 간접시설이 정비된 곳을 말한다.

크루즈항이 되기 위해서는 아래와 같은 요소를 갖추어야 한다.

첫째, 항만서비스로는 기술적으로 선박에 지원하는 서비스와 향정자원, 연료공급, 선박용품공급, 선박보수 등의 시설이 갖추어져야 한다.

둘째, 승선하거나 하선하는 크루즈 승객을 위해서는 숙박시설이 제공될 수 있는 기항지의 숙박수용력, 공항과의 손쉬운 접근성, 관광 매력물과 잘 연계될 수 있도록 하는 육상교통망이 필요하다.

셋째, 기항지에서의 관광프로그램이나 쇼핑시설도 중요하다. 이러한 터미널 여건에 따라 크루즈의 입항수나 크루즈승객의 선호도에는 큰 차이가 있다.

〈표 14-5〉 **크루즈항만의 요건**

구 분		크루즈선
항만서비스	기술적 지원서비스	항해, 예인 및 계인에 필요한 선박 지원서비스
	크루즈승객에 대한 환영	항만 및 지자체의 환영행사 및 행정지원
	기타 지원서비스	연료공급, 선박용품 공급, 선박보수
육상연계	육상교통 연계	공공교통의 연계로 원활한 육상운송
	국제교통망 연계	공항과의 손쉬운 접근성
	고급호텔 수용력	거점항(base port)으로서 승객수용에 대비한 고급호텔 수용력
관광활동	기항지 관광프로그램	크루즈 특성에 적합한 기항지 관광프로그램
	기항지 내의 레스토랑	손쉬운 접근성의 도심식사 메뉴와 레스토랑
	기항지 내의 쇼핑장소	지역 고유의 쇼핑항목 및 쇼핑시설 안정성

자료 : WTO.

2. 크루즈리조트의 터미널 요건

크루즈 터미널이 일반적으로 갖추어야 할 시설들은 기본적인 시설로서 출입국 및 세관·검역과 선사 데스크, 승객대기 구역, 수하물처리시설 등이 필요하며, 유관시설로는 식당이나 안내시스템, 은행 등과 같은 편의시설, 선박의 접안시설, 항만시설, 행정시설, 쇼핑시설 등이 구비되어야 한다.

3. 크루즈리조트의 터미널 분류

구 분		내 용
크루즈 터미널 1		선석 연계
	단일선석형	대형크루즈 입항 시 다른 크루즈는 입항할 수 없는 단점
	복수선석형	선박의 크기에 따라 적절히 활용 가능
	다수선식 연계형	다수 선식설치로 특정 선사에 독점적인 전용 터미널 부여

크루즈 터미널 2		전용성
	크루즈 전용형	T자형 돌출형 선석을 가지고 있어 크루즈 전용 선석으로 이용
	다목적 터미널	사람들에게 다른 볼거리(군함이나 화물선)를 제공하지만 크루즈 승객에 다소 불편 초래
크루즈 터미널 3		선석 설치형태
	선석 단독형	전용터미널 없이 선석만 단독 축조
	도심안벽 이용형	도심의 안벽을 이용하여 별도의 선석 설치 없이 크루즈터미널 운영
	터미널빌딩 접안형	터미널 건물과 나란히 붙어 있는 형태
	선석상부 건축물조형	터미널과 같이 선석 위에 터미널 건물 축조

제7절 한국의 크루즈리조트 산업현황

1. 한국의 크루즈리조트 시장환경

우리나라는 3면이 바다로 둘러싸인 반도국가의 지리적 특성과 더불어 조선·해운업 등이 발달한 해양선진국이다. 그럼에도 불구하고 크루즈관광산업은 아직 미흡한 상황이다. 지금까지의 우리나라 국민 여가활동은 산악과 내륙지역이 많은 관계로 해양관광과 관련된 관광활동과 기반시설 자체가 발달하지 못하고 있는 실정이다. 관광활동시기 또한 여름철 휴가기간에 집중되어 있으며, 휴가기간도 1주일 미만의 짧은 시기인 관계로 미국이나 유럽에서 판매되고 있는 장거리 크루즈상품을 이용하는 시장여건과도 매우 큰 차이점을 보이고 있다. 따라서 아직까지는 크루즈에 대한 일반 국민들의 인식도는 낮은 편이며, 크루즈를 관광유람선이나 연안여객선 등과 동일시하는 경향이 있다. 그리고 크루즈와 관련된 정부의 관련부처에 따라 크루즈사업의 인·허가 및 사업운영에 대해서도 서로 상이한 입장을 가지고 있어 실제 사업을 진행하는 데에도 다소 어려움이 있는 게 사실이다.

우리나라에 크루즈사업이 본격적으로 도입된 것은 1998년 현대아산의 '금강산크루즈사업'으로서 크루즈에 대한 개념이 정립되기 이전에 사업이 시작되었다. 이에 따라 사업의 인·허가와 관련된 사항에서부터 시작하여 선박의 도입, 크루즈터미널 등의 기반시설 정비, 크루즈관련 물류의 운송에 이르기까지 많은 어려움을 겪었으며 금강산으로 접근하는 육상교통수단의 정비와 함께 사업이 종료되었다.

이후 스타크루즈사가 동북아 크루즈라인의 개최를 목적으로 2001년부터 부산과 평택 등을 거점으로 우리나라를 정기적으로 취항하여 중국·일본을 연계하는 크루즈상품을 판매하였지만, 사업의 수익성 부족으로 인하여 2006년에 운항을 중단한 상태이다.

우리나라를 모항으로 하는 크루즈사업의 경우, 사업 허가와 관련된 근거법령이 마련되지 못하여 사업이 추진되지 못하다가 「해운법」의 해상여객운송사업 중 기타 해상여객운송사업에 국제크루즈산업이 추진될 수 있는 계기를 마련하게 되었다.

국제크루즈 선박의 효용 측면에서 우리나라에 기항하는 크루즈 선박현황을 보면 부산항과 제주항에만 매년 부정기적인 형태로 입항하고 있으며, 인천과 동해, 속초 등은 매우 미흡하다. 그리고 일부 선사의 초대형 선박이 부산항이나 제주항에 비정기적으로 입항했지만, 크루즈 1척당 입항인원이 부산항의 경우 평균 565명, 제주항 330명 수준을 보이고 있어 초대형 크루즈의 2천 명의 승선인원에 비하여 매우 적은 관계로 입항이 많지 않은 것을 알 수 있다. 그러나 국제크루즈선 입항실적은 한때 감소하는 추세를 보이다가 2005년을 기점으로 매년 증가추세를 보이고 있다.

외국 크루즈선의 입항은 부산·제주 외에 인천, 울산, 목포, 동해지역으로 연평균 80여 회 정도가 입항하며 크루즈관광객 4만 명 이상을 하선시키고 있다.

2. 한국의 크루즈리조트 상품판매 현황

우리나라에서 판매되고 있는 대부분의 크루즈상품은 해외 유명 크루즈선사의 한국대리점(GSA : General Sales Agent)을 통하여 판매가 이루어지고 있다. 이 밖에도 국내 여행사에서 해외여행패키지 상품의 형태로 크루즈상품을 판매하고 있지만, 이것은 해외 크루즈선사의 상품을 판매하는 것이 아니라 한국 대리점의 상품을 판매하기 때문에 현지 판매사의 형태는 아니다.

크루즈상품은 한국대리점과 일반여행사를 통하여 상품의 특성에 따라 개별 크루즈와 패키지 크루즈상품으로 구분되어 판매되고 있다. 우선 개별 크루즈상품은 크루즈선 내 활동만을 포함한 상품으로 크루즈 출항지까지의 항공료 및 체재비가 포함되어 있지 않다. 따라서 기항지까지는 이용객 스스로 교통수단을 선택해야 되기 때문에 우리나라 관광객들이 이용하기에는 불편한 요소가 있다.

〈표 14-6〉 정기여객선과 크루즈

업체명	정기여객선	크루즈선
크루즈 인터내셔널 (주)투어터치	Carnival Cruise Lines	홀세일러(현지 판매점)
	Costa Cruise	GSA(총판매 대리점)
	Radisson SevenSeas Cruise	〃
	Silversea Cruise	〃
	The World of Residensea	〃
스타크루즈 코리아	Star Cruise	〃
투어마케팅 코리아 (구. 하나투어 GSA팀)	Royal Caribbean International	〃
	Celebrity Cruise	〃
내외여행사	Royal Olympic Cruise	〃
비손 글로벌	Holland America Line	〃
한국 홀리데이 유람선 인터내셔널(주)	Princess Cruise Line	〃
UMI	Disney Cruise Line	〃
파전 항공여행사	Cunard Cruise Line	홀세일러
	Norweigen Cruise Line 외 다수	홀세일러

자료 : 한국해양수산개발원.

하지만 패키지 크루즈상품은 기존 개별 패키지상품과는 달리 일반 크루즈상품에 출항지까지의 항공편이 모두 포함된 가격으로 판매된다. 이는 출항지 이외 국가의 이용객을 대상으로 마련된 상품으로 크루즈상품가격에 출항지까지의 왕복항공료 및 숙박료가 포함되었다. 현재 우리나라에서 판매되고 있는 패키지 크루즈상품은 총 16개 크루즈선사의 상품으로 파악되고 있다.

우리나라에서 판매되고 있는 패키지상품은 아시아지역을 기항하는 상품으로 대부분 지중해, 알래스카, 유럽을 기항하는 일정으로 구성되어 있다. 국내 여행업계에 따르면 해외크루즈를 이용하는 국내인은 연간 4,500명으로 추정되고 있으며 매년 약 10~15%씩 증가하고 있다.

〈표 14-7〉 **크루즈선사별 / 기항지별 국내상품 현황**

구분	크리스탈	NCL	코스타	레디슨	스타크루즈	실버시	카니발	더월드	로얄캐리비언	데일란	셀리브리터	MSC/크루즈	프린세스	홀랜드아메리카	쿠나드	디즈니	계
미국 동부·뉴잉글랜드·캐나다	1	1															2
북유럽·노르웨이	2		4	1													7
아시아					상시	6											6
아프리카						1											1
알래스카						1	2	1	24								47
유럽	1									1	5	6	2	1			16
지중해	3	3	12	1		112	2		5			34	1	1	4		67
카리브	2		1						2								5
타히티·남태평양				1													1
파나마운하	1			1							1						3
바하마																1	1
멕시코											1						1
하와이		4															4
남미	1										1						2

자료 : 한국해양수산개발원(상기 상품은 기상 상황에 따라 변경될 수 있음).

3. 한국의 크루즈리조트 시장규모 전망

우리나라 연안크루즈와 국제크루즈 시장 규모가 2011년 총 16만 명에서 2020년에는 총 28만 명으로 연평균 약 6% 증가할 것으로 전망(KMI, 2009)되었다. 항만물동량

모니터링 및 예측 전담기관인 한국해양수산개발원(KMI) 항만수요예측센터는 우리나라 중장기 크루즈수요 예측치로 2011년 약 76%에서 2020년 약 85%로 증가할 것으로 보고 있다.

국내 크루즈시장은 북미 등과 비교하면 아직 활성화되지 못하였지만, 소득 및 여가시간 확대 등에 따른 크루즈 수요증가가 예상되고 있다. 크루즈산업이 고부가가치 신성장동력으로 주목받고 있는 만큼 여객 증가추이를 감안하여 항만별 크루즈 부두계획을 실시할 것으로 보인다.

〈표 14-8〉 KMI 예측 우리나라 크루즈시장 규모 전망

(단위 : 명)

연 도	국제 크루즈관광 수요	연안 크루즈관광 수요	총 크루즈관광 수요
2011	121,665	39,019	160,684
2012	131,510	39,463	170,973
2013	141,868	39,907	181,775
2014	153,033	40,351	193,384
2015	165,056	40,795	205,851
2016	177,627	41,238	218,865
2017	191,166	41,682	232,848
2018	205,548	42,126	247,674
2019	220,762	42,570	263,332
2020	237,153	43,014	280,167

자료 : 한국해양수산개발원.

4. 한국의 국제크루즈 부두 건설현황

크루즈관광산업의 고부가가치에 주목하여 정부에서 해양 크루즈관광산업 육성에 대한 적극적인 의지를 나타내고 있다. 해양수산부와 문화체육관광부(2008)는 공동으로 2011년까지 외국 크루즈선의 국내항만 기항횟수와 관광객수를 2배로 증가시킨다는 계획의 '해양크루즈관광사업 활성화방안'을 발표했다.

〈표 14-9〉 **항만별 크루즈부두 개발현황**

업체명	정기여객선	크루즈선
합계 (6개항)	부산항, 인천항, 평택·당진항, 목포항, 여수항, 제주항	5만G/T 4선석 8만G/T 4선석
부산항	북항재개발계획에 크루즈부두 개발 반영	8만G/T급 2선석
인천항	인천항 종합발전계획과 관련 국제여객부두 개발로 수도권관광항의 위상제고	5만G/T 2선석
평택·당진항	한·중 간 크루즈유람선 수요에 대처하기 위하여 신규 국제여객부두 입지에 크루즈부두 개발 반영	5만G/T 1선석
목포항	서남해안 관광레저 도시와 관련하여 선외항에 크루즈부두 개발 반영	5만G/T 1선석
여수항	여수세계박람회 개최 시 관람객 유치를 위한 크루즈부두 개발 반영	8만G/T 1선석
제주항	외항에 크루즈부두를 개발하여 해양관광 활성화 도모	8만G/T 1선식

자료 : 한국해양수산개발원.

5. 한국의 국제여객터미널 현황

크루즈관광산업의 발전 초기단계에 있는 우리나라는 아직까지 국제크루즈 선박의 접안을 위한 전용부두나 방문객의 편의제공을 위한 터미널시설이 조성되어 있지 않다. 즉 크루즈관광산업이 발전하기 위한 기반시설 자체가 미흡한 우리나라는 국제 크루즈선박의 국내 유치나 기항지가 되기에는 많은 어려움이 있으며 국내 연안 크루즈의 운항도 용이하지 못한 것이 현 실태이다.

우리나라에는 무역항 28개소와 연안항 23개소가 있으며, 이 중 부산항, 인천항, 평택·당진항, 군산항, 목포항, 제주항, 울산항, 동해항 등 8곳에 국제여객선 터미널이 조성되어 있다. 따라서 국제크루즈선은 이들 항만을 이용하여 입항해야 하지만, 선석의 길이 및 수심확보 때문에 대규모 크루즈선박은 접안이 어렵고 컨테이너와 화물을 중심으로 운영되는 우리나라의 항만여건상 선석을 확보하는 일도 쉽지 않다.

현재 우리나라에 국제여객터미널로 운영되고 있는 곳을 살펴보면 다음과 같다.

1) 부산항 국제여객터미널

부산항 국제여객터미널은 1978년 '부산항 제1단계 개발사업'으로 10,000G/T급 2선석의 총 연면적 10,155m²를 개발·운영 후 국제여객수요가 증가함에 따라 1987년부터 1988년까지 50,000G/T급 여객선이 접안할 수 있는 시설로 확장한 후, 2002년 7월 증축공사 완공 등으로 11,859m²로 확장되었다.

〈표 14-10〉 **부산항 국제여객부두의 접안시설 현황**

구분(선석)	수심(m)	길이(m)	접안능력(DWT, 척)	접안선박
10	1~4	120	200×2	비틀2, 비틀3, 제비, 제비2
11	4.6~6	120	3,000×1	씨플라워2
12	7.5~8.6	220	10,000×1	하미유, 코비, 코비3, 은하호
13	8.3~8.6	192	10,000×1	성희, 뉴카멜리아
14	8.3~9.1	200	10,000×1	팬스타드림

부산항 국제여객터미널의 여객선 항로에서 국제여객 항로는 1개국(일본) 5개 항로로 후쿠오카, 시모노세키, 하카다, 쓰시마, 오사카로 취항 중에 있다.

〈표 14-11〉 **부산항 국제여객터미널의 시설 현황**

준공일	설계기준	주요 시설면적(m²)					
		대지(m²)	건물				
			연면적(m²)	1층	2층	3층	4층
1978.5.20	1만G/T 카페리, 1척 이용객 30만 명/연 (1일, 1,000명)	86,833	11,589	대합실 2,050m²	대합실 1,320m²	사무실 905m²	사무실 1,271m²
				입국장 2,052m²	출국장 1,570m²	식당 722m²	기계실 120m²
				기타 306m²	기타 1,105m²		
				계 4,408m²	계 3,995m²	계 1,632m²	계 1,391m²

〈표 14-12〉 **부산항·일본 정기여객선 현황**

항 로	사업자	선 명	총톤수	수송능력	운항횟수
부산/ 시모노세키 (123마일, 227km)	부관페리 (한국)	성희	16,665	여객 : 601명 화물 : 120TEU	주 3회 (10H)
	관부페리 (일본)	하마유	16,187	여객 : 500명 화물 : 114TEU	주 3회 (14H)
	카멜리아 라인(일본)	뉴 카멜리아	19,961	여객 : 522명 화물 : 220TEU	주 6회 (7.5H)
부산/하카다 (116마일, 214km)	구주여객철도 (일본)	비틀2	164	여객 : 215명	주 7회 (3H)
		비틀3	162	여객 : 215명	주 7회 (3H)
		제비	263	여객 : 215명	주 4회 (3H)
		제비2	263	여객 : 215명	주 4회 (3H)
	미래고속 (한국)	코비	192	여객 : 222명	주 7회 (3H)
		코비Ⅲ	125	여객 : 229명	주 7회 (3H)
		코비 V	125	여객 : 223명	주 7회 (3H)
부산/대마도 (71마일, 131km)	대아고속 (한국)	씨플라워 2호	363	여객 : 376명	주 4회 (2.5H)
		드림플라워	303	여객 : 300명	주 4회 (2.5H)
부산/오사카 (369마일, 680km)	팬스타라인 닷컴 (한국)	팬스타 드림	9,690	여객 : 688명 화물 : 220TEU	주 3회 (18H)
		팬스타 써니	26,183	여객 : 683명 화물 : 250TEU	주 7회 (18H)
* 연안/한/일크루즈		팬스타 허니	14,036	여객 : 510명 화물 : 110TEU	―
부산/모지 (126마일, 227km)	C&크루즈 (한국)	KC Bridge	16,340	여객 : 600명 화물 : 110TEU	주 6회 (8H)
부산/카나자와 (410마일, 759km)	동일본훼리(주)	팬스타 허니	14,036	여객 : 510명 화물 : 110TEU	주 1회 (21H)

주 : 한국측 운항사업자, 크루즈 항로는 정기항로에서 제외.
자료 : 국토교통부.

2) 인천항 국제여객터미널

인천항 국제여객터미널은 내항과 외항에 2개소가 있으며, 한·중 항로 국제여객선 10척을 수용하고 있다. 제1국제여객터미널은 인천지방해양수산청이 조성한 연안부두 부지에 국제여객터미널과 호텔, 상업시설(민자유치촉진법에 의한 종합여객시설)을 건설하는 SOC 2종 사업이었다. 그러나 사업자인 (주)대우의 부도로 국제여객터미널만 건립하여 해양수산부에서 사업비를 정산하고, 주변 천수공원은 2002년도에 조성하였다.

제2국제여객터미널은 1988년 서울올림픽 때 구소련 선수들의 입·출국 수속을 위하여 건립했던 건물이다. 이후 1990년 9월 15일 한·중 항로를 개설하면서 터미널시설을 보강하여 사용해 오다가 2001년 8월 21일 민자유치로 터미널공사를 착공하여 2002년 4월 8일부터 임시 개장하여 사용하고 있으며, 주변 정비공사를 마무리하여 2002년 5월 28일 준공하여 사용 중에 있다.

인천항 제1, 제2 여객터미널의 한계점으로 인천송도일원에 신국제여객터미널이 연면적 66,805㎡로서 축구장 9배가 넘는 크기로 2019년에 완공하여 인천 크루즈터미널과 함께 사용됨으로써 우리나라 크루즈관광산업에 활력을 불어넣고 있다.

〈표 14-13〉 **인천항 국제여객터미널**

구 분		제1국제터미널	제2국제터미널	신국제여객터미널 (크루즈터미널)
		국 유(인천항만공사)		
건축연도		2000	2002	2019
육상시설	건설형태	철근콘크리트조 지하 1층 지상 4층	철근콘크리트조 지상 2층	지상 2층
	부지현황(m²)	대지면적 21,180 연면적 18,393 건축면적 6,608	대지면적 20,192 연면적 10,125 건축면적 8,820	연면적 66,805

구 분		제1국제터미널	제2국제터미널	신국제여객터미널 (크루즈터미널)
		국 유(인천항만공사)		
육상시설	연건평(m²)	총연건평 18,393 지하층 3,394 1층 3,556 2층 4,171 3층 4,407 4층 3,225	총연건평 10,122 지하층 3,262 1층 8,134 2층 1,684	총연건평 7,364
	주차장(m²)	전체 4,841 1층 1,364 2층 1,740 3층 1,740	전체 3,366	대형버스 포함 200여대 주차

〈표 14-14〉 인천항·중국·러시아 항로 국제여객선 현황

항 로	사업자	선 명	총톤수	수송능력	운항횟수
인천/위해 (238마일, 440km)	위동항운유한공사 (한·중합작)	뉴 골든 브리지Ⅱ	26,463	여객 : 731명 화물 : 252TEU	주 3회 (14H)
뉴 골든 브리지Ⅵ			25,151	여객 : 620명 화물 : 220TEU	예비선	–
인천/청도 (338마일, 625km)	〃	뉴 골든 브리지Ⅴ	29,554	여객 : 660명 화물 : 280TEU	주 3회 (15H)
인천/천진 (460마일, 852km)	진천국제객화항운 (한·중합작)	천 인	26,463	여객 : 800명 화물 : 279TEU	주 2회 (25H)
인천/연운항 (390마일, 722km)	연운항중한윤도유한공사 (한·중합작)	자옥란	16,071	여객 : 392명 화물 : 293TEU	주 2회 (24H)
인천/연태 (267마일, 494km)	연태중한륜도유한공사 (한·중합작)	항설란	16,071	여객 : 392명 화물 : 293TEU	주 3회 (15H)
인천/대련 (292마일, 540km)	대인훼리(주) (한·중합작)	대 인	12,365	여객 : 555명 화물 : 125TEU	주 3회 (17H)
인천/단동 (284마일, 526km)	단동국제항운유한공사 (한·중합작)	동방명주 Ⅱ	10,624	여객 : 599명 화물 : 130TEU	주 3회 (16H)
인천/석도 (220마일, 407km)	영성화동해운유한공사 (한·중합작)	화동명주 Ⅵ	19,534	여객 : 1,000명 화물 : 253TEU	주 3회 (14H)
인천/영구 (420마일, 778km)	범영훼리(주) (한·중합작)	자정항	12,304	여객 : 394명 화물 : 228TEU	주 2회 (22H)

항 로	사업자	선 명	총톤수	수송능력	운항횟수
인천/진황도 (400마일, 740km)	진인해운유한공사 (한·중합작)	신욱금항	12,304	여객 : 348명 화물 : 228TEU	주 2회 (21H)
평택/영성 (210마일, 388km)	영성대룡해운유한공사 (한·중합작)	대 룡	17,980	여객 : 834명 화물 : 150TEU	주 3회 (16H)
평택/연운항 (400마일, 740km)	연운항중한윤도유한공사 (한·중합작)	씨케이 스타호	8,577	여객 : 668명 화물 : 170TEU	주 2회 (21H)
평택/청도 (368마일, 429km)	청도풍양훼리(주) (한·중합작)	뉴칭다오	16,485	여객 : 750명 화물 : 125TEU	주 3회 (17H)
평택/일조 (372마일, 689km)	씨엔훼리(주) (한·중합작)	케이씨 레인보우	11,550	여객 : 735명 화물 : 220TEU	주 3회 (17H)
군산/석도 (210마일, 336km)	석도국제훼리(주) (한·중합작)	씨다오	17,022	여객 : 750명 화물 : 203TEU	주 3회 (12H)
속초/자루비노 (378마일, 718km)	동춘항운(주) (한·중합작)	뉴동춘호 ('06.4.6 선박교체)	12,961	여객 : 599명 화물 : 119TEU	주 2회 (17H)

자료 : 한국해양수산개발원(상기 운항 현황은 기상 상황에 따라 변경될 수 있음).

3) 기타 국제여객터미널

부산항과 인천항 외에 우리나라 주요 국제여객터미널은 평택 국제여객터미널과 군산항, 목포항, 속초항, 제주항, 울산항에 각각 국제여객터미널이 있으며, 주요 현황은 다음과 같다.

항 만	현 황	주요항선지
평택항	지상 2층	• 평택-중국 주 3회 운항 • 평택-대련-텐진-칭다오 주 2회 운항
군산항	지상 2층	• 군산-연태-칭다오-석조 주 3회 운항
목포항	철근콘크리트	• 목포-중국 상해 주 2회 운항
속초항	〃	• 속초-러시아 자루비노/ 블라디보스토크
제주항	경량철골조	• 부정기 크루즈선(일본, 중국)
울산항	〃	• 울산-일본 고쿠라
동해항	철근콘크리트	• 동해-러시아 블라디보스토크 • 일본-사카이미나토

제8절 세계의 크루즈리조트 산업현황

1. 세계 크루즈리조트의 시장환경

세계크루즈협회(Cruise Lines International Association)는 2017년 세계 크루즈시장 인구를 2,530만명으로 추산했으며 매년 4%의 성장세를 감안하면 연간 100만명 이상이 증가하게 되며 2022년에는 3천만명이 예측된다.

지역적으로 미국을 포함한 북미지역의 관광객이 전체 70%에 해당하는 1,000만 명을 차지하고 있으며, 유럽지역은 약 25%에 해당하는 380만 명으로 알려져 있다. 아시아지역은 크루즈 시장이 성장하고 있으나 관광인구는 약 70만 명으로 추정되어 전체 시장에서 차지하는 비중이 아직 10% 미만에 불과하다. 남미와 호주지역의 크루즈 인구도 5% 미만으로 파악된다. 그러나 OSC(Ocean Shipping Consultants)에 따르면 근거리 크루즈의 유행, 중국 관광시장의 개방과 더불어 향후 아시아 시장의 성장률이 높아질 것으로 기대하고 있다.

세계적으로 크루즈시장 규모는 레저산업 가운데 초고속 성장세를 보이며 지속적으로 증가하고 있고 향후 전망도 밝은 것으로 예상하고 있다. 특히 공급이 수요를 20% 초과해 카리브해와 알래스카를 중심으로 할인경쟁이 돌입된 상태이다. 선박연령이 높은 선사들은 선박의 노후화를 극복하기 위해 타 지역으로 리포지션하려는 시도와 함께 틈새시장 확보를 통한 시장의 세분화를 모색하고 있다.

성장기에 접어든 크루즈산업은 많은 경쟁자들이 크루즈시장에 참여하고 있어 경쟁이 아주 치열하다. 그 경쟁 속에 성공하지 못한 채 철수하거나 대형선사에 흡수되는 선사도 있으며, 크루즈선을 소유하여 운영하기에는 자본이 너무 많이 들기 때문에 선박을 소유하기보다는 관리하려는 경향이 있다.

크루즈관광객의 증가와 함께 크루즈선박의 공급도 급속히 증가하고 있다. 현재 전세계 크루즈선박은 약 350여 척(1,310만 톤)이고 이들 선박이 공급하는 선실은 약 50만여 실에 달한다. 그리고 크루즈선의 수용능력은 1,000~3,100명이고, 평균 선령은 18.2년으로 분석되고 있으나, 최근 대형선(5만 톤급)의 집중적인 발주로 인하여 평균 수용능력은 확대되고 선령은 낮아지는 추세이다. 선박의 대형화는 승객에게 많은 편의시설과 부대시설을 제공함으로써 발생하는 더 많은 이익을 창출할 수 있기 때문이다.

'규모의 경제'를 통해 상품가격이 내려가면 크루즈의 대중화가 실현된다는 측면도 있지만, 선박대형화는 도크시설, 수화물, 현지교통서비스, 출입국시설, 기항지의 선석 및 예인서비스, 쇼핑시설, 관광·의료시설 등의 문제를 야기하고 있다.

1990년대 중반부터 아시아지역에서 싱가포르를 중심으로 근거리 크루즈항로가 개발되기 시작했으며, 세계일주 형태의 운항에서 하나의 출항 항으로 1~3개 항의 기항지를 기항하는 근거리항로 형태로 발전하고 있다. 싱가포르와 홍콩에서 운항하는 크루즈선은 항공과 크루즈를 연계하는 패키지상품으로 판매가 증대되고 있으며, 항공료와 크루즈선 운임, 숙박 및 식음료, 기본 부대시설 이용료가 포함돼 있다.

30대 연령층의 소득수준이 향상되고 삶의 질에 대한 욕구가 증대되면서 아시아지역은 3~4일의 상품, 미주는 5~7일의 단기간 패키지상품이 개발되고 있다. 아시아지역이 크루즈의 주요시장인 미주지역과 기간의 차이가 나는 것은 아시아지역 크루즈관광객은 어린 자녀와 노부모를 동반한 형태의 크루즈여행이기 때문이며, 성인 위주의 개인형 크루즈에서 수영장, 전용극장 등의 부대시설을 갖춘 가족형 소형 크루즈로 변모해 가고 있는 추세이다.

2. 세계 크루즈리조트의 산업현황

크루즈산업은 1990년대 이후부터 기존의 고소득층, 고연령층 중심에서 다양한 수요자층으로 시장이 점차 확대되어 가는 추세이며, 중저가 크루즈관광상품의 개발과 판매로 크루즈관광객의 수요는 지속적으로 증가될 것으로 예상된다.

크루즈선박을 공급하는 크루즈선사는 세계적으로 약 110여개사가 있으나, 세계 3대 크루즈그룹이 전 세계 크루즈시장을 주도하고 있다. 세계 3대 크루즈그룹은 Carnival그룹, Royal Caribbean그룹, Star Cruise그룹으로 전 세계 크루즈선박의 77% 이상을 차지하고 있다. 세계 4위 크루즈선사인 Louis Cruise와 제5위 Mediterranean Shipping사를 포함하여 세계 5대 그룹이 가진 크루즈선박은 총 270여 척으로 전 세계 크루즈선박의 약 80%를 차지하고 있다.

특히 세계크루즈협회(CLIA : Cruise Lines International Association) 소속의 19개 크루즈선사가 전 세계 크루즈시장의 약 97% 정도를 차지하고 있다. 따라서 대형선사 중심으로 전 세계 크루즈시장이 형성되므로 이들 크루즈선사의 국내기항을 통해 한국 크루즈시장을 단기간에 성장시킬 수 있다.

크루즈선의 대형화 추세와 함께 항공과 연계된 fly and cruise가 증가하고 있는 추세이다. 크루즈선 기항지 국가 및 도시뿐만 아니라 인근 허브공항을 중심으로 연계된 항공예약망으로 광역 크루즈관광시장 수요를 연계하는 상품이 나타나고 있으며, 현재 크루즈 기항이 적은 우리나라의 경우 대다수 전문 크루즈 판매대행사를 통하거나 알선 및 판매하는 여행사를 통하여 고객 송출이 이루어지고 있는 상황이다. 앞으로 크루즈관련 정보 및 지식, 기술을 습득할 대학의 전공학과와 크루즈상품을 판매하는 전문 여행사, 크루즈 승무원 전문학원 등이 성장해 나갈 것으로 보인다. 이를 바탕으로 크루즈산업의 발전은 고용확대에 기여한 바가 크다. 수백만 명 정도가 크루즈 승무원 외에 크루즈산업에 관련된 선박대리점, 조선사, 전기, 기계, 식음료 공급업체에 고용돼 있다. 또한 선박이 기항하는 세계 각 항구도시의 항공사, 철도, 내륙운송업계, 숙박업계 및 관광지 등 관광업계에도 많은 파급효과를 미치고 있다.

3. 세계 크루즈리조트의 관광객 동향

세계 크루즈관광객 추이를 살펴보면, 크루즈관광시장은 북미, 유럽지역을 중심으로 형성되어 있음을 알 수 있다. 북미와 영국 시장은 약 10%대의 안정적 성장세를 보이는 반면, 일본을 포함한 아시아 시장은 오히려 축소되고 있다. 아시아 시장과는 대조적으로 호주를 중심으로 한 오세아니아 시장은 최근 30%에 육박하는 높은 성장률을 보이며 남미 등과 함께 새로운 크루즈 시장으로 성장하고 있다.

세계 크루즈관광객의 연평균 성장률(CAGR : Compounded Annual Growth Rate)은 9.5%로 세계 관광객 연평균 성장률 3.9%보다 2배 이상 높은 것으로 나타났으며 향후 크루즈 시장의 전망은 매우 밝다고 하겠다.

4. 세계 각 국가/지역별 크루즈운항 월별 최적기

크루즈상품의 최대 주요 변수는 기상변화에 크게 의존한다. 세계적인 크루즈상품의 대부분은 남미와 북미 사이의 카리브해 연안과 지중해, 멕시코, 남태평양, 동남아 등의 지역을 대상으로 운항되고 있다. 그러나 허리케인, 사이클론, 겨울추위로 인해 크루즈운항이 어려울 때에는 남미, 북서유럽, 캐나다 등의 지역으로 운항코스가 재편성되거나 세계일주 등으로 긴급 대체된다. 세계 각 국가 및 지역별 크루즈운항 최적의 시즌은 다음과 같다.

〈표 14-15〉 **세계 각 국가/지역별 크루즈운항 월별 최적기**

구 분	1월	2월	3월	4월	5월	6월	7월	8월	9월	10월	11월	12월
1. 알래스카						B	B	B	B			
2. 아마존	B	B	B									B
3. 남극대륙	B	B									B	B
4. 북극/그린란드							B					
5. 영국					B	B	B	B	B			
6. 남미	B	B	B							B	B	B
7. 호주/뉴질랜드	C	B	B							B	B	B
8. 바하마	B	B	B	B	B	H	H	H	H	H	H	
9. 버뮤다						B	B	B	B	B		
10. 흑해						B	B	B	H			
11. 카리브	B	B	B	B	B	H	H	H	H	H	H	B
12. 이집트/이스라엘	B	B	B	B	B	B	B					
13. 지중해	B	B	B	B						B	B	B
14. 뉴잉글랜드/캐나다								B	B	B		
15. 멕시코	B	B	B								B	B
16. 아이슬란드						B	B	B				
17. 동아프리카/인도양	B	B	B	B	B	B	B					
18. 남태평양	C	C		B	B	B	B	B	B			C
19. 동남아	B	B	B							B	B	B
20. 미 동부						B	B	B	B	B		
21. 세계 크루즈	B	B	B	B								B

주 : B(best season)/ H(hurricane season)/ C(cyclone season)
자료 : Berlitz, Complete guide to cruising and cruise ship, (참고용)

제9절 세계의 주요 크루즈리조트 상품현황

1. 카리브해 크루즈리조트 상품(중남미)

카리브지역은 동부, 서부, 남부로 나누어지며 각 지역을 운항하는 상품과 3지역을 모두 순환하는 상품으로 구성되어 있다.

동부 카리브지역을 운항하는 상품은 대부분 7일간의 상품으로 구성되어 있으며 공통적으로 가장 많이 이용하는 출항지는 마이애미이다. 이곳 크루즈상품의 가격은 비수기 시 최저가 1천 달러부터 성수기 시 3만 달러까지 매우 다양하며 비수기와 성수기, 그리고 선실의 유형 및 예약여부 등에 따라서 많은 가격 차이를 보여주고 있다.

서부 카리브지역은 카리브지역 중 관광객이 가장 선호하는 관광지이며 카니발 코퍼레이션의 경우 10일 이하의 상품이 주력상품으로 판매되고 있다. 그리고 남부 카리브지역의 단기관광상품은 7일 상품이 많으며, 산후안(San juan)에서 출항하여 다시 San juan으로 기항하는 프로그램으로 구성되어 있다. 카리브해 크루즈는 몸과 마음을 충전할 수 있는 웰빙코스로 다양한 계층의 크루즈객이 이용한다.

카리브제도는 카리브해에 떠 있는 수백 개의 섬들로 이루어져 있으며, 지리적으로는 북쪽의 플로리다와 남쪽의 베네수엘라 사이에 있는 섬들을 포함하고 있다. 카리브해는 전 세계적으로 가장 인기 있는 크루즈 지역이며, 일반적으로 플로리다의 마이애미나 포트로더데일에서 출발하여 카리브의 섬들을 순항한다. 카리브해 크루즈의 주요 기항지로는 푸에르토리코와 자메이카, 멕시코, 버진 아일랜드, 바하마, 나소, 케이만군도, 도미니카공화국이며, 크루즈가 운항하는 시즌은 연중 운항한다.

〈표 14-16〉 카리브해 크루즈리조트 상품의 종류

지 역	선사명	선박명	기간 (일)	기항지	
				기항지수	기항횟수
동부	RCCL	Enchantment	7	4	5
		Grandeur	7	5	5
		Explorer	7	4	5
	CARNIVAL	Carnival Destiny	7	4	5
		Paradise	7	5	6
		Triumph	7	4	5
		Carnival Victory	7	4	5
	NCL	Norwegian Sky	7	5	6
서부	RCCL	Enchantment	7	5	6
		Grandeur	7	4	4
		Voyager	7	4	5
	CARNIVAL	Celebration	4/5	2	3
			7	3	4
		Carnival Destiny	7	4	5
		Ecstasy	4	3	4
		Imagination	4/5	3	4
		Inspiration	7	4	5
		Triumph	7	4	5
		Tropicale	4/5	3	4
	NCL	Majesty	3	3	4
		Norwegian Sky	3	3	4
남부	RCCL	Monarch	7	5	6
		Majesty	7	4	6
		Nordic	3/4	2	3
	CARNIVAL	Fascination	7	5	6
		Inspiration	7	5	6
		Triumph	10/11	4	5

2. 지중해 크루즈리조트 상품(유럽)

유럽지역은 셀러브리티 크루즈(Celebrity Cruise)의 주요 운항지역이며 유럽상품의 경우 단기관광상품은 거의 없으며 대부분 장기관광상품으로 구성되어 있다.

지중해 크루즈는 낭만과 문화를 즐길 수 있는 상품이다. 따사로운 태양과 진주빛 백사장, 싱그러운 올리브가 있는 지중해는 카리브해와 더불어 가장 인기 있는 크루즈 지역으로 이탈리아의 베니스와 제노바에서 스페인의 바르셀로나를 중심으로 운항한다. 그리고 주요 기항지로는 이탈리아(베니스/제노바/나폴리), 스페인(바르셀로나/팔마), 프랑스(마르세유)이며 크루즈가 운항하는 시기는 연중 내내이지만 6~8월은 성수기이다.

3. 피오르드와 러시아 크루즈리조트 상품(북유럽)

피오르드(Fiord)와 러시아 크루즈는 북유럽의 진수를 느낄 수 있는 상품이다. 국토의 대부분이 산과 빙하로 덮여 있으며, 피오르드로 이루어진 노르웨이와 덴마크, 핀란드, 러시아까지 경관을 즐길 수 있는 노선이다. 북유럽의 자연이 보여주는 투명하고 장엄한 아름다움과 바이킹 후예들이 만들어놓은 독특한 문화를 경험할 수 있으며, 크루즈 일정은 스톡홀름, 코펜하겐, 암스테르담, 혹은 영국에서 출발하며 넓게는 북극해의 아이슬란드와 노르웨이의 알레순트까지 운항하기도 한다. 크루즈의 주요 기항지는 오슬로와 스톡홀름, 코펜하겐, 헬싱키, 비크, 플람, 게이랑거이며 크루즈가 운항하는 기간은 5~8월이다(성수기 7~8월).

〈표 14-17〉 **피오르드와 러시아 크루즈리조트 상품의 종류**

선사명	선박명	기간(일)	기항지	
			기항지수	기항횟수
RCCL	Legend	7	4	5
Celebrity	Horizon	3	3	4
		4	3	4
		3	2	3
		4	4	5
		7	5	6
		7	6	7
		7	6	7
		7	6	7
NCL	Norwegian Dream	10	7	8
		10	7	8
		10	8	9

4. 알래스카 크루즈리조트 상품(캐나다)

알래스카 크루즈는 대자연의 아름다움을 느낄 수 있는 항로로서 여름철에 가장 인기 있는 크루즈 노선이다. 알래스카는 시원한 빙하와 깨끗한 공기, 그리고 야생이 그대로 보전되고 있는 마지막 프런티어로 4,300m 이상의 높이를 자랑하는 19개의 산봉우리와 3천 개 이상의 강, 3백만 개 이상의 호수를 자랑하고 있다.

알래스카는 한국시장에서 가장 많은 인기를 누리고 있는 크루즈 지역이며, 대부분 7박으로 운항되는 알래스카 크루즈는 3가지 일정으로 운항하게 된다. 밴쿠버에서 출발하여 앵커리지에 도착하는 일정인 노스바운드(northbound)와 앵커리지에서 출발하여 밴쿠버에 도착하는 사우스바운드(southbound), 그리고 밴쿠버에서 출발하여 밴쿠버에 도착하는 Glacier Bay코스로 되어 있다. 알래스카 크루즈의 주요 기항지로는 케치칸과 발데스 및 주노이며, 크루즈가 운항하는 시기는 5월에서 9월까지이며 성수기는 7월과 8월에 많은 크루즈관광객들이 이용을 한다.

5. 에게해 크루즈리조트 상품(그리스/터키)

에게해 크루즈는 신화와 역사를 느낄 수 있는 에듀테인먼트 상품이라고 볼 수 있으며, 그리스에서 터키의 서부연안에 이르는 에게해는 유구한 역사와 고대문명이 숨쉬는 곳으로 수세기를 거친 성당과 사원 및 옛 신전들의 유적이 있는 곳이다. 주로 아테네 근처의 피레우스항에서 출발하는 에게해 크루즈는 그리스 섬들과 터키 지역을 중심으로 이집트와 이스라엘 지역까지 운항을 하기도 한다. 신화와 역사를 느낄 수 있는 상품의 주요 기항지로는 그리스(산토리니, 미코노스, 크레타섬)와 터키(이스탄불, 이즈미르)가 있으며, 2월 말부터 11월 초까지 운항하게 된다.

6. 동남아 크루즈리조트 상품(아시아지역)

스타 클리퍼스(star clippers)는 그리스 아테네에서 태국 푸껫까지의 인도양 횡단상품과 태국의 푸껫을 출발하여 말레이시아와 태국 등의 관광지를 거쳐 다시 푸껫으로 돌아오는 크루즈관광상품을 판매하고 있다. 주로 장기간의 일정을 가진 대양횡단 크루즈상품에 포함된 상품으로서 동남아를 경유하는 형식의 크루즈관광상품은 유럽 혹은 미국인 관광객들을 겨냥하여 상품을 판매하고 있다.

동남아 지역을 운항하는 로얄캐리비안 인터내셔날의 크루즈관광상품은 중동지역을 출발하여 동남아의 한곳을 기항지로 하는 상품과 호주내륙 또는 연안을 출발하여 싱가포르까지 연결되는 상품이 있다.

동남아 크루즈는 누구나 부담 없이 즐길 수 있는 크루즈로서 연중 떠날 수 있어서 가장 쉽게 이용할 수 있다. 가까운 거리로 일주일 이내의 단기 일정이 가능하며, 골프라운딩 등 다양한 선택으로 모든 이에게 사랑받고 있는 지역으로 알려져 있다. 운항하는 크루즈의 주요 기항지로서 싱가포르, 홍콩, 말레이시아, 푸껫, 대만, 오키나와 등이 있으며, 누구나 언제나 이용할 수 있는 크루즈이기 때문에 항상 크루즈관광객을 기다리고 있다.

〈표 14-18〉 아시아지역 크루즈리조트 상품의 종류

선사명	선박명	기간(일)	코 스
Star Clippers	Star Flyer	7	푸껫~부탕그룹~페낭~고리페~코카이~페낭~시밀란섬~푸껫
		7	푸껫~코수린~코미안~코노록~랑카위~피피섬~팡가~푸껫
Star Cruises	Virgo	6	싱가포르~푸껫~랑카위~싱가포르~딕슨항~클랑항~싱가포르
		4	싱가포르~푸껫~랑카위~싱가포르
		3	싱가포르~딕슨항~클랑항~싱가포르
	Europe	8	램차방~회민시~콘손~코사무이~램차방~푸콕~램차방(태국, 베트남 일대)
		6	램차방~호치민시~콘손~코사무이~램차방~푸콕~램차방
		3	램차방~푸콕~램차방(태국, 베트남 일대)
	Superstar Taurus	7	부산~제주~상해~푸토산~고베~벳푸~후쿠오카(여름)
		5	부산~벳푸~고베~후쿠오카~제주~부산(봄, 가을)
		3	부산~벳푸~고베~후쿠오카~부산(겨울)
	Gemini	8	싱가포르~포트크랑~페낭~푸껫~랑카위~말라카~싱가포르
	LEO	6	홍콩~장지앙~하롱베이~홍콩~해난도~홍콩
		4	홍콩~장지앙~하롱베이~홍콩
		3	홍콩~해코우(해안도)~홍콩
RCCL	Temple & Treasures	21	싱가포르~쿠알라룸푸르~발리~코사무이~방콕~호치민시~보르네이~마닐라~홍콩
	Ancient Mariners	14	두바이~고아~쿠친~푸껫~페낭~쿠알라룸푸르~싱가포르
	Barrier Reef	17	시드니~브리스베인~발리~싱가포르

〈표 14-19〉 세계의 주요 크루즈리조트 상품현황

지 역	해당국가	상품명	주요 기항지
중남미	미국/베네수엘라 멕시코/바하마 도미니카공화국 등	카리브해크루즈	마이애미/포트로더데일
유럽	이탈리아 스페인 프랑스	지중해크루즈	베니스/제노바/나폴리 바르셀로나/팔마 마르세유
북유럽	노르웨이 덴마크 핀란드 러시아	피오르드와 러시아크루즈	오늘혼 코펜하겐/스톡홀름 헬싱키/폴림 비크
북미	캐나다	알래스카크루즈	밴쿠버/앵커리지
남유럽	그리스 터키	에게해크루즈	산토리니 미코소스 크레타섬 이스탄불
아시아	싱가포르 홍콩 태국 대만 일본	동남아크루즈	싱가포르/홍콩/푸껫/오키나와

자료 : 노윤구, 동해안 크루즈관광 타당성 연구, 대경연구원(참고용).

▲ 크루즈선

❊ 로얄캐리비안크루즈 객실비품

2층

❖ 내측 선실

내측 M
창문이 없는 선실, 주요 시설 : 침대, TV, 전화기, 욕실(샤워), 헤어드라이기, 안전 금고, 샴프,
비누, 바디로션, 옷장, 테이블, 온도조절장치, 전압 110/220V

내측 N
창문이 없는 선실, 주요 시설 : 침대, TV, 전화기, 욕실(샤워), 헤어드라이기, 안전 금고, 샴프,
비누, 바디로션, 옷장, 테이블, 온도조절장치, 전압 110/220V

내측 Q
창문이 없는 선실, 주요 시설 : 침대, TV, 전화기, 욕실(샤워), 헤어드라이기, 안전 금고, 샴프,
비누, 바디로션, 옷장, 테이블, 온도조절장치, 전압 110/220V

❖ 오션뷰 선실

라지오션뷰 I
창문(열리지 않음)이 있는 선실, 주요 시설 : 침대, TV, 전화기, 욕실(샤워), 헤어드라이기, 안전
금고, 샴프, 비누, 바디로션, 옷장, 테이블, 온도조절장치, 전압 110/220V

❖ 편의시설
△ 3인용 소파침대 선실
✱ 3인용 간이 침대(Pullman bed)선실
⊞ 3인 또는 4인용 간이 침대(Pullman bed) 선실
↕ 커넥팅 선실
♿ 장애자용 선실
◆ 소파침대 및 간이 침대(Pullman bed) 선실
⊞ 4인용 간이 침대(Pullman bed) 선실

✽ 로얄캐리비안크루즈 내부모습

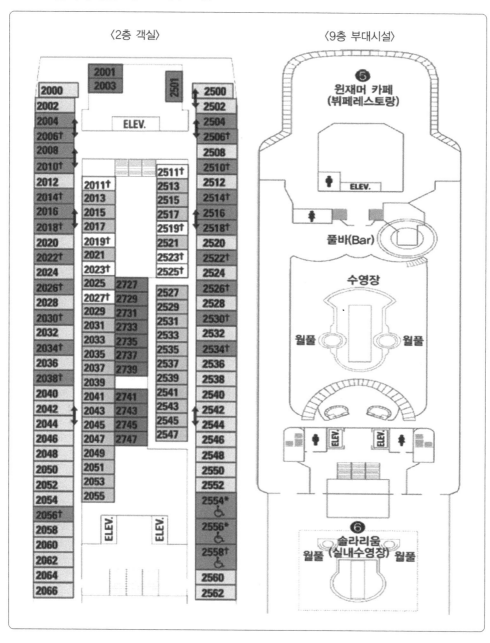

〈2층 객실〉　　　　　　　　　　　〈9층 부대시설〉

Breaktime : 크루즈 이야기

스코틀랜드 사업가 '아서 앤더슨'은 지금으로부터 170년 전인 1835년 『셰틀랜드 저널』에 색다른 광고를 실었다. 스코틀랜드 스트롬니스에서 배를 타고 아이슬란드를 거쳐 스페인의 태양을 즐기고 올 여행객들을 모집하는 광고였다. 당시로선 파격적인 발상이었다. 그렇게 시작된 크루즈여행도 초창기에는 손님이 직접 객실을 청소해야 할 만큼 그리 호사스럽지 않았다. 그러다 1914년 실내 수영장을 갖춘 아퀴타니호가 등장하며 점차 호화여행으로 발전했다.

▶ 1923년에는 2,200여 명의 승객을 태운 라코니아 2호가 4개월간 22개 항구를 돌아 세계 일주 크루즈라는 새 장(章)을 열었다. 대서양을 중심으로 운영되던 크루즈는 1958년 대서양 횡단 제트여객기의 등장에 타격을 받았다. 1936년에 선보인 크루즈의 대명사 8만 1,123톤급 '퀸 메리'호도 1967년 운항을 멈췄다. 크루즈업체들은 활로를 카리브해와 알래스카에서 찾았다. 지금은 세계 40여 개 크루즈선사가 지중해부터 피오르드까지 다양한 크루즈 항로를 운영하고 있다.

▶ 크루즈선(船)은 '물' 위의 '리조트'라고 불린다.
최고급 배는 5성급 호텔보다 화려하다. 수영장, 스파, 카지노, 다양한 식당, 극장, 공연장은 물론 스케이트장을 갖춘 배도 있다. 대부분 객실은 크기와 창문의 유무에 따라 값이 크게 차이난다, 기항지마다 내려 자기 입맛에 따라 관광이나 레저를 즐기는 '옵션투어'를 하고 다시 배에 오르는 방식이다. 짐을 풀었다 꾸렸다 하지 않고 한 번에 여러 곳을 둘러보는 게 장점이다.

▶ 2010년 4월에 취항한 7만 톤급 호화 크루즈선 '레전드'호가 부산항 국제크루즈터미널에 입항했다. 우리나라 관광객 500여 명을 태우기 위해서이다. 중국 상하이와 일본 가고시마, 나가사키, 후쿠오카를 7박 8일 도는 비용이 95만~257만 원이다.

▶ 우리나라 크루즈여행 규모가 2011년에 16만 명, 2020년에는 28만 명으로 늘어난다고 한다. '조선산업의 꽃'이라는 크루즈선 시장에서도 국내업체가 두각을 나타내고 있다. STX계열사인 STX유럽이 지난해 세계 최대인 22만 톤급 '오아시스 오브 더 시즈'를 건조했다. 소득이 늘고 살림이 나아지면서 '영화 속 이야기'인 줄 알았던 크루즈여행이 우리나라에서도 대중화의 길을 걷기 시작했다.

자료 : 조정훈 논설위원(조선일보, 2010.3.26일자)

제 15 장

카지노리조트

리조트산업의 이해

제1절 카지노리조트의 개요

1. 카지노리조트의 개념

카지노(Casino)의 어원은 도박, 음악, 쇼, 댄스 등 여러 가지의 오락시설을 갖춘 연회장이라는 의미의 라틴어 'Casa'에서 유래되었다. 당시의 '까샤'는 르네상스 귀족시대의 귀족이 소유하고 있었던 사교, 오락용의 별관을 뜻하였으나, 현재는 해변이나 온천리조트 등에 있는 실내도박장으로 변화되었다.

1) 한국의 법률적 카지노 정의

한국에서는 「관광진흥법」 제3조제1항제5호의 규정에 의거, 카지노업이란 "전문영업장을 갖추고 주사위·트럼프·슬롯머신 등 특정한 기구 등을 이용하여 우연의 결과에 따라 특정인에게 재산상의 이익을 주고 다른 참가자에게 손실을 주는 행위 등을 하는 업"으로 정의하고 있다.

2) 카지노리조트의 개념

카지노리조트는 카지노를 중심으로 다양한 부대시설을 갖추고 관광과 휴양, 레저 등을 즐길 수 있도록 만들어진 복합레저단지를 말한다.

2. 카지노리조트의 발달과정

카지노리조트는 중세유럽 귀족사회의 사교수단으로 시작되어 전 세계로 확산되었다. 1931년 미국 네바다주에서 카지노사업이 최초로 합법화되었으며 그 이후 미국의 여러 주에서도 합법화를 시행하는 제도로 정착되어 왔다.

3. 세계 카지노리조트의 동향

세계 카지노리조트는 미국이 1,200여 개의 카지노(2009년 12월 말 기준)를 가지고 있으며 세계 1위의 카지노 대국이다. 미국을 중심으로 각국별 카지노업체의 경쟁이 심화되고 있으며, 카지노를 중심으로 한 부대시설의 확장으로 고객유치를 위한 경쟁이 심화되고 있다. 특히 일본의 경우 갬블과 카지노의 도입을 합법화하지 않는 나라이지만 카지노 도입을 검토하고 있으며, 중국과 대만에서도 카지노 도입을 고려하는 것으로 나타나고 있다.

〈표 15-1〉 세계적인 카지노 상위 10위업체

순 위	테이블		슬롯머신		호텔객실	
	대	회사명	대	회사명	실	회사명
1	426	겐팅하이랜드 (말레이시아)	7,374	폭스우드 (미국)	8,000	겐팅하이랜드 (말레이시아)
2	350	크라운카지노 (호주)	6,300	모히간 선 (미국)	5,049	베네치안 (미국)
3	311	포스우드 (미국)	4,800	트럼프타지마할 (미국)	5,034	MGM그랜드 (미국)
4	277	샌즈 마카오 (마카오)	4,704	소아링이글 (미국)	4,460	만딜레이베이 (미국)
5	252	모하간 선 (미국)	4,495	트로피카나 (미국)	4,407	룩소 (미국)
6	200	스타씨티 (호주)	4,200	하리스애틀랜틱 (미국)	4,299	서커스서커스 (미국)

순위	테이블		슬롯머신		호텔객실	
	대	회사명	대	회사명	실	회사명
7	200	윈 라스베이거스 (미국)	3,970	소보트애틀랜틱 (미국)	3,991	엑스칼리버 (미국)
8	191	윈햄엘콘퀴스타 (푸에르토리코)	3,700	미스트레이크 (미국)	3,565	플라밍고 (미국)
9	164	MGM그랜드 (미국)	3,640	보고타체로키 (미국)	3,408	벨라지오 (미국)
10	150	나이아가라뷰 (캐나다)	3,600	하리스체로키 (미국)	3,211	벨라지오 (미국)
강원 랜드	150	세계 21위	960	세계 296위	673	세계 104위

자료 : 강원랜드.

제2절 미국의 카지노리조트 현황

1. 미국 카지노리조트의 역사

미국은 1827년 존 데이비스(John Davis)에게 미국 카지노 역사상 최초로 합법화된 도박장인 '크레센트 시티하우스(crecent city house)'를 개설하도록 허가하였다. 그 후 1931년 네바다주에서 주의 재정확충을 위해 갬블링(gambling)을 합법화시켰으며, 이로 인해 네바다주 라스베이거스를 중심으로 크고 작은 도박장들이 대거 탄생하게 되었다.

2. 미국의 카지노리조트 현황

미국에서 카지노리조트가 가장 발달한 지역이 네바다주 라스베이거스 지역과 뉴저지주의 애틀랜틱시 지역이다. 네바다주는 1931년에, 애틀랜틱시는 1978년에 카지노가 문을 열었다.

189

〈표 15-2〉 미국 네바다주 라스베이거스의 주요 카지노시설 현황

카지노명	객실수	카지노 시설	유흥시설
Caesars Palace	1,772	• 슬롯머신 : 2,500 • 테이블게임 : 126 • 포커테이블 : 18 • 키노, 레이스&스포츠북	• 라운지쇼 • 쇼룸 • 옴니맥스영화관
Circus Circus	2,800	• 슬롯머신 : 2,578 • 테이블게임 : 105 • 포커테이블 : 18 • 키노, 레이스&스포츠북	• 실제 서커스공연 • 스카이 셔틀 • 어린이 게임시설 • 그랜드슬램캐넌 스릴타기
MGM Grand	5,009	• 슬롯머신 : 3,500 • 테이블게임 : 165 • 포커테이블 : 20 • 키노, 레이스&스포츠북	• 대형극장 • 대형행사장 • 테마공원 : 33에이커
Mirage	3,049	• 슬롯머신 : 2,275 • 테이블게임 : 123 • 포커테이블 : 31 • 키노, 레이스&스포츠북	• 지그프리드&로이 대극장 • 화산폭발장면 • 열대우림 • 대형수족관 • 백호서식지
Excalibur	4,308	• 슬롯머신 : 3,024 • 테이블게임 : 113 • 포커테이블 : 20 • 키노, 레이스&스포츠북	• 어린이놀이시설 • 공연장(좌석 : 1,000) • 영화관 • 중세마을
Flamingo Hilton	3,530	• 슬롯머신 : 1,600 • 테이블게임 : 80 • 포커테이블 : 6 • 키노, 스포츠북	• 쇼룸 • 라운지 엔터테인먼트
Golden Nugget	1,805	• 슬롯머신 : 1,140 • 테이블게임 : 66 • 포커테이블 : 6 • 키노, 레이스&스포츠북	• 쇼룸 • 세계 최고급 카바레 • 포코토너먼트
Imperial Palace	2,700	• 슬롯머신 : 1,963 • 테이블게임 : 46 • 포커테이블 : 7 • 키노, 레이스&스포츠북	• 극장식 공연장 • 희귀한 골동품 • 200여 종의 자동차 수집
Treasure Island	2,688	• 슬롯머신 : 불명시 • 테이블게임 : 불명시 • 포커테이블 : 불명시	• 해적선 공연

　　뉴저지주에서는 쇠퇴하고 있는 애틀랜틱시를 개발하고 고용증대를 목적으로 개장하였으며, 현재 동부 연안의 가장 큰 카지노관광지가 되었다. 특히 여가생활의 일부분인 기분전환으로 카지노를 이용하므로 단순한 슬롯머신 게임을 찾고 있다.

〈표 15-3〉 뉴저지주 애틀랜틱시 주요 카지노업체 및 게임시설

카지노명	객실수	카지노 면적	카지노시설
Harrah	760	5,686 sq. m.	① 슬롯머신 : 1,926 ② 테이블게임 : 97 ③ 포커테이블 : 8~10
Trump's Castle	703	5,817 sq. m.	① 슬롯머신 : 1,803 ② 테이블게임 : 83 ③ 포커테이블 : 12
Trump's Plaza	556	5,576 sq. m.	① 슬롯머신 : 1,724 ② 테이블게임 : 87
Trump's Taj Mahal	1,250	11,152 sq. m.	① 슬롯머신 : 2,910 ② 테이블게임 : 161 ③ 포커테이블 : 58
Bally's Park Place	1,201	5,988 sq. m.	① 슬롯머신 : 1,897 ② 테이블게임 : 97 ③ 포커테이블 : 18~20

제3절 유럽의 카지노리조트 현황

　　유럽은 카지노 역사가 가장 오래된 지역이다. 그러나 엄격한 회원제로 관리·운영되고 있는 관계로 미국과 같이 대규모의 상업적인 카지노로 성장하지 못하고 있다. 유럽에서 카지노가 합법적으로 운영되고 있는 국가는 영국, 프랑스, 독일, 오스트리아, 스페인, 터키이다.

1. 영국의 카지노리조트 현황

영국은 1960년에 카지노가 합법적으로 인정되었으며 세계에서 카지노산업의 중심국가로 성장 발전되었다. 현재 130여 개가 운영되고 있으며 미국, 프랑스 다음으로 규모가 크다.

2. 프랑스의 카지노리조트 현황

프랑스의 카지노도 영국 못지않게 오랜 전통을 가지고 있다. 그러나 미국처럼 대규모로 운영되기보다는 소규모로 운영되어 왔으며 1907년에 카지노가 합법적으로 되었으나, 카지노법규가 엄격하여 활성화되지 못하다가 1987년 법의 개정에 따라 활성화되었다. 프랑스는 카지노업 허가요건으로 인구 50만 이하의 소도시나 해안지역 또는 스키장 등이 있는 산악지형을 허가하며 카지노업장이 들어서면 정부의 엄격한 감독과 지시를 받고 철저한 회계감사로 탈세와 폭리를 취할 수 없도록 되어 있다.

특히 프랑스 카지노업체들은 매월 예상수입의 58%를 세금으로 미리 납부하고 연말에 정산을 하며 도박장이라기보다는 고용창출 장소로 인식되고 있다.

⣿ 제4절 오세아니아주의 카지노리조트 현황

1. 호주의 카지노리조트 현황

호주에는 엄격한 카지노법이 존재한다. 정부에서 독점적으로 운영함으로써 카지노 면허비와 관련 세금 등을 강력히 부과하며 호주의 주요 관광지 도시에 카지노장이 있다. 특히 호주 내 인구밀집지역이며 교통의 요충지인 시드니와 멜버른에 전체 카지노의 40%가 밀집되어 있다.

〈표 15-4〉 **호주의 카지노리조트 현황**

위 치	이 름	슬롯머신수	테이블수
Adelaide	Adelaide	750	93
Alice Springs	Lasetters	196	21
Brisbane	Treasury	1,224	102
Cairns	Reef	450	45
Canberra	Canbera	0	39
Christmas Island	Christmas Island	50	27
Darwin	Diamond Beach	386	35
Gold coast	Jupitors	998	112
Hobart	Wrest Point	272	40
Launceston	Country Club	188	25
Melbourne-Temporary	Galleria	1,200	130
Perth	Burswood	1,128	115
Sydney-Permanent	Sydney Harber	1,500	200
Sydney-Temporary	-	500	150
Townsville	Breakwater	182	34

자료 : Arthur Andersen.

2. 뉴질랜드의 카지노리조트 현황

뉴질랜드에는 1996년에 '오클랜드 스카이시티(Auckland sky city)'카지노사가 개설되었으며, 뉴질랜드 최초의 카지노는 'South Island'이며 런던 'Aspinall'카지노의 경영자가 설립하였다.

제5절 아시아의 카지노리조트 현황

1. 마카오의 카지노리조트 현황

마카오의 카지노산업은 '동양의 라스베이거스'라고 할 정도로 활성화되어 있으며 정부예산 전체 수입의 40% 정도를 차지하고 있다. 카지노 수입으로 마카오의 경제를 이끌어가고 있으며 아시아의 카지노산업 중심으로 자리매김하고 있다.

2. 필리핀의 카지노리조트 현황

필리핀의 카지노산업은 정부에서 직접 관장하고 있다. 정부 직영체제를 유지하기 위해 국영기관인 PAGCOR(Philippine Amusement and Gaming Corporation)사를 설립하여 필리핀 전체 카지노 운영권을 담당하고 있으며 일부는 외국인에 의해서 운영되고 있다.

〈표 15-5〉 **아시아 국가별 카지노 현황**

국 명	현 황	비 고
캄보디아	Snake섬에 외국인 전용 카지노장이 정부로부터 개설됨	경마와 복권 불법
홍콩	모든 도박업은 Royal Hong Kong Jockey Club(비영리회)에서 운영권을 가지고 있다.	
인디아	고아(Goa)지역에 카지노장이 있다.	경마와 복권 허용
인도네시아	카지노가 법적으로 금지는 아니나 회교주의자들이 반대하고 있다.	
일본	18,000개의 파친코가 있다. 카지노바에서 소규모 테이블 게임만 제공(블랙잭, 룰렛, 바카라)	준카지노 허용
라오스	카지노리조트 지역이 메콩강 주변에 생겨났다.	
마카오	아시아의 라스베이거스라 불린다. 현재 9개의 카지노 영업장이 있다. (스탠리 호 씨가 모든 카지노장을 소유하고 있다.)	

국 명	현 황	비 고
말레이시아	겐팅하이랜드리조트 1곳에 영업 겐팅하이랜드리조트의 영업장에 35개의 테이블과 1,600개의 슬롯머신이 있다.	경마와 복권 허용/ 이슬람 교인들의 허용 불가
네팔	카트만두지역의 카지노는 아시아에서 가장 오래된 카지노장이다(1968년에 시작). 네팔 레크리에이션 센터에서 운영하는 3개의 카지노장이 추가로 있다. 이 지역은 인디아 사람들이 주고객이다.	경마와 복권 허용
필리핀	12개의 카지노장이 있다. Philippine Amusement and Gaming Corporation(PAGCOR)사에서 10개의 카지노장을 직영하고 그중 2개소는 외국인이 운영	경마, 복권, 닭싸움, 농구 및 jai alai 허용
싱가포르	육상에서의 카지노는 금지, 선상 카지노는 주말에만 허용	경마와 복권 허용
스리랑카	카지노장이 폐쇄됨	
대만	도박업 금지(불법영업이 성행)	
티니안	미국의 Long Star group이 개발 중에 있음	
태국	카지노업 금지	경마, 복권, 닭싸움 허용
베트남	하이퐁 지역에 카지노장	

제6절 한국의 카지노리조트 현황

1. 한국의 카지노 역사

우리나라 카지노 설립의 법적 근거가 된 최초의 법률은 1961년 11월 1일 제정된 「복표발행 현상기타사행 행위단속법」이다. 이와 같은 법적 근거에 따라 외래관광객 유치를 위한 관광산업 진흥정책의 일환으로 카지노의 도입이 결정되어 1967년에 인천 올림포스호텔 카지노가 최초로 개설되었고, 그 다음해에 주한 외국인 및 외래관광객 전용의 위락시설(게임시설)로서 서울에 워커힐호텔 카지노가 개장되었다.

그런데 1969년 6월에는 「복표발행 현상기타사행 행위단속법」을 개정하여 이때까지 카지노에 내국인출입을 허용했던 것을, 이후로는 카지노 내에서 내국인을 상대로 사행행위를 하였을 경우 영업행위의 금지 또는 허가취소의 행정조치를 취할 수 있게 함으로써 내국인 출입이 제한되고, 외국인만을 출입시키는 법적 근거가 마련되었다.

1970년대에 들어 카지노산업이 주요 관광지에 확산되어 4개소가 추가로 신설되었으며, 1980년대에 2개소가 추가 신설되었고, 1990년대에는 5개소가 신설되었으며, 2005년 1월에는 한국관광공사 자(子)회사에 3개소의 카지노를 신규허가하였다. 이로써 우리나라의 외국인전용 카지노는 2024년 말 기준으로 전국에 13개 법인, 17개 영업장이 운영 중에 있으며, 내국인 출입 카지노는 강원랜드 카지노 1개소가 운영 중에 있다.

카지노업은 1994년 8월「관광진흥법」개정으로 관광사업의 한 종류로 규정됨으로써 이때부터 문화체육관광부에서 허가권과 지도·감독권을 갖게 되었다. 다만, 제주도에는 2006년 7월부터「제주특별자치도 설치 및 국제자유도시 조성을 위한 특별법」이 제정·시행됨에 따라 제주특별자치도에서 외국인전용 카지노업을 경영하려는 자는 제주도지사의 허가를 받아야 한다.

2. 한국의 카지노리조트 현황

한국의 카지노리조트는 서울지역에 (주)파라다이스가 운영하는 워커힐카지노가 1968년에 허가를 받은 후 현재까지 영업하고 있으며, 2024년 기준으로 종업원 968명, 연간매출액이 약 3천5백억 원 규모로 전국 16개의 외국인전용 카지노업장 중에서 가장 규모가 크고 오래된 한국의 대표적 카지노라고 할 수 있다. 그 외에 서울지역 2개소, 부산 2개소, 대구 1개소, 인천 2개소, 강원 1개소, 제주 8개소가 있다. 그리고 내국인 출입 허용카지노는 유일하게 강원랜드카지노가 있으며, 강원도 정선군에 소재하고 있다. 강원랜드카지노는 태백, 정선지역의 폐광지역 개발촉진을 위해 2000년 10월 28일 스몰카지노로 개장을 하고 2003년 3월 28일에는 메인카지노를 개장하여 현재까지 운영하고 있다. 카지노 종사자는 외국인 대상 17개 카지노에 6,683명, 강원랜드카지노에 2,077명으로 총 8,760명의 종사자가 카지노에서 근무하고 있다. 우리나라 카지노를 찾는 외국인들은 중국, 일본, 대만, 싱가포르, 홍콩, 말레이시아 등 동남

아지역 외국인이 대부분이며 최근에는 미주나 유럽 등지에서 오는 관광객들도 카지
노 이용이 점차 늘고 있는 추세이다.

〈표 15-6〉 시·도별 카지노업체 현황

(단위 : 명, 백만 원, m²)

시·도	업체명 (법인명)	허가일	운영형태 (등급)	종업원 수	2023 매출액	2023 입장객 수	허가 면적(m²)
서울	파라다이스카지노 워커힐 [(주)파라다이스]	'68.03.05	임대 (5성)	968	354,482	423,304	2,694.23
	세븐럭카지노 강남코엑스점 [그랜드코리아레저(주)]	'05.01.28	임대 (컨벤션)	893	192,143	262,789	2,158.32
	세븐럭카지노 서울드래곤시티점 [그랜드코리아레저(주)]	'05.01.28	임대 (5성)	525	151,683	397,984	2,137.20
부산	세븐럭카지노 부산롯데점 [그랜드코리아레저(주)]	'05.01.28	임대 (5성)	337	53,524	129,052	1,583.73
	파라다이스카지노 부산지점 [(주)파라다이스]	'78.10.29	임대 (5성)	265	46,199	78,186	1,483.66
인천	파라다이스카지노 (파라다이스시티) [(주)파라다이스세가사미]	'67.08.10	직영 (5성)	852	329,132	298,076	8,726.80
강원	알펜시아카지노 [(주)지바스]	'80.12.09	임대 (5성)	5	0	73	632.69
대구	호텔인터불고대구카지노 [(주)골든크라운]	'79.04.11	임대 (5성)	154	21,965	70,376	1,485.24
제주	공즈카지노 [길상창휘(유)]	'75.10.15	임대 (5성)	65	1,188	4,129	1,604.84
	파라다이스카지노 제주지점 [(주)파라다이스]	'90.09.01	임대 (5성)	187	14,810	47,327	1,159.92
	세븐스타카지노 [(주)청해]	'91.07.31	임대 (5성)	170	25,888	17,926	1,175.85
	제주오리엔탈카지노 [(주)건하]	'90.11.06	임대 (5성)	50	2,149	5,885	865.25

시·도	업체명 (법인명)	허가일	운영형태 (등급)	종업원 수	2023 매출액	2023 입장객 수	허가 면적(㎡)
제주	드림타워키지노 (제주드림타워) [(주)엘티엔터테인먼트]	'85.04.11	임대 (5성)	742	189,691	266,864	5,529.63
	제주썬카지노 [(주)지앤엘]	'90.09.01	직영 (5성)	63	727	6,237	1,509.12
	랜딩카지노 (제주신화월드) [람정엔터테인먼트코리아(주)]	'90.09.01	임대 (5성)	311	23,263	58,169	5,641.10
	메가럭카지노 [(주)메가럭]	'95.12.28	임대 (5성)	33	203	707	1,347.72
12개 법인, 16개 영업장(외국인 전용)			직영 : 2 임대 : 14	5,620	1,407,047	2,067,084	39,735.3
강원	강원랜드카지노 [(주)강원랜드]	'00.10.12	직영 (5성)	2,077	1,320,219	2,413,082	15,481.19
13개 법인, 17개 영업장(내·외국인)			직영 : 3 임대 : 14	7,697	2,727,266	4,480,166	55,216.49

주: 종사원 수 – 수시변동, 면적 – 전용영업장 면적
자료: 한국카지노업관광협회: 문화체육관광부, 2023년 12월 31일 기준

3. 한국 카지노리조트산업의 경제효과

카지노리조트는 해당 호텔과 그 지역의 고객유입효과로 인하여 매출증대에 기여하는 바가 매우 크다. 카지노 이용고객은 호텔 내의 객실이나 식음료, 기타 부대시설 등을 이용하기 때문에 카지노호텔리조트 전체 매출액을 증대시킨다. 서울지역 A호텔카지노의 경우 카지노수입이 전체 매출액의 55%, 객실수입 10%, 식음료수입 19%, 기타 수입 16%로 나타나는 것을 보더라도 카지노의 매출비용을 짐작할 수 있다.

⠿ 제7절 카지노게임의 종류와 방법

1. 카지노게임의 종류

카지노게임은 크게 Table Game과 Machine Game의 2가지로 나누어진다. 테이블게임은 딜러(Dealer)와 고객(Player)이 테이블 위에서 카드나 주사위, 구슬 등 게임도구를 가지고 게임하는 것을 말하며 머신게임은 슬롯머신(Slot Machine), 비디오게임(Video Game)과 같이 테이블을 이용하지 않고 게임하는 것을 말한다. 우리나라 카지노에는 테이블게임이 많은 편이며 그중에서도 룰렛(Roulette), 블랙잭(Blackjack), 바카라(Baccarat), 다이사이(Tai Sai)가 테이블게임의 중요 게임이라고 할 수 있다.

▲ 룰렛

▲ 블랙잭

▲ 바카라

▲ 다이사이

2. 카지노게임의 종류와 개요

〈표 15-7〉 카지노게임의 종류

「관광진흥법 시행규칙」 제35조제1항 관련 〈별표 8〉)

게임명칭	게임개요
1. 룰렛 (Roulette)	딜러가 수십 개의 고정 숫자가 표시된 회전판을 회전시키고 그 회전판 위에 회전과 반대 방향으로 공을 회전시킨 후, 그 공이 낙착되는 숫자를 알아맞힌 참가자에게 소정의 당첨금을 지불하는 방식의 게임
2. 블랙잭 (Blackjack)	딜러가 자신과 게임 참가자에게 카드를 순차로 배분하여 카드 숫자의 합이 21에 가깝도록 만들되, 딜러가 가진 카드의 숫자의 합과 참가자가 가진 카드의 숫자의 합을 비교하여 그 카드숫자의 합이 가까운 자가 승자가 되는 방식의 게임
3. 다이스 (Dice, Craps)	참가자가 2개의 주사위를 던져 주사위의 합이 참가자가 미리 선정한 숫자와 일치되는지의 여부로 승패를 결정하는 방식의 게임
4. 포커 (Poker)	딜러가 참가자에게 일정한 방식으로 카드를 분배한 후 미리 정해진 카드 순위(포커랭 순위)기준에 따라 참가자 중 가장 높은 순위의 카드를 가진 참가자가 우승자가 되는 방식의 게임
5. 바카라 (Baccarat)	딜러가 양편으로 구분되는 참가자에게 각각 카드를 분배한 후 양측 중 카드숫자의 합이 9에 가까운 측을 승자로 결정하는 방식의 게임
6. 다이 사이 (Tai Sai)	딜러가 셰이커(주사위를 흔드는 기구) 내에 있는 주사위 3개를 흔들어 주사위가 나타내는 숫자의 합 또는 조합을 알아맞히는 참가자에게 소정의 당첨금을 지불하는 방식의 게임
7. 키노 (Keno)	참가자가 선정한 수개의 번호가 딜러 자신의 특정한 기구에서 추첨한 수개의 번호와 일치하는 정도에 따라 소정의 당첨금을 지불하는 방식의 게임
8. 빅휠 (Big Wheel)	딜러가 다수의 칸막이에 각 양의 심벌(Symbol)이 그려져 있는 세로로 세운 회전판을 돌려 회전판이 멈추는 지점의 심벌을 알아맞히는 참가자를 승자로 결정하는 방식의 게임
9. 빠이 까우 (Pai Cow)	딜러가 참가자 중에서 선정된 특정인(뱅커)과 다른 참가자들에게 일정한 방식으로 도미노를 분배하여 뱅커와 다른 참가자들 간에 높은 도미노패를 가진 쪽을 승자로 결정하는 방식의 게임
10. 판탄 (Fan Tan)	딜러가 버튼(단추모양의 기구)의 무리에서 불특정량을 분리하여 그 수를 4로 나누어 남은 나머지의 수를 알아맞히는 참가자를 승자로 결정하는 방식의 게임
11. 조커 세븐 (Joker Seven)	딜러가 참가자에게 카드의 순차로 분배하여 그 카드의 조합이 미리 정해 놓은 조합과 일치하는지 여부에 따라 승패를 결정하는 방식의 게임
12. 라운드 크랩스 (Round Craps)	게임 참가자 중에서 주사위를 던지는 사람을 선정한 후 3개의 주사위를 던져서 나타내는 주사위 숫자의 합 또는 조합이 참가자가 미리 선정한 숫자나 조합과 일치하는지 여부에 따라 승패를 결정하는 방식의 게임

200

게임명칭	게임개요
13. 트란타 콰란타 (Trent Et Quarante)	딜러가 양편으로 구분되는 참가자에게 각각 카드를 분배한 후 양측 중 카드숫자의 합이 30에 가까운 측을 승자로 결정하는 방식의 게임
14. 프렌치 볼 (French Boule)	딜러가 일정한 숫자가 표시된 홈이 파인 고정판에 공을 굴린 후 그 공이 정지되는 홈의 숫자를 알아맞히는 참가자에게 소정의 당첨금을 지불하는 방식의 게임
15. 차카락 (Chuck-A-Luck)	딜러가 주사위를 특정한 용구에 넣고 흔들어 나타난 숫자를 알아맞힌 참가자에게 소정의 당첨금을 지불하는 방식의 게임
16. 슬롯머신 (Slot Machine) 17. 비디오게임 (Video Game)	슬롯머신과 비디오게임을 머신게임이라 하고 카지노업영업준칙 제6장 머신게임에 상세히 규정되어 있음
18. 빙고 (Bingo)	카지노영업준칙 제28조 관련 게임기구의 종류(별표1)에서 사용기구는 빙고티켓, 빙고보드, 빙고머신을 사용하는 게임으로 카지노영업준칙 제10조 관련 게임종류별 개별규칙 16항에 규정해 놓고 있음
19. 마작 (Mah-jong)	마작이란 고객이 14개 패를 갖고 3개씩 조를 맞추어 보면 나중에 3개씩 4개조가 되면 완성패가 되어 판이 모두 끝나게 되는 게임이다.
20. 카지노워 (Casino War)	카지노워란 단순한 게임이며 플레이어와 딜러 중 높은 숫자의 카드를 가지는 쪽이 이기는 게임을 말한다. 만약 고객과 딜러에게 같은 숫자가 나오는 경우 고객과 딜러는 각각 추가 베팅한 후 다음 카드에서 나오는 숫자가 높은 쪽이 승리하게 된다.

〈표 15-8〉 국가별 카지노사업 현황

국가명	주요 내용
미국	• 1930년 네바다주의 라스베이거스가 시작 • 1990년대 폭발적으로 카지노 인구 증가 • 29개 주에서 카지노 승인, 10개 주에서 합법화 추진
캐나다	• 7개 주에서 44개의 카지노가 영업 중
아르헨티나	• 24개의 카지노가 운영 중 • 이 중 22개가 중앙정부 또는 지방정부 소유
프랑스	• 1907년 이후부터 온천과 휴양지 지역으로 한정시킴 • 현재 140개의 카지노가 운영 중(유명 카지노 12개가 매출액의 60%를 점유하고 있음) • 1987년 이후 게임종류와 카지노를 현대화하였음
영국	• 1960년 카지노산업이 합법화됨 • 130여 개의 카지노가 운영 중이며, 엄격한 회원제로 관리 • 18세 이상이면 회원신청이 가능
독일	• 18세기 중엽부터 온천도시를 중심으로 운영되기 시작(바덴바덴과 비스바덴 온천도시에서 시작) • 14개 주에서 38개 카지노가 운영 중
스페인	• 1977년 카지노가 합법화 • 25개 카지노가 운영 중
오스트리아	• 1922년 세입목적으로 온천이나 휴양지에 허가 시작 • 12개 업체 중 오스트리아연방공화국이 2/3의 지분 소유
뉴질랜드	• 1990년 「카지노 규정방안」 통과 • 현재 4개 업체가 운영 중
호주	• 미국 카지노회사와 합작으로 운영하는 형태 증가 • 현재 12개 업체가 운영 중
일본	• 카지노는 공식적으로 인정되지 않고 있음 • 준카지노 형태인 카지노바(Casino Bar)가 500여 개 성행
필리핀	• 1987년 제정확보 차원에서 도입 • 10개 업체 중 8개 업체를 정부가 관리
중국(마카오)	• 마카오의 관광수입 중 카지노가 20% 점유 • 9개 업체를 정부에서 관리·운영

자료 : 오수철 외 3인 공저, 『카지노경영론』(서울 : 백산출판사, 2015), pp. 71~86, 참고 저자 작성함.

제 16 장

마리나리조트

리조트산업의 이해

제1절 마리나리조트의 개념

1. 마리나리조트의 개념

마리나(Marina)의 의미는 라틴어로 '해변의 산책길'에서 유래되었다. 따라서 마리나리조트의 개념을 정리해 보면 '레저용 선박을 위한 정박계류시설과 요트클럽하우스, 선착장, 호텔, 쇼핑센터, 다이빙시설, 선상낚시, 요트수리 및 보관소, 급유소, 주차장 등을 갖춘 종합적인 해양레저시설'의 총칭이다.

2. 마리나리조트시설의 종류

1) 기본시설

- 외곽시설(방파제, 인양시설), 수역시설(항로, 정박지, 선류장)
- 계류시설(안벽, 부잔교, 계선부표), 임항교통시설(도로, 주차장)

2) 기능시설

- 보관시설(주정장, 보트창고), 상하가시설(경사로, 크레인, 리프트)
- 보급시설(급유 · 급수 · 급전시설, 수리 · 세정시설)

● 여객시설(대합실, 매표소), 안전시설(항로표지, 구조정) 등

3) 서비스 편의시설

● 숙박시설
● 상업시설(매점, 장비·도구판매 대여점, 기념품점)
● 캠프장(오토캠핑장)

4) 관람시설

● 전시장(수족관, 해양박물관)
● 공연장(연주, 음악회)

〈표 16-1〉 **마리나리조트시설의 종류**

시설구분	시설 종류	시설 내용
기본시설	외곽시설	방파제, 인양시설(크레인, 보트리프트)
	수력시설	항로, 정박지, 선류장
	계류시설	안벽, 부잔교, 계선부표
	임항교통시설	도로, 주차장
기능시설	보관시설	주정장, 보트창고
	상하가시설	경사로, 크레인
	보급시설	급유·급수시설, 급전시설, 수리·세정시설
	여객시설	대합실, 매표소
	안전시설	항로표지, 구조선
서비스편의시설	숙박시설	호텔, 콘도, 펜션, 맨션, 유스호스텔
	클럽하우스	매점, 기념품점, 장비도구판매대여점(요트, 구명조끼, 낚시도구 등), 탈의실, 보관함, 휴게실, 식당, 보건실 등
	캠프장	오토캠핑장
관람시설	전시장	수족관, 해양박물관
	공연장	연주, 음악회, 오페라

3. 마리나선박의 종류

1) 세일링 요트

- 딩기요트(자연의 바람, 돛을 100% 이용하여 활동하는 선박)
- 크루즈요트(선실과 주방, 입·출항용 보조동력 엔진을 구비한 선박)

2) 엔진부착 보트

- 유틸리티보트(선체에 선외기만 부착한 선박)
- 모터보트(엔진을 구비한 레저용 선박 : 레이싱, 모터크루저 등)
- 고무보트(공기주입에 의해 선채를 형성해서 선외기 엔진을 부착)

3) 기타

- 윈드서핑용 선박, 수상오토바이, 카누 등

〈표 16-2〉 **마리나선박의 종류와 특성**

선박 구분	선박 종류	특 성
세일링요트	딩기(dinghy)요트	자연의 바람, 돛을 100% 이용하여 움직이는 선박
	크루즈요트	선실과 주방, 입/출항용 보조동력엔진을 구비한 선박
엔진부착요트	유틸리티보트	선체에 선외기만 부착한 선박
	모터보트	엔진을 구비한 레저용 보트(레이싱, 모터크루저 등)
	고무보트	공기주입에 의해 선체를 형성하여 선외기 엔진을 부착
기타	윈드서핑용 보트	바람을 이용하는 소형보트
	수상오토바이	엔진부착 고속보트
	카누	단체로 노를 젓는 이동 보트
	제트스키	수상에 고속용 보트, 모터 부착

∷ 제2절 마리나리조트의 기능

(1) 계류기능

계류기능은 마리나리조트의 가장 기본적인 시설로서 정온수역과 보트를 고정하기 위한 시설이다.

(2) 보관기능

- 수면보관 : 부잔교 등의 계류시설에 보트를 계류하여 보관하는 방법
- 육상보관 : 보트를 육상의 선박야드나 선박창고에 보관하는 방법

(3) 상하가기능

육상보관 및 보트의 수리, 보수, 점검 등을 위한 크레인 시설

(4) 수리 및 점검기능

보팅의 안전 확보를 위한 보트의 수리, 점검시설 기능

(5) 보급 및 청소기능

보관선박이나 방문자선박을 위한 물, 연료, 식료 등 보급. 쓰레기, 폐유 등의 폐기물 처리를 위한 청소시설 및 보트를 세정하기 위한 세정시설

(6) 숙박 및 휴식기능

마리나리조트의 이용객을 위한 숙박 및 휴식시설

(7) 정보제공기능

Pleasure Boat 활동을 위한 장기휴가객을 위한 인근 숙박정보제공 기능

(8) 연수 및 교육기능

딩기(Dinghy)요트 등의 요트강습회 개최 및 부속시설로서의 연수원 교육시설

(9) 안전관리기능

마리나 이용선박의 항해 중 안전확보를 위한 입·출항관리, 감시정에 의한 순찰 실시

(10) 문화교류기능

마리나리조트를 중심으로 한 지역교류 거점역할을 위한 해양박물관, 자료관 등의 문화시설과 전시·공연장을 통한 지역 간, 국가 간의 친선과 문화교류기능

제3절 마리나의 분류

마리나는 천연적인 자연조건에 의한 섬이나 바위 등에 둘러싸여 있는 천연항과 인공방파제에 의한 인공항으로 크게 나눌 수 있다. 건설형태에 따라서는 바다를 매립하여 만든 매립항과 저습지나 작은 만 등의 바다 안쪽을 이용하여 만든 굴입항으로 구분되며 상세한 분류는 〈표 16-3〉과 같다.

〈표 16-3〉 **마리나 조성에 따른 시설별 분류**

구 분	마리나의 분류	어항 마리나 관련성
성립조건	• 천연항 : 천연적인 만, 강 입구 등에 형성 • 인공항 : 방파제 등의 외곽시설에 의존	주로 인공항
지리적·지세적 조건	• 해항, 하천항, 호항, 운하항	해항
건설형태	• 매립항 : 입지 부족 등으로 바다 쪽으로 매립하여 방파제 등을 건설하여 만든 항 • 굴입항 : 저습지, 소만 등 바다 안쪽을 이용하여 만든 항	
기능 및 역할	• 일상형 마리나 : 단기체류형, 대도시 근교 • 리조트형 마리나 : 장기체류형, 숙박체재형, 관광지 인근	일상형 마리나

구 분	마리나의 분류	어항 마리나 관련성
대상보트	• 딩기요트 중심 : 최소한의 필수시설 구비, 경기용 마리나 • 크루저요트 중심 : 대도시권 및 관광지 • 모터보트 중심 : 낚시 중심지	모터보트, 크루저 중시
정비관리 주체	• 공공 마리나 : 공공기관 건립, 직영 혹은 민간위탁 • 민간 마리나 : 민간건립 및 운영 • 공사합동 마리나 : 공동 자본으로 건립, 직영 또는 민간 위탁 운영	공공성 높음

자료 : 한국해양수산개발원.

제4절 마리나리조트의 입지조건

1. 자연적 요건

1) 수심

수심은 항만건설비에 영향을 주는 주요 조건이다. 왜냐하면 방파제의 설치비용은 수심의 제곱에 비례하며, 놀이보트의 수심은 보트길이에 따라 최소 2m, 최대 4.5m 이상은 되어야 하기 때문이다.

〈표 16-4〉 **보트길이에 따른 수심의 한계치**

보트길이(m)	홀수(가라앉는 부분 : m)	필요수심(m)
~5.0	~1.0	2.0
~8.0	1.0~1.6	2.5
~12.0	1.6~2.3	3.5
~20.0	2.3~3.5	4.5

2) 기상조건

마리나리조트의 기상조건은 기계 수리나 선박의 도장을 고려하여 흙먼지가 적은 곳을 선정해야 한다. 그러나 요트를 탈 경우에 풍속은 소형보트는 5m/sec, 대형보트는 10m/sec가 적당하다.

〈표 16-5〉 **요트타기와 바람의 관계**

구 분	쾌적한 바람	한 도
소형보트	5m/sec	12~15m/sec
대형보트(25ft 정도)	10m/sec	20~25m/sec

자료 : 일본관광협회.

3) 파도

마리나리조트의 파도높이는 보트계류장의 안전성 부분에서는 최대 높이가 0.3m 이내여야 안전하다. 그러나 요트를 탈 경우에는 1m 전후의 파도가 되어야 가장 스릴 있는 쾌적한 상태가 된다.

〈표 16-6〉 **마리나리조트의 자연적인 조건**

구 분		해수욕	해변높이	마리나
기상조건	기온	24℃ 이상	10℃ 이상	10℃ 이상
	일조	맑은 날이 많을 것	좌동	좌동
	풍향	제약 없음	제약 없음	관련 없음
	풍속	5m/sec 이하	10m/sec 이하	2~15m/sec
	시야	전망이 트인 곳이 유리	전망이 트인 곳이 적당	일정 정도 시야가 확보
해양조건	유속	0.2~0.3m/sec	관련성이 적음	1~2.5m/sec
	파랑	0.5~1m	큰 제약 없음	1m 이내
	표사	수급균형	제약 없음	사후관리비용과 관련
	수온	20℃ 이상	가급적 10℃ 이상	가급적 10℃ 이상
	수질	엄격한 제약을 받음	양호한 수질 유리	양호한 수질 유리
	해양생물	유해생물 없을 것	다양한 생물	관련 없음
지형조건	사질	입경 2mm 이내 모래	-	-
	수심	1.5m 이내(폭 2.5m 이상)	관련 없음	관련 없음
	배후부	길이 500m, 폭 50m 이상	안전한 곳	관련시설용지 필요
	경관	자연경관 우수 지역	자연경관 우수 지역	자연경관 우수 지역
	지질	부유토가 적을 것	관련 없음	시설공사 시 제약요인

자료 : 일본관광협회.

2. 인공적인 조건

1) 교통조건

마리나리조트의 접근성은 대도시에 가까운 곳일수록 편리하다. 특히 요트를 캐리어에 싣고 마리나까지 이동하는 경우에는 차량 회전반경을 고려한 교통조건을 갖추어야 한다.

2) 환경조건

마리나리조트는 쾌적한 레저와 스포츠를 즐기는 것이 최우선 과제이다. 따라서 소음이 많고 대형선박의 이동통로나 출입이 빈번한 항구는 가급적 피하는 것이 좋다.

제5절 마리나리조트의 레저스포츠 분류

마리나리조트는 수상을 기본으로 하여 요트(Yacht), 수상스키(Water Ski), 윈드서핑(Wind Surfing), 스킨스쿠버(Skin Scuba), 낚시(Fishing), 다이빙(Diving) 등의 레저스포츠를 즐길 수 있도록 만든 계류시설이다.

1. 요트(Yacht)

1) 요트의 개념

요트의 어원은 네덜란드 야겐(Jagen)에서 유래되었으며 '사냥하다', '쫓는다'라는 의미를 가지고 있다. 요트는 바다, 강, 호수와 같은 수상에서 레저와 스포츠를 즐기기 위한 배를 말하며, 모터나 돛을 달아 사람의 힘을 덜 들이고 나아갈 수 있는 배의 총칭이다. 특히 세일링보트 중에서도 작은 것을 딩기(Dinghy)라 부른다.

〈표 16-7〉 **요트/모터보트/모터세일러의 구분과 특징**

요트구분			특 징
요트 (Yacht)	모터요트 (Motor Yacht)		• 모터중심이며 돛은 부가적 기능 • 세일요트에 비해 규모가 대형
	세일요트 (Sail Yacht)	세일링보트 (Sailing Boat)	• 작은 것을 딩기(Dinghy)라 호칭 • 작은 보트에 돛을 달고 선실이 없는 배 • 올림픽채택 경기용 보트
		세일링크루즈 (Sailing Cruiser)	• 비교적 큰 범선형태로서 선실에 주거시설을 갖춘 배 • 장거리여행용 돛배 • 연안/호수에서 레저스포츠용
모터보트 (Motor Boat)			• 엔진을 장착하고 놀이전용의 동력선이라도 선실에 주거시설을 갖추지 않은 배
모터세일러 (Motor Sailer)			• 돛배에 큰 엔진 장착으로 바람이 약할 때는 엔진 사용

▲ 경북 감포요트텔

2) 요트의 발달사

요트는 돛(Sail)을 이용하여 바람을 추진력으로 이용하여 수상을 다릴 수 있는 고대 돛단배에서 시작되었다. 고대 이집트에서 발견된 BC 6천 년경의 유물에 돛과 노를 같이 사용할 수 있는 배의 그림이 그려져 있었다. 바람의 방향에 크게 구애받지 않고 어떤 방향으로도 자유자재로 질주할 수 있도록 고안된 근대적 요트는 1660년 영국 국왕 찰스 2세의 즉위를 축하하기 위하여 네덜란드에서 선물한 2척의 수렵선 이 그 시초라 하겠다. 네덜란드에서 시작된 요트의 레저스포츠는 1907년 국제요트 경기연맹(IYRU : International Yacht Racing Union)이 정식 결성되었으며, 올림픽 종목 으로는 제1회 아테네올림픽에서 처음으로 채택되었으나 기상악화로 실제경기는 열 리지 못하고, 1912년 제2회 파리올림픽부터 요트경기가 시작되었다.

3) 요트인구의 변화추세

세계에서 마리나 1위 국가는 미국이며, 2위는 호주이다. 우리나라 요트를 활용하 여 선수 또는 레저를 즐기는 동호인은 약 4천여 명 정도이다. 이 중에서 딩기요트 인구가 약 2천5백여 명으로 가장 많고 크루징요트, 모터요트의 순으로 활동하고 있 지만 아직까지는 국민 전체의 1%가 되지 않는다. 요트 활동시기는 바다, 호수, 강에 서 이루어지는 만큼 여름인 6~8월이 가장 많고 겨울철인 1~2월이 가장 적다.

〈표 16-8〉 **국내 요트의 주요 활동지역**

요트구분	마리나지역	해수욕장지역	하천, 호수지역	주요 활동지역
모터요트	수영만요트장	해운대	청평호	수영만
크루징요트	충무마리나	경포	양수리	충무만
딩기요트	소호요트경기장(전남 여수)	대천	충주호	청평호

4) 요트조종면허 취득

요트를 조종하기 위해서는 보조엔진을 포함하여 5마력 이상의 동력을 장착한 요 트에 한해 요트조종면허를 취득해야 한다. 시험은 「수상레저안전법」(최근개정 : 2017.6.27)에 따라 해양경찰청이 주관하며, '한국수상레저안전협회'에서 위탁받아 시 험을 대행하고 있다. 요트조종면허는 필기시험과 실기시험으로 나누어 실시하는데, 요트조종면허의 필기시험은 100점 만점에 70점 이상을 받은 사람을 합격자로 하고, 실기시험은 100점 만점에 60점 이상을 받은 사람을 합격자로 한다.

2. 수상스키(Water Ski)

수상스키는 1939년 미국에서 수상스키연맹이 결성되었고, 1949년 프랑스에서 제1
회 세계수상스키 선수권대회가 개최되었다. 우리나라에서는 1979년 수상스키협회
가 창립되었으며 1984년에 세계수상스키협회에 가입하였다.

수상스키는 바람이 없는 강이나 호수에서 많이 이용하며 강력한 모터보트 뒤에
30~50m의 로프를 달아 그 로프를 두 손으로 꼭 잡고 모터보트가 빠른 속도로 질주
하면서 이끌고 가는 가속력에 의해 넘어지지 않은 채 수상 위를 질주하는 스키이다.
이때 모터보트의 속도는 시속 60km 정도로 질주하며 몸 전체의 균형을 유지해야 하
므로 전신운동으로 인한 균형감각을 발달시켜 주는 장점이 있다.

3. 윈드서핑(Wind Surfing)

윈드서핑은 1967년 미국의 캘리포니아에서 처음 시작되었다. 윈드서핑의 개발자
는 호일 슈바이처와 짐 드레이크이다. 이들은 미국의 전자공학도이며 360도 회전식
의 유니버셜조인트를 개발하여 보드세일링으로 부르기 시작한 것이 오늘날의 윈드
서핑으로 발전하게 되었다. 윈드서핑이 우리나라에 처음 도입된 것은 1976년이며,
그 후 1984년 LA올림픽 때 정식종목으로 채택되어 오던 중 88서울올림픽 때부터 본
격적인 도약의 계기가 되었다. 윈드서핑은 말 그대로 바람을 이용한 수상레저스포
츠이므로 바람의 조건이 필수적인 종목이다.

4. 스킨스쿠버(Skin Scuba)

스쿠버(Scuba)란 물속에서 자체적으로 호흡할 수 있는 장치이며 일반적으로 산소
통이라고도 부른다. 스킨스쿠버는 스킨다이빙(Skin Diving)과 스쿠버다이빙(Scuba
Diving), 헬멧다이빙(Surface Supplied)의 3가지로 분류된다.

1) 스킨다이빙(Skin Diving)

스킨다이빙은 물안경, 오리발, 스노클(Snorkel)을 활용하여 수면에서 호흡을 멈춘 상태로 1m 이내의 수심까지 왕복하면서 즐기는 간단한 다이빙이다. 스노클을 이용하여 호흡하므로 스노클링(Snorkeling)이라고도 한다.

2) 스쿠버다이빙(Scuba Diving)

스쿠버다이빙은 압축공기통과 호흡기 등을 착용하고 수중에서 활동하는 것을 말하며, 재난구조활동 외에는 30m 이내의 물속에서 즐기는 것이 안전하다.

3) 헬멧다이빙(Surface Supplied)

헬멧다이빙은 수중에서 장시간 활동할 수 있는 작업다이빙이 목적이며, 수면에서 연결된 호스를 통하여 공기를 공급받기 때문에 장시간의 수중체류가 가능하다.

제6절 한국의 마리나리조트 현황

1. 한국의 마리나리조트 발달과정

한국의 마리나리조트는 2009년 6월 9일 「마리나항만의 조성 및 관리 등에 관한 법률」(약칭 : 마리나항만법)이 제정·공포됨으로써 본격적인 도약의 시대를 맞이하게 되었다. 이로써 해양수산부 장관은 마리나항만의 합리적인 개발 및 이용을 위해 국가 전체 차원에서 적정수준의 마리나항만 개발에 관한 기본계획을 10년 단위로 수립하도록 하였다. 또한 이때 마리나산업을 효율적으로 진흥하기 위한 마리나 산업단지를 조성할 수 있는 근거를 마련하기도 하였다. 왜냐하면 우리나라도 국민소득 3만 달러 시대를 맞이하여 고급 해양레저형 관광수요가 급증할 것으로 예상되면서 요트마리나산업이 블루오션으로 부상하고 있기 때문이다.

그 대표적인 마리나리조트로는 경남 통영시의 도남관광단지 내에 있는 충무마리나리조트가 해당된다. 충무마리나리조트는 우리나라 최초로 민간자본이 투자된 리조트로서 90척의 해상계류능력과 40척의 육상보관능력을 갖고 있다.

2. 한국의 마리나리조트 현황

우리나라 마리나리조트는 해양관광시대를 맞이하여 지속적으로 개발되고 있는 실정이다. 규모 면에서는 부산 수영만 요트경기장이 가장 크고 경남 통영의 충무마리나리조트와 제주 서귀포의 중문마리나리조트가 그 뒤를 잇고 있다. 그 외 경남 진해시의 진해마리나리조트, 경남 사천시의 삼천포마리나리조트, 전남 여수시의 소호마리나리조트, 경남 거제시의 거제마리나리조트, 충남 보령시의 보령마리나리조트, 그리고 2009년 11월 경기 화성시의 전곡마리나리조트가 해상 60척, 육상 53척의 계류시설 규모로 개장되었다.

〈표 16-9〉 **한국의 마리나리조트 현황**

명 칭(위치)	개발/운영	비 고
수영(부산 해운대)	부산시	「공유수면 관리 및 매립에 관한 법률」(약칭 : 공유수면법)
통영(경남 통영시)	금호아시아나	항만법(무역항)
진해(경남 진해시)	코리아마린	「공유수면 관리 및 매립에 관한 법률」(약칭 : 공유수면법)
삼천포(경남 사천시)	삼천포마리나	〃
중문(제주 서귀포)	퍼스픽랜드	〃
소호(전남 여수시)	여수시/전남요트협회	〃
거제(경남 거제시)	거제시/경남요트협회	〃
보령(충남 보령시)	보령시	〃
전곡(경기 화성시)	화성시/경기도	〃
목포(전남 목포시)	세한대학교	〃

1) 통영마리나리조트

통영마리나리조트는 경남 통영시 도남동의 도남관광단지 내에 위치하고 있다. 한국 최초로 민간기업 금호그룹에 의해 육상·해상 종합리조트로서 1995년에 개장되었다.

119,000m²(약 36,060평) 부지 위에 150여 척의 보트를 계류시킬 수 있으며, 콘도 272실의 객실을 갖추고 있는 해양리조트 시설이다. 아름다운 한려수도를 배경으로 유람선을 이용한 관광이 활성화되어 있는 통영보트계류장은 계류장과 리조트 시설을 함께 갖춘 국내의 유일한 해양리조트로, 여름철이면 해양스포츠를 즐기기 위해 전국에서 많은 관광객들이 이용하고 있다. 그 외 통영요트학교를 개설·운영하고 있으며 최근에는 25인승 세일요트를 구입하여 붉게 노을진 석양을 바라보는 1시간 코스의 일몰 세일요트투어를 실시하고 있다.(1인 3만 원)

〈표 16-10〉 **통영마리나리조트 시설 현황**

위 치		경상남도 통영시 도남동 647(도남관광단지)
콘도규모	대 지 면 적	14,294m²(4,324평)
	건 축 면 적	2,380m²(709평)
	건축연면적	28,871m²(8,733평)
	층 수	지하 1층, 지상 15층(철근 콘크리트조)
	총 객 실	콘도 272실
수 용 인 원		1,338명
준 공 연 도		1995년
이 용 객		연간 30,000명
마리나 시설		요트 50척(세일 및 모터) 클럽하우스 요트수리소, 급유소, 요트적치장
부 대 시 설		한식당, 레스토랑, 사우나, 슈퍼마켓, 나이트클럽, 스포츠식당, 연회장, 세미나실, 유아놀이방, 노래연습장, 컴퓨터게임장
주변 관광지		도남관광지, 국제조각공원, 도솔암, 미륵산 등

2) 전곡마리나리조트

전곡마리나리조트는 2009년 11월 경기도 화성시 전곡항에 개장한 최근의 현대식

마리나리조트다. 전곡마리나리조트는 2005년부터 4년간의 공사기간 동안 244억 원을 투입하였으며, 육상에 21ft(6m급) 27척, 26ft(8m급) 36척, 36ft 24척 등 60척으로 육·해상 합하여 총 113척의 계류시설을 갖추었다. 그 외 요트아카데미를 개설하여 요트조종면허시험 교육과 체험프로그램을 실시하고 있다. 전곡마리나리조트에서는 2009년 6월 3일부터 6월 7일까지 5일간 전곡항과 인근 탄도항 일원에서 세계요트대회가 개최되었다. '2009년 경기국제보트쇼'에서는 40개국 380개사가 참여하였으며 보트전시회와 수출상담, 투자설명회 등이 이루어졌으며, 요트와 보트 211척, 관련제품회사 88개사가 참가하여 2,400여 건의 계약으로 3,829억 원의 성과를 거두었다. 이러한 사실로 볼 때 해양마리나리조트의 개발효과가 점진적으로 확대되는 것을 알 수 있다.

3) 부산수영만 요트경기장

부산수영만 요트경기장은 아시안게임과 올림픽요트경기를 개최한 곳으로 아시아 최고의 요트경기장이다. 특히 2001년부터 외국요트를 많이 유치하기 위하여 장기간 계류시키는 요트에 한해 관세를 부과하지 않는 관계법을 개정하여 시행함으로써 외국요트 동호인들과의 교류활성화에 한몫을 하고 있다. 부산 수영만 요트경기장은 계류능력 1,400여 척을 계류할 수 있으며 자연조건 또한 요트를 즐기기에 적정한 곳이다. 그러나 연안역을 매립하여 인공적인 건설관계로 자연재해의 영향을 많이 받는 단점이 있으며 계류장의 형태가 직선이므로 위화감이 우려되기도 한다.

4) 목포 요트마리나

개항 117년의 유구한 역사를 지닌 목포항에 위치한 목포 요트마리나는 2009년 7월 개정한 이후 서남권 마리나 산업의 랜드마크로서 수년에 걸쳐 다수의 국제요트대회 및 해양문화행사를 개최하여 새롭고 다양한 해양스포츠 문화를 접할 수 있었고, 연관된 산업의 활성화를 주도하는 거점형 마리나로 거듭나고자 노력하고 있다.

특히 목포 요트마리나는 지정학적 이점으로 인해 자연재해로부터 안전하며, 육·

해상으로의 접근성이 뛰어난다고 한다. 2018년 현재 60여척 규모의 육·해상 계류장을 비롯하여 클럽하우스 내 편의시설 및 국내 최대 규모의 인양기 등 서남권 최고의 시설을 보유하고 있다.

3. 우리나라 거점형 마리나항만 추진 현황

우리나라 마리나 인구의 증가에 따라 기존 운영되는 마리나 외에 3면이 바다에 접한 국토면적상 동·서·남쪽의 해안을 중심으로 주요 거점형 마리나항만을 추진하고 있다.

동해에는 울진군 후포항, 서해에는 안산시 해안과 당진 왜목항, 남해에는 부산 해운대와 창원시 명동해안, 여수시 웅천해안 등이다.

〈표 16-11〉 **거점형 마리나항만 추진 현황**

NO	사업명	사업개요	추진시기
1	울진 후포	• 경북 울진군 후포리 후포항 • 계류시설 : 300척 • 총사업비 : 556억원	사업착공 2016.6.29
2	창원 명동	• 경남 창원시 진해구 명동일원 • 계류시설 : 300척 • 총사업비 : 860억원	협약체결 2016.11.15
3	여수 웅천	• 전남 여수시 웅천동 해상 • 계류시설 : 300척 • 총사업비 : 782억원	협약체결 (2016.2.24)
4	안산 방아머리	• 경기 안산시 대부북동 2014 • 계류시설 : 305척 • 총사업비 : 998억원	협약체결 (2016.2.24)
5	당진 왜목	• 충남 당진시 석문면 교로리 왜목마을 • 계류시설 : 300척 • 총사업비 : 1,344억원	협약체결 (2017.7.25)
6	부산 해운대	• 부산 해운대구 우1동 747 • 계류시설 : 250척 • 총사업비 : 837억원	협약체결 (2016.11.15)

자료 : 해양수산부.

:: 제7절 외국의 마리나리조트 현황

외국의 마리나리조트 시설은 세계 1위가 미국이며 그 외 독일, 호주, 스페인이 마리나리조트의 경쟁국에 해당된다. 해양리조트시대를 맞이하여 세계 각국에서도 마리나리조트의 개발붐은 급속도로 증가하고 있는 실정이다. 세계 각국의 마리나리조트 현황은 다음과 같다.

1. 마리나 델 레이 리조트(Marina Del Rey) : 미국

마리나 델 레이는 미국 캘리포니아주 L.A에 있으며 1957년 정부와 주에서의 보조에 의해 L.A시 사업으로 착공되었다. 마리나 델 레이는 1만여척의 요트를 계류시킬 수 있는 세계최대규모의 마리나리조트이다.

1) 개발형태 및 규모

임해복합개발형태이며 320만㎡(약 100여만 평)의 개발구역으로 육지와 바다면적이 거의 반반씩 점유하고 있으며 6천여 호의 아파트가 인근에 건립되어 하나의 도시를 형성하고 있다.

요트하버는 약 8,400척(해상보관 약 6,400척, 육상보관 약 2,000척)을 수용하는 세계 최대 마리나리조트이다. 그 외 낚시와 유람선 승강장이 있는 피셔맨의 마을(Fisherman's Village), 보스턴체이스공원(Boston Chase Park)이 있으며 등대가 랜드마크이다.

2) 경제파급효과

① 계류장 사용료는 배길이 1피트당 월 10달러의 사용료를 받는다.
② 호텔, 보트 임대수입의 20%를 징수한다.
③ 보트판매대금의 1%, 레스토랑 매상의 3%를 LA시 수입으로 징수한다.

④ 지역 내에 8천 명의 고용창출효과가 있다.

3) 시사점

① 마리나의 이용률이 높고 상품성이 높다.

② 대도시인 LA 부근에 있어 접근성이 양호하다.

③ 치안상태가 양호하고 공항접근성이 높아 비즈니스맨의 선호도가 높다.

④ 행정이 강력한 사업추진 조직을 가지고 있다.

⑤ 기후가 좋아 연중 마린스포츠가 가능하다.

2. 미션베이파크(Mission Bay Park) 마리나리조트 : 미국

미션베이파크는 미국 캘리포니아주 샌디에이고 북서쪽 8km 지역에 약 1,861만㎡ (563만여 평)의 크기에 마리나와 파크의 임해복합개발로 조성되었다.

1) 개발형태 및 규모

① 1930년에 마스트플랜을 작성해 1945년 간척에 착수했다.

② 개발자금은 시에서 발행한 공채와 호텔, 레스토랑, 씨월드 등의 사업체에서 매출세액을 징수하여 충당한다.

③ 9개소의 해수욕장이 가까이 있어 가족단위 피크닉과 휴양의 선호도가 높다.

④ 요트 계류능력 4,000척, 골프장 18홀, 씨월드 32만㎡, 호텔, 낚시배 등 완비

2) 경제파급효과

① 공원지역 내의 호텔은 객실료 7%, 식사대 3%, 매점매상의 7%를 샌디에이고 시에 납부한다.

② 입장객은 연간 1,400만 명이며 50% 정도가 외부지역 관광객이다.(씨월드 입장객은 연간 200만 명 즉 1일 약 5,500명 정도이다)

3) 시사점

① 공공사업이면서 수입원을 확보하여 공공투자분을 회수해 나간다.
② 대도시 근교의 휴양지로서 많은 입장객의 잠재력을 가지고 있다.
③ 행정기관의 강력한 사업추진체제를 가지고 있다.

3. 프리미어 마리나그룹(Premier Marina Group) 리조트 : 영국

프리미어 마리나그룹은 영국의 대표적인 마리나 운영그룹 회사이다. 이 그룹은 영국 내에 6개의 마리나를 소유하고 있으며, 브라이트마리나, 뷰세트마리나, 키체스터마리나, 포트솔랜트마리나, 사우스시마리나, 팔마우스마리나가 해당된다. 여기서는 대표적인 브라이튼마리나와 팔마우스마리나를 간략히 기술하고자 한다.

1) 브라이튼 마리나(Brighton Marina)

브라이튼마리나는 영국 런던에서 자동차로 1시간 이내의 남쪽에 위치한 브라이튼 해변도시에 조성된 마리나리조트로서 프리미어 마리나리조트그룹 중 가장 규모가 큰 마리나리조트이다. 브라이튼마리나는 연중 24시간 언제든지 배의 입출항이 가능하며 가장 아름다운 바다의 자연조건을 갖추고 있는 지역이다. 또한 이곳에서 English Channel 해협을 건너면 프랑스의 르아브르(le Havre) 도시에 도착할 수 있는 리조트이다.

2) 팔마우스 마리나(Falmouth Marina)

팔마우스마리나는 영국 런던에서 대서양 쪽으로 국토 끝에 있으며 고속열차로 2시간 거리의 아늑한 항구도시에 위치하고 있다. 마리나리조트를 이용하는 고객의 편의를 위해 'One Stop'을 실천하는 리셉션센터를 운영하고 있으며 이곳에서 보트의 파킹, 수리서비스를 일괄처리하고 있다.

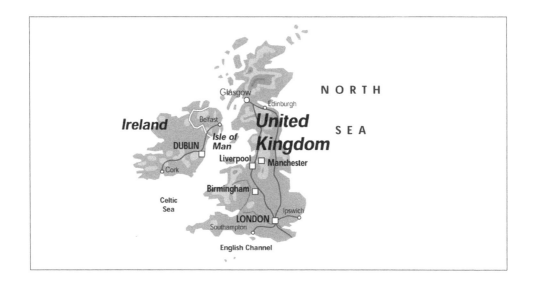

4. 랑그도크루시용 마리나리조트(Languedoc Roussillon) : 프랑스

랑그도크루시용 마리나리조트는 4계절이 따뜻한 프랑스의 남쪽 지중해 연안에 위치하고 있으며, 마르세유 도시에서 스페인 국경까지의 아담한 해안지역 180km를 따라 7개의 각 지역별로 나누어 마리나리조트를 개발한 곳이다.

1) 개발형태 및 규모

180km 지역의 광범위한 해안을 개발해야 하는 관계로 관·민이 협력하여 개발하였다. 1962년에 프랑스 정부가 프랑스 인구의 해외바캉스 이용률을 줄이기 위하여 이 지역을 대단위 해양레저단지로 계획·조성하였다. 그 후 1963년에 1단계 개발이 착수되어 13년간의 조성공사기간을 거쳐 1975년에 완공되었다. 투자비는 프랑스 정부 8억 프랑, 민간자본 12억 프랑이 투입되었으며 고급화가 아닌 대중지향성으로 개발하였다.

(1) 마리나 시설현황

① 뽀르가마르그 : 1,971척

222

② 라갑다쥬 : 1,344척

③ 그랑드모트 : 1,100척

④ 쎙시쁘리앙폴라쥬 : 1,063척

(2) 관광인프라

① 공항 : 7개(국제공항 3곳, 국내공항 4곳)

② 마리나시설 : 19개

③ 호텔 : 약 2,000실

④ 콘도미니엄 : 4,000실

2) 시사점

① 불모지 해변과 황폐한 바다를 친환경적으로 개발하여 세계적인 마리나리조트로 개발함

② 프랑스인의 막대한 해외관광과 바캉스 유출인구를 국내로 흡수하는 역할을 수행함

③ 일반인들의 도시생활 탈출로 대중적인 마리나리조트 개발의 방향에 성공하였음

④ 마리나시설 확충(계류장, 숙박, 레저시설 등)으로 관광객의 유입효과 극대

⑤ 관광객들의 현지주민 일체성으로 공동사회 형성

5. 마리나 베 디셍제(Marina Baie Des Anges) 리조트

마리나 베 디셍제 리조트는 프랑스 지중해 연안에 있으며 세계에서 가장 아름다운 해안인 '꼬뜨 다쥐르' 해변에 소재하고 있다. 꼬뜨 다쥐르는 지중해 연안인 니스(Nice)와 칸(Cannes) 지역 사이에 있으며 부지 약 8만㎡ 크기로 개발되었다.

1) 개발형태 및 규모

마리나 베 디셍제 리조트는 프랑스에 3개의 리조트를 소유·관리·운영하고 있는 '클럽마리나'라는 회사가 개발했으며, 3개의 리조트 중 가장 새롭고 유명한 리조트 중의 하나다.

당시 그 부지는 해안지역의 잡초만 무성했던 불모지 8만㎡(2만 4천 평)를 취득 후 매립조성하여 1968년경 콘도미니엄 1동을 완공한 것이 첫 개발 시도였다. 현재는 콘도 4개 동을 증축해 1,500실의 콘도미니엄을 확보하였다.

2) 주요시설

① 콘도미니엄 20~25층 4동 1,500실
② 프라이비트 비치
③ 풀장
④ 요트계류장
⑤ 쇼핑아케이드

3) 특색

① 최고급리조트의 이미지 제고
② 실버세대가 주요 고객대상층
③ 타임셰어링제도를 도입한다.
④ 전원형의 콘도미니엄과 프라이비트 비치와 풀 소유

4) 마케팅전략

① 철저한 고급실버층 대상 고객유치
② 프라이버시 보장으로 외부인의 철저한 통제로 조용함
③ 현란한 밤의 조명을 없애고 요트와 콘도, 해안의 온화한 조명 부각
④ 콘도 소유자는 아랍제국·미국·영국인이 많으며 적절한 보호대책 수립

5) 시사점

① 장소의 선정과 고급이미지 창출

② 관리운영법의 확실성

③ 구매층의 정확한 목표선정

6. 코스타 델 솔(Costa-del-sol) 마리나리조트 : 스페인

코스타 델 솔 마리나리조트는 스페인 남부 안달루시아 지방의 지중해 연안 약 300km 지역의 해변이 코스타 델 솔로 불리는 곳에 위치한 리조트이다. 이 지역은 태양과 온난한 기후로 유럽 굴지의 리조트로 유명하며 무엇보다 일광의 혜택을 많이 받고 있는 지역이다. 골프와 마린스포츠를 즐기는 데 안성맞춤이다.

코스타 델 솔은 스페인 지중해 연안지역의 토레몰리노스(Torremolinos) 마르베야 등의 리조트 거점이 산재해 있다. 또한 이 지역 동편의 알메리아(Almeria) 도시는 알랭 들롱과 찰스 브론슨이 주연한 'The Sun'의 영화촬영지이기도 하다.

1) 개발형태 및 규모

① 임해복합개발형이며 민간기업주체

② 1960년대부터 리조트 개발이 활발하며 Congress center 설치

③ 외국인들에 대한 투자제한이 없고 단지 신고제이다.

④ 관광개발을 위한 은행융자는 우대함(일반이율 15%, 관광개발 이율 9%, 1년)

⑤ 스페인 전체인구의 15%가 이용

⑥ 숙박시설은 호텔, 별장, 개인주택임대가 있으며 약 420만 명 수용가능

∷ 제8절 마리나리조트의 설계기준

1. 마리나리조트의 기본 설계기준

마리나리조트의 기본 설계기준은 다음과 같다.

〈표 16-12〉 **마리나리조트의 기본 설계기준**

구 분			기 준
육상면적 : 수상면적			1 : 1~1 : 2
수역 내 보트계류면적			20~50%
육상계류면적 : 수상계류면적(%)			100 : 100~25 : 100
계류시설면적(m²)	1척당 계류가능면적	수 상	100
		육 상	36
	회전공간	수 상	83
		육 상	30
	1척당 계류면적	수 상	183
		육 상	66
			필요면적
베이슨(Basin) 용수면			100m²/척
요트 에어리어			안전성 0.11 ha/척(단, 돛배의 경우)

자료 : 채용식 외 2인, 『리조트개발론』, 2008, p. 356.

2. 마리나리조트 각 시설별 세부 산출기준

마리나리조트의 설계 핵심은 태풍과 해일에 따른 방지대책이 주요 고려사항이다. 태풍과 해일방지를 위해 방파제의 설치는 필수사항이며 방파제 출입구는 가급적 좁은 것이 배가 드나드는 데는 다소 불편하지만 태풍과 해일의 파도 충격을 흡수하는 데는 보다 안전하다.

〈표 16-13〉 **마리나리조트 각 시설별 세부 산출기준**

시설구분	세부규모 산출기준
1. 방파제	• 보통은 계획한 선박 최장폭의 4배 이상 • 엔진이 없는 경우는 20m 이상 • 방파제 출입구 방향은 바람 부는 쪽으로 90도 각도 설치
2. 접안시설 (Boot Basin)	접안실내의 항구에서 thrift에 이르는 수역의 폭원은 • 엔진 달린 보트 : 배 길이의 1.5배 • 엔진 없는 보트 : 배 길이의 5배 고려
3. 마리나도크 수상계류시설면적	수상계류척수×1척당 수상면적
4. 요트클럽하우스	시설기준척수×보트 1일집중률×1척당 이용인구수×최대이용률×1인당 면적
5. 육상계류장	육상적치 요트수×1척당 적치면적
6. 부대주차장	시설기준척수×1척당의 이용대수×차량 1대당 필요면적
7. 요트수선소	시설기준척수×수리이용률×1척당 소요면적

▲ 마리나 전경

제 17 장

스파/온천/워터파크 리조트

리조트산업의 이해

오늘날 현대인들이 추구하는 가장 큰 이슈는 건강이다. 건강한 삶을 유지하고 스트레스 해소와 기분전환을 위해서 스포츠와 운동을 하는 것은 무엇보다도 중요하다. 스포츠와 운동을 하고 난 후에 피로회복과 건강유지를 위해 스파를 이용하고 온천, 헬스, 워터파크와 같이 물을 테마로 하는 요양과 휴양을 취하는 부분도 매우 중요하게 대두되고 있다. 특히 고령화 사회가 급격히 도래함에 따른 건강과 치료목적의 스파는 물론 온천, 헬스리조트의 개발과 워터파크 놀이시설이 겸해진 종합리조트가 경쟁력 있는 건강과 휴양리조트로 개발되고 있다. 여기에서는 각 단위별 각각의 특성을 알아보고 이러한 특성들이 상호유기적으로 잘 어우러진 종합리조트가 지향되어야 한다는 점을 강조하고자 한다.

제1절 스파리조트

스파리조트란 스파의 테마시설을 이용한 리조트라고 할 수 있으며 그 정의는 여러 가지로 기술되고 있지만 다음 3가지로 구분해 보고자 한다.

(1) 국제스파협회(ISPA : International Spa Association)의 정의
'스파'란 물의 몸, 마음, 정신 모두에 균형된 건강을 되찾기 위한 다양하고 전문적인 솔루션을 의미한다.

(2) 대한스파협회(KISPA : Korea International Spa Association)의 정의

'스파'란 물의 열, 부력 및 마사지를 이용해 인체의 혈을 자극, 몸의 평온과 스트레스를 해소시키고 질병예방 및 신체컨디션을 재조정하는 선진 수치료 시설이다.

(3) 일반적 정의

'스파'란 목욕시설과 미용시설을 비롯하여 심신안정을 위한 다양한 시설 등이 갖추어진 곳이다.

1. 스파의 유래

스파의 명칭 유래에는 두 가지 설이 있다.

첫 번째는 벨기에 '리게' 지방에 온천으로 유명한 스파우(Spau)라는 마을이름에서 비롯되었다는 설과, 두 번째는 프랑스어로 '건강에 좋은 물'의 뜻을 가진 'Sante per Aqua'의 첫 글자를 따서 SPA로 했다는 설이 있다.

본래는 물을 이용한 건강증진 및 질병치료를 가리키는 말이었는데 최근에는 그 의미가 마사지를 포함하여 미용분야까지 확대되었다.

인류가 물을 이용한 건강 증진이나 질병 치료, 곧 하이드로 테라피(Hydro Therapy)는 고대로부터 행하여져 왔다.

① 1950년대에 들어 각종 질병의 치료에 물을 이용하는 것이 효과적이라는 점에 구체적으로 관심을 갖게 되었으며,

② 1960년대부터 유럽을 중심으로 하이드로테라피가 본격적으로 발전하였다.

③ 미국에서는 예방의학의 발전과 더불어 1990년대 중반부터 병원에 스파가 도입되었고, 2000년대에는 뉴욕을 중심으로 '메디컬스파'가 많이 생겨났다. 하이드로테라피는 단순히 뜨거운 물에 몸을 담그는 것이 아니라 다양한 수압과 수류(水流)를 이용하는 것이다.

2. 스파와 온천의 차이점

1) 온천의 범위

온천수에 입욕만을 위한 범위(스파를 번역하면 온천임)로 인공적인 부대기능이 없이 자연현상 그대로 사용하는 것을 일컫음

2) 스파의 범위

온천수의 입욕을 기본으로 하여 부대시설이나 기능을 인공적으로 갖춘 것을 말하며 온천수에 건강과 향이 좋은 각종 입욕제를 넣은 고급 목욕시설과 물놀이시설인 워터파크, 마사지서비스, 찜질방 등의 시설을 갖춘 곳을 총체적인 스파의 범위로 본다.

3. 스파의 효과

스파의 목적은 의료적 처치를 병행하기도 하고, 비만을 줄이거나 스트레스를 해소하기 위한 용도 등 폭넓은 분야에 적용된다. 여기에 아로마테라피를 병행하면 효과를 높여준다. 예를 들면, 재스민 향은 신경안정에, 오이나 셀러리는 피로회복에 좋다. 또 소금을 넣으면 신진대사를 원활하게 하여 신경통이나 관절염에 좋고 피부를 촉촉하게 하며, 다이어트 효과도 있다.

4. 스파할 때의 유의점

① 스파를 할 때에는 자신의 체질이나 몸의 상태를 고려하여야 한다. 식사 직후나 술을 마신 직후는 삼가야 한다.
② 오전에는 따뜻한 물을, 오후에는 미지근한 물을 이용하는 것이 좋다. 탕 안에 들어갈 경우에는 10분 정도의 입욕(入浴)과 20분 정도의 휴식을 2~3회 반복하는 것이 좋다. 온천수나 해수인 경우에는 젖은 몸을 자연 건조시키는 것이 피부에 좋다.

〈표 17-1〉**일반적인 스파 규모의 시설별 면적과 비율(예시 : 참고용)**

범 위	시설구분	시설명	면적(m²)	비율(%)
실내(53%)	사우나	남녀노천탕	360	3.6
		남녀욕실	800	8
	라커 & 파우더	남자락커(파우더)	450	4.5
		여자락커(파우더)	450	4.5
	풀장	실내풀장	1,150	11
	편의시설	테라리	50	0.5
		릴렉스룸	80	0.8
		불가마	50	0.5
		놀이방	50	0.5
		휴게시설	300	3
	편의점 및 숍	스포츠용품점	30	0.3
		편의점(입욕용품점)	30	0.3
	로비	매표/정산소	50	0.5
		슈즈락카	130	1.3
		로비홀	180	1.8
	F&B	식당(라운지)	300	3
	지원시설	사무실	600	6
실외(47%)	풀장	실외풀장	4,700	4.7
총계			10,000(m²)	100%

5. 스파와 월풀의 차이점

1) 스파

스파와 공기를 품어 물을 마찰시키고 이를 통해 음이온을 발생시켜 자체소독과 마사지를 할 수 있게 하는 건식분사 방식이다.

2) 월풀

탕 안에 있는 물을 사용하여 분사를 하고 거품과 마사지를 가능케 하는 습식분사 방식이다.

6. Hot Spring과 Spa의 차이

영어로 온천을 표기하면 Hot spring이다. 그러나 광천을 포함한 포괄적인 의미의 온천은 스파다. 핫스프링과 스파는 모두 지명에서 따온 것이다. 핫스프링은 미국 클린턴 전 대통령의 고향인 아칸소주 핫스피링시티(온천이 매우 풍부)에서 유래되었으며, 스파는 벨기에의 온천도시에서 따온 것이다. 독일에는 온천병원이 260여 개, 일본에는 100여 개가 있다. 한국에는 정식 온천병원이 전무한 실정이다.

7. 일본의 유넷산스파 사례연구(Yunessun Spa Resort & Mori No Yu)

1) 개요

- 일본의 대표적인 온천도시 하코네 제일의 온천
- 일본 전통식 온천 + 유럽식 다양한 Aqua스파시설 + 놀이시설 + 워터파크를 갖춘 종합온천스파 및 워터파크 리조트임
- 쇼핑몰, 레스토랑, 뷰티마사지 시설

2) 시설 및 특징

- 25개의 다양한 스파서비스
- 해변에 온 듯한 느낌으로 수영복 착용 후 이용
- Mori No Yu : 노천계곡에 계단식으로 다양한 테마풀 조성(커피풀, 와인풀 등)
- 야외스위밍 및 슬라이드 풀
- 일본 전통가옥 산책코스
- 각국의 음식을 선택할 수 있는 Food Court
- Sun Park : 게임 & 레크리에이션센터
- 입장은 3가지로 나누어짐(유넷산, 모리노유, 유넷산과 모리노유)
  - 유넷산 : 수영복착용으로 물놀이함
  - 모리노유 : 맨몸으로 즐김(일반 목욕)

▲ 스파/온천리조트

제2절 온천리조트

1. 온천리조트의 개념

온천리조트는 온천을 테마로 한 건강, 보양의 리조트다. 즉 요양지에서 장기간 체류하면서 병을 고치는 생체반응요법인 쿠어(Kur)요법을 할 수 있는 요양과 휴양의 적합한 시설을 갖춘 곳을 온천리조트라고 할 수 있다. "지하수로부터 용출되는 섭씨 25도 이상의 온수로 그 성분이 인체에 해롭지 아니한 것을 말한다"라고 1961년에 제정 공포된 「온천법」 제2조에 명시되어 있다. 대부분의 온천수는 지표로부터 침투된 물이 지하 깊은 곳에 스며들어가 마그마성의 열과 만나 뜨거워져서 단층선이나 기타의 통로에 따라 지표로 표출된 것이다. 지표로 표출될 때 지하에 있는 다양한 광물성분이 한데 섞여 분출되므로 온천수의 수질은 어떤 광물이 섞여서 분출되느냐에 따라 유황천, 라듐천, 탄산천 등으로 분류된다.

2. 온천온도의 기준

온천물의 온도기준은 세계 각국별 차이가 있다.

① 섭씨 25도 이상 : 한국, 일본, 남아프리카공화국
② 섭씨 20도 이상 : 영국, 독일, 프랑스
③ 섭씨 21도 이상 : 미국

3. 온천의 화학성분 분류

온천을 화학성분으로 분류하면 단순천, 유황천, 식염천, 방사능천, 탄산천, 철천 등으로 나뉜다.

〈표 17-2〉 **온천의 화학성분 분류**

온천분류	기준과 특성	해당온천
단순천	• 온천수 1kg에 함유성분(총 고용물량)이 0.8g 미만인 온천 • 우리나라 대부분의 온천이 해당 • 무색, 투명, 무미 • 수질이 부드러워 자극적이고 고령자에게 적합함 • 신경통, 류마티스에 효능	• 척산온천 • 동래온천 • 수안보온천 • 덕산온천
유황천	• 온천수 1kg 중에 유황이 1mg 이상 함유 • 삶은 달걀 썩는 냄새 • 동맥경화, 동상, 천식, 습진, 기관지염 효능 • 노인에게 부적합, 피부염증 우려	• 도고온천 • 백암온천 • 해운대온천
식염천 (염화나트륨천) (염화칼슘천) (염화마그네슘천)	• 온천수 1kg 중에 식염 함유량 1g 이상 기준 • 1,000mg 이상은 강식염천, 500mg 이하는 약식염천 • 소금과 같은 짠맛 • 고혈압환자는 금지 • 신경통, 류마티스, 근육통, 요통, 외상의 후유증에 효능	• 해운대온천 • 마금산온천 • 동래온천
방사능천	• 라듐천이라고도 함 • 온천수 1L 중에 라듐의 함유량이 1억분의 1mg 이상인 온천 • 화강암지대에 많이 분포 • 미온천에 많이 함유 • 신경통, 류마티스, 당뇨병, 좌골신경통에 효능	• 백암온천 • 덕산온천 • 유성온천 • 해운대온천
탄산천	• 유리탄산가스를 1L에 1g 이상 함유한 광천 • 목욕과 마시는 방법 • 심장병, 신장병에 효능 • 석회암이 많은 터키, 프랑스, 독일 등의 온천이 주로 해당됨	• 온양온천
철천	• 철성분이 1L에 10mg 이상 함유된 온천 • 위장병, 빈혈, 관절, 피부질환에 효능	• 이천온천 • 동래온천 • 덕구온천

4. 온천리조트의 분류

분류	특징
자연형 온천지	온천수가 자연 그대로 용출되며 주변의 위락시설이 갖추어지지 않은 온천지
리조트형 온천지	온천 주변에 숙박시설과 위락휴양시설이 갖추어진 온천지
요양과 휴양형 온천지	치료효능이 있거나 숙박, 레저시설이 갖추어진 온천지

5. 온천의 목적분류

온천의 목적은 보양(건강증진), 휴양(피로회복), 요양(병의 치료)의 3가지로 분류할 수 있다.

6. 온천요법의 입욕상 주의

최초의 입욕횟수를 1일 1회 정도로 하고, 최초 1회는 5~10분간 하고 그 후 1일 2회, 점점 늘려서 1일 3회까지 실시한다. 요양기간은 3~4주가 적당하지만 최소한 2주 이상이 바람직하다.

7. 온천요법을 삼가야 할 경우

온천을 함으로써 낫는 경우도 있지만 오히려 부작용이나 타인에게 전염될 가능성도 있다. 특히 급성전염병이나 활동성결핵, 악성종양, 심장병, 백혈병, 고혈압, 호흡부진, 심부전출혈성질환, 뇌졸중, 동맥경화증, 임신 초기와 말기인 사람들은 온천욕을 삼가는 게 좋다.

8. 쿠어하우스(Kur House)

온천에서 빼놓을 수 없는 부분이 쿠어하우스이다. 쿠어하우스는 독일어의 쿠어(Kur)인 치료와 요양에 하우스(House, 집)를 합친 말로서 '종합온천보양관'을 의미한다. 독일에서 발생한 용어가 일본으로 건너와 일본교통공사가 모체로 설립된 (재)일본건강개발재단이 1983년에 상표등록을 하고 독점적인 사용권을 주장하고 있다. 쿠어하우스의 핵심은 욕조설치존(바덴존)을 설치하여 여기에 두뇌탕, 전신탕, 침탕, 기포욕탕, 지압탕 등의 입욕을 할 수 있는 시설과 구조로 되어 있고 사우나와 바디샤워 등의 부가적인 시설을 갖추고 있다. 지금은 노인층뿐만 아니라 젊은층들도 선호도가 높아지고 있으며, 단독시설 외에 호텔이나 리조트 등에서도 쿠어하우스를 부대시설로 갖추고 있는 실정이다.

9. 바덴바덴 온천리조트 개발사례(독일)

1) 바덴바덴 온천리조트 개요

독일의 바덴바덴 지역은 천연의 온천이 용출하고 있다. 바덴바덴은 오랜 역사를 가진 동시에 우수한 보양환경을 유지하고 있는 유럽에서도 대표적인 온천보양 리조트다. 최근에는 국제회의와 다양한 이벤트가 개최되어, 교류도시로서의 면모도 가지고 있다. 1985년 바덴바덴 지역에 건설된 카라카라 욕탕은 그 참신함, 맑음, 청결함, 실용성이 높이 평가되어 있다.

2) 개발 유형

도시복합개발형(온천 보양 기원)

3) 주도적인 사업주체

바덴바덴 관광국(시와 주의 합동기관)

4) 기본적 개발 개념

보양, 레저, 컨벤션을 복합시킨 종합적인 리조트 도시 개발

5) 개발 개요

바덴바덴은 슈투트가르트의 서쪽 약 70km, 슈베르츠베르트의 북부에 위치한, 세계에서 가장 유명한 온천 리조트지인 동시에 국제적인 컨벤션 시티(Convention city)로서 복합적인 도시기능을 가지고 있다. 최근에는 전통적인 온천보양지로서 명성을 유지하는 것뿐만 아니라, 승마, 테니스, 골프, 캠프 등 모든 스포츠, 레저를 즐길 수 있는 기점으로서의 시설이 충실해 활동적인 사람들을 끌기 위한 리조트지로서 변신해 가고 있다.

6) 개발 경위

오래전부터 온천보양지여서, 1823년에 쿠어하우스(Kurhaus, 독일)가 개설되었다. 그 후 1970년대부터 레저, 레크리에이션 관련시설 장비가 활발해져 왔다. 1985년에 프리드리히 욕탕의 맞수로 카라카라 욕탕이 오픈(증축)했다.

7) 주요 사업의 특색

(1) 관광객

① 방문목적은 보양과 치료목적이 1/3, 회의목적이 1/3, 바캉스 관광목적이 1/3 정도 된다.

② 계절 변동이 있어 4.1~7.15, 8.15~10.15, 12.15~1.15일이 성수기이고, 비수기에 도 많은 사람들이 찾고 있다.

③ 베드수는 약 5천 개이고, 작은 규모이면서 유서 깊은 호텔도 많다.

(2) 주요 시설인 '카라카라 욕탕'

① 1985년에 건설한 것으로 욕조면은 1,000㎡이다. 기타 온천폭포, 사우나, 솔라리움, 욕탕치료 프로그램 등 각종 시설이 준비되어 있다.

② 1일 입장객 8백 명이 손익분기점(운영비만)이지만, 실제는 입장객이 크게 웃돌고 있다(흑자).

③ 입장객의 대부분이 100km권역의 사람이고, 전체의 30%가 의료보험을 이용하고 있다.

(3) 카지노 영업

① 아름다운 베르사유풍의 건물로 전체 매출액의 20%는 내부경비이며 80%는 주에 납입하고 있다.

② 입장객의 45%는 외국인이고 특히 미국인이 많다. 오케스트라에 의한 연주회와 카라카라 이외의 스파 경영 등은 적자이고, 카지노와 카라카라 욕탕이

239

바덴바덴의 수입원이 되고 있다.

③ 카지노는 바덴바덴시가 민간기업에 운영권을 주어 운영시키고 있다.

④ 바덴바덴의 수입원으로서, 또 리조트지로서의 환경, 품격의 유지를 위해 노력하고 있다.

(4) 시사점

① 우수한 리조트 환경을 형성·유지하고 있다.

② 수입력 있고 매력 있는 시설을 갖고 있다(카라카라 욕탕, 카지노).

③ 컨벤션에 의한 고객유치에 성공하고 있다.

④ 강력한 조직에 의해 리조트지로서 통일성 있는 도시개발을 진행하는 동시에 고객유치에도 노력하고 있다.

제3절 워터파크(Water Park) 리조트

1. 워터파크 리조트의 개념

워터파크란 물을 소재로 하여 미끄럼틀, 인공폭포, 인공파도타기 등의 물놀이시설을 갖춘 테마파크이다. 워터파크의 개념은 다양하게 분류될 수 있지만, 미국의 워터파크협회(WWPA : World Water Park Association)에서 발행되는 스플래쉬(Splash)호에 의하면 "워터파크란 'Free Fall' 'Water Slide' 'Wave Pool' 등을 주제로 하는 Leisure pool이 있는 것을 말하며 대부분 옥외형 레저시설"이라 정의하고 있다. 워터파크의 개념이 체계화된 곳은 미국이라고 할 수 있다. 미국 플로리다주 올랜도에 위치한 '웨튼와일드(Wet'n Wild)'가 물 중심의 동태적인 놀이기능을 가진 워터파크의 원조라고 알려져 있다. 워터파크는 일반적으로 유럽에는 실내포장형이며 미국에는 실외풀장형으로 되어 있지만, 일본에는 동일건물 내·외부를 적절히 설계 활용하여 유럽풍의 실내풀장과 미국형의 실외풀장을 같이 설치하고 건강스포츠센터를 겸비하여 운영하는 것까지 워터파크로 정의하기도 한다.

2. 워터파크 리조트의 분류

워터파크는 운영목적에 따라 건강지향성과 레저지향성으로 나누어진다. 대도시권 주변에는 가족중심형 물놀이테마파크인 레저지향성 워터파크가 점차 증가하고 있는 추세이다. 각각의 특성에 대하여 살펴보면 다음과 같다.

1) 건강지향성 워터파크

건강지향성의 워터파크는 온천욕 개념이라고 볼 수 있다. 온천을 통한 피로회복과 피부병의 치료가 주목적이 될 수 있으므로 주 고객층은 노년층이 많이 이용하게 된다.

2) 레저지향성 워터파크

레저지향성 워터파크는 다양한 물놀이시설을 갖추고 보트나 파도타기 유수풀수로타기, 폭포타기, 동굴타기, 미끄럼틀타기 등으로 이용객들에게 활동적인 스릴과 흥분, 감동을 주는 놀이시설형 워터파크이다. 시설구조가 활동적인 구조이며 어린이를 동반한 가족중심으로 레저를 즐길 수 있는 워터파크이다.

3. 워터파크 리조트의 주요 상품시설

1) 워터슬라이드(Water Slide)

워터파크에서 가장 중심이 되는 상품시설이 워터슬라이드이다. 워터슬라이드는 미끄러지는 속도와 굴곡, 경사도에 따라 감동과 스릴을 느끼게 만든 시설로서 직선과 곡선형을 적절히 조합시켜 감동과 흥분의 다양성을 주고 있다. 특히 최근에는 실외형뿐만 아니라 실내와 실외를 접목한 복합형 워터슬라이드를 많이 설치하고 있다. 즉 실내 풀장에서 수영과 인공파도타기를 즐기면서 실내에 설치된 출발탑으로 올라가 출발한 후 실외의 넓은 공중을 날듯이 타고 다시 실내의 풀장에 도착하는 슬라이드 구조물로 되어 있다. 워터슬라이드가 미국에서 유래된 만큼 뉴욕 외곽지에 있는 'Mountain Creek Water Park'인 경우 스키장 슬로프와 같은 200~400m 길이의 경사진 산중턱에 워터슬라이드가 직선형 계단식으로 설계되어 마치 스키를 타는 듯한 스릴과 감동을 주는 워터파크도 특이한 모델이다.

▲ 금호리조트 화순아쿠아나 워터슬라이드

2) 인공파도풀(Wave Pool)

인공파도풀은 1960년대 유럽에서 개발되었다. 개발 동기는 해안오염과 방파제 공사 등으로 자연해수욕장의 자취가 사라짐에 따라 깨끗한 실내수영장과 풀장을 만들어 인공파도를 연출함으로써 자연을 느끼게 하기 위한 기술로 개발되었다. 최초 개발된 인공파도풀은 1970년 앨라배마 'Decature'의 'Point Mallard Park'에 설치된 것이 최초이다. 인공파도 높이는 1~8피트 이내의 다양한 파도와 물결모양을 연출할 수 있다.

3) 레이지 리버(Lazy River) : 유수풀

레이지 리버는 1957년 일본에서 처음 개발되었으며 '게으른 강'이라는 뜻으로 코스로 된 수로물길을 게으른 모습처럼 유유히 흘러간다는 의미이며 '유수풀'이라고도 한다. 레이지 리버는 물의 흐름속도가 매우 느리므로 많은 사람이 한꺼번에 튜브를 타고 이용하더라도 안전성엔 문제가 없으므로 고객 1인당 필요면적이 가장 작은 아이템 중의 하나이다. 레이지 리버는 천천히 흐르는 평탄한 물의 속도가 기본이기는 하나, 스릴과 감동을 주기 위하여 수로 주변에 자연미를 주는 조경을 설치하고 요소요소마다 사나운 동물의 모형이 출현하거나 급경사로 떨어지는 'Actionriver'의 설치로 스릴과 감동을 동시에 만끽하도록 해주기도 한다.

4) 폴라로이드(Polaroid)

폴라로이드는 경사진 물 위에서 빠른 속력의 물과 같이 서핑보트나 튜브를 이용하여 즐기는 시설이다. 한두 번 느끼는 순간적인 파도타기보다는 마치 강물에 떠내려가는 듯한 스릴을 느끼는 스포츠시설이다.

5) 마스터 블라스터(Master Blaster)

이것은 미국 내에서 최근 인기 있는 워터파크 개발시설로 튜브형의 슬라이드를 거꾸로 올라가는 물놀이 시설이다. 초당 4~5m 정도의 평균속도로 최고 72m까지 올라갈 수 있는 시설구조를 가지고 있다.

이 시스템은 기존 슬라이드의 역발상 기능이며 반드시 튜브를 사용해야 하는 한계점은 있다.

6) 국내의 워터파크 현황

국내에는 경기도 용인에 위치한 '캐리비언베이'가 있으며, 천안의 '대명리조트', 강원도 홍천의 '비발디파크 오션월드', 충남 예산의 '리솜워터파크', 속초의 '설악워터피아', 경북 경주의 '블루원워터파크' 등이 있다.

〈표 17-3〉 **전국 워터파크 현황**

지역	소재지	워터파크명	특징
경기도	용인	캐리비안베이	• 에버랜드에 위치(입장 시 별도의 입장료 필요) • 세계에서 가장 큰 실내/외 워터파크(119km²) • 카리브해를 재현 • 미국 유원시설협회에서 '꼭 가보아야 하는 워터파크'로 선정
		한화리조트	가족나들이와 비즈니스에 적합한 리조트
	부천	웅진플레이도시	• 실내테마파크로 최신형 인공파도와 7가지 다양한 슬라이드, 이색적인 스파시설까지 갖춘 워터파크&스파 • 길이 270m, 폭 70m의 초대형 실내스키장, 국내 최장 360야드에 최대 200타석의 초대형 골프연습장 • 다양한 회의공간, 명랑운동회를 직접 체험하는 참여형 스포츠워크숍, 캐릭터와 함께 뛰어노는 키즈놀이체험 학습센터를 365일 한곳에서 즐길 수 있음
	이천	이천 테르메덴	• 독일어로 Terme(온천) + Eden(낙원)으로 '온천의 지상낙원'이라는 뜻을 지닌다. • 부지면적이 독일 평균보다 1.7배나 넓은 약 429,000m²(13만 평)의 부지 위에, 울창한 숲으로 둘러싸인 삼림욕장(森林浴場)이 있고, 옥내 1,596.6m²(482평), 옥외 2,296.8m²(696평)로 총 3,887.4m²(1,178평)의 세계적 규모의 바데풀과, 약 33,000m²(1만 평)의 부지에 건평만도 10,296m²(3,120평)인 온천관이 있음
	양평	한화리조트	맑은 물과 푸른 숲, 깨끗한 공기가 어우러짐
	포천	한화리조트	산과 호수가 절경을 이루는 순수 자연의 공간
	안성	레이크힐스 리조트	멋진 그린과 함께하는 별장식 전용 호텔
인천	중구	인스파월드	• 56m 물놀이 슬라이드와 수영장, 아쿠아시스템을 갖춘 전국 최대 규모의 실내워터파크 • 서해안 지역에서 예로부터 그 효능을 널리 인정받는 천연 해수탕과 함께 참나무를 직접 때는 전통 재래식 불가마를 비롯한 다양한 사우나시설을 완비하여 명실상부한 초대형 복합레저타운
서울	광진구	워커힐	• 롯데호텔, 인터콘티넨탈호텔 다음으로 단일지역에 1천 실 이상의 객실을 가진 호텔 • 본관, 골프장, 각종 VIP 맨션 및 빌라, 야외 대형 수영장, 그리고 W서울 워커힐까지 갖추고 있음 • 1963년 관광 진흥의 뜻을 세워 창립한 워커힐호텔은 우리나라 호텔 중에서는 가장 이른 시기에 세워진 현대식 호텔 중 하나임
충청북도	단양	소노문 아쿠아월드	• 단양, 영월, 충주호, 월악산, 소백산 등 천혜의 자연조건과 사계절 전천후 물놀이 테마파크

충청남도	천안	소노벨천안	• 유럽 각국의 다양한 문화를 테마로 한 워터파크 • 국내 최초 쓰나미 슬라이드, 국내최장 급류 원형 파도풀 시스템 (371m), 국내 최초 튜브 옥토퍼스레이서, 국내 최장 업힐 슬라이드, 국내 최초 웨이브 슬라이드, 사계절 이용 가능한 실내외 유수풀, 야외 노천탕 및 다양한 실내 워터 슬라이드
	아산시	파라다이스 스파 도고	• 국내 최초 수준의 호텔체인인 파라다이스호텔을 운영하는 파라다이스 그룹이 운영 • 총 2만 4,621㎡(약 7,500평) 규모에 최대 5,000여 명을 수용할 수 있음 • 자연이 만든 프리미엄 스파
	예산군	리솜리조트	• 국내 최초 세계적 규모의 웰빙 스파리조트 • 휴양, 건강형의 럭셔리 리조트/회원중심의 고품격 멤버십리조트
	천안시	상록리조트	• 계절이나 날씨에 상관없이 물놀이를 즐길 수 있도록 실내 2,500평/야외 2,000평 규모로 조성되어 있음 • 실내에서 서핑을 즐길 수 있음
전라남도	나주	중흥골드스파 &리조트	• 워터락(레인보우오션 : 실외 물놀이) : 약 10,000평 • 휴안수(실내 스파존) : 약 3,000평 • 동양 유일의 토네이도, 국내 최대 규모의 워터롤러코스터를 비롯한 각종 테마물놀이시설과 다양한 평형의 콘도, 펜션, 수상레포츠, 35홀 규모의 호남 최고 명문 클럽
	여수	디오션리조트	• 2012 여수세계박람회를 이끌어냈으며, 아름다운 남해안의 다도해를 배경으로 콘도, 워터파크, 호텔, 골프장 등 화양지구 복합 관광단지로 이루어진 명품 해양리조트
	화순	금호리조트	남도 제일의 온천휴양지
전라북도	변산	소노문 아쿠아월드	• 국내 리조트시설로는 처음으로 Cloud 9 특급호텔 시설을 동시에 운영 • 총면적 : 79,398㎡, 유럽풍 고급리조트, 변산국립공원 내 위치
	무주	덕유산리조트	한국의 알프스
강원도	홍천군	비발디파크 오션월드	• 강원지역의 능선이 굽이치는 청정수림 속에 상상을 초월하는 바다를 옮겨놓은 듯한 착각을 불러일으키고자 세워진 오션월드는 이집트를 쏙 빼닮았음 • 자연환경의 훼손을 최대한 억제한 친환경 워터파크 • 오션월드는 크게 실내존, 익스트림존, 다이나믹존으로 구분되며, 이 중 실내존은 파도풀, 유수풀, 슬라이드, 바데풀, 유아용 아쿠아놀이터, 찜질방, 테라피센터, 야외노천탕 등 으로 구성되어 있어 다양한 연령층이 함께 이용할 수 있음
	평창군	휘닉스파크 리조트 블루캐니언	• 깊고 푸른 지중해풍의 고품격 물놀이공간을 테마로 다양한 휴게/놀이시설을 배치 • 국내 최초의 업힐형 슬라이드와 국내 최장/최대폭의 훼미리 슬라이드 도입 • 총 22,336.19㎡ 규모의 공간에 동시에 5,600명 이상 수용

지 역	소재지	워터파크명	특 징
강원도	평창군	용평리조트	평창의 오리지널, 대관령 사계절 복합리조트
	고성	파인리즈	안락한 휴식을 배려한 공간설계, 대형호수와 비치벙커가 한눈에 펼쳐지는 전경과 야경
	원주	오크밸리	강원도 천혜의 청정 자연에 조성된 종합 리조트
	속초 (설악)	소노문 아쿠아월드	• 동해바다와 설악 연봉의 장관을 볼 수 있음 • 총 683실의 객실과 골프장, 아쿠아월드 등 다양한 부대시설과 연회장을 갖추고 있음 • 천혜의 관광요람과 풍부한 주변 관광지
		한화설악 워터피아	• 천연 온천수로 즐기는 종합온천 워터파크 • 양이온인 나트륨, 칼슘, 마그네슘과 음이온인 탄산수소, 염소, 탄산, 황산 등이 함유된 중성탄산나트륨 온천수로 100% 천연 온천수를 이용한 종합 온천 테마파크 • 섭씨 49도의 일일 채수량 3,000여 톤으로 설악 최고의 수질을 자랑
	양양	쏠비치 양양 오션플레이	• 쏠비치단지 내 바다에 접한 야외 워터파크
대구	달성군	리조트 스파밸리	• 3세대 온천으로 건강과 레저를 함께 즐길 수 있는 온천 • UK-Ball을 이용한 음양오행 건강온천욕 시스템이 있음 • 약 2,000평 규모의 야외 워터파크는 숲속에서 산림온천욕과 함께 물놀이를 즐길 수 있음
경상 북도	경주	경주월드 리조트 캘리포니아 비치	• 33,000㎡의 대규모 시설로서 계획단계부터 세계적인 테마파크 전문 설계회사인 캐나다 Forrec사에 콘셉트 및 상세설계를 의뢰하여 진행 • 대형 파도풀 '산타모니카비치'는 규모뿐 아니라 국내 유일의 파도시스템을 갖춘 파도풀이며 국내에서 두 번째로 긴 유수풀 • 휴식개념의 워터파크가 아닌 '젊음'과 '열정'을 콘셉트로 함
		소노벨 경주	• 경주 온천수를 이용해 운영
		블루원 워터파크	• 영남권 최대 4계절 워터파크 • 남태평양의 폴리네시안을 테마로 전체 39,669㎡ 하루 최대 10,000명을 수용할 수 있음 • 국내 최고 높이 2.6m 파도풀 스톰웨이브 설치
제주	서귀포	금호리조트	최고의 경관과 시설 자랑
		레이크힐스 리조트	태평양의 낭만과 별미를 느낄 수 있는 호텔식 휴양지
		휘닉스 아일랜드	천혜의 절경, 섭지코지의 약 20만 평 부지에 자리 잡음
	제주	라헨느 콘도미니엄	자연의 어머니
		한화리조트	천혜의 경관

▲ 대명비발디파크 오션월드

7) 미국의 워터파크 현황

미국 뉴저지주의 'Mauntain Creek Water Park'와 텍사스주 오스턴에 'Schlitterbahn Water Park'가 있으며 올랜도에는 'Typhoon Lagoon'이 실외 워터파크 중 세계 최대이다.

〈표 17-4〉 세계 주요 워터파크의 상호 비교

구 분	타이푼 라군 (Typhoon Lagoon) 미국 올랜도	오션돔 (Ocean Dome) 일본 시가이야	캐리비안베이 (Caribbean Bay) 한국 용인
특징	세계 최대의 실외 워터파크	세계 최대의 실내 워터파크	세계 최대의 실내외 워터파크
중요 테마	열대 태풍에 파괴된 열대지방 마을 연출(태풍)	더운 나라의 낙원을 제주로 함. 바다(sea)+대지(gaia)	스페인풍의 작은 항구마을 연출(스페인풍의 캐리비안 주제)
개장연도	1989년	1993년	1996년
운영주체	월트 디즈니사	휘닉스사	삼성 에버랜드
규모	• 대지 : 228,000m²	• 대지 : 82,600m² • 연건평 : 54,540m²	• 대지 : 115,000m² • 연건평 : 29,752m²

구 분	타이푼 라군 (Typhoon Lagoon) 미국 올랜도	오션돔 (Ocean Dome) 일본 시가이야	캐리비안베이 (Caribbean Bay) 한국 용인
설계 및 시설물 공급	월트 디즈니사 자체 (슬리이드 : 프로슬리이드 사에서 공급)	미쓰비시중공업	화이트 워터(White Water 〈캐〉), HHCP(미)
마켓타깃	올랜도 내원관광객 및 지역 주민(가족단위)	규슈지방 방문관광객 및 휘 닉스파크 방문객(젊은층)	서울 · 경인지역의 젊은층 및 가족단위
개발방법	자체인력 및 자금	제3 섹터형으로 개발 (기업, 민간, 지방정부 공동)	자체인력 및 자금
중요시설	파도풀, 유수풀, 바다탐험 지역, 워터슬라이드, 어린이 풀, 모험놀이풀	실내 대형 파도풀, 워터슬 라이드, 유수풀, 시뮬레이터, 다크라이드	파도풀, 워터슬라이드, 서핑 라이드, 각종 사우나, 자쿠지, 선텐모험놀이풀, 어린이풀
연계시설	인근의 월트 디즈니사 소유 의 테마파크, 각종 호텔, 골 프장 등	골프장, 45층 호텔, 대형 컨 벤션센터 등	테마파크, 자동차경주장, 스 포츠센터, 통나무집, 미술관 등

자료 : 임영수, 1996.

제 18 장

승마리조트

리조트산업의 이해

승마는 현대인들에게 선호되는 고급 레저 스포츠이다. 따라서 개인별 동호회별 승마클럽에서 레저를 즐기는 사람들이 급증하는 추세이다. 승마는 그 어떤 레저보다 사람이나 사물이 아닌 말이라는 동물과 호흡을 같이하는 레저이므로 세심한 배려와 인내심이 요구된다.

전국의 승마장은 2018년 10월 기준 479개가 있으며 승마관련 종사자도 1만 7천여 명으로 매년 5.2%(800여명) 정도가 늘어나고 있다. 승마를 정기적으로 이용하는 자는 4만 7천여 명으로 매년 4천여명 정도가 늘어나고 있다. 뿐만 아니라 정부정책과 승마인구에 힘입어 전체 말산업 규모도 3조 4천억원 이상 신장되고 있으며 이는 곧 말산업 분야의 산업화가 빠르게 진전되고 있는 현상일 뿐만 아니라 국민들의 레저 스포츠 활동 중 승마의 선호도와 참여가 증가됨으로써 그 중요성이 더 가중된다고 하겠다.

제1절 승마의 개요

1. 승마의 유래

한국의 승마는 1945년 '한국학생마을연맹'이 창설되었고 같은 해 10월에 대한승마협회가 정식으로 발족되었다. 1948년 최초의 올림픽참가 노력에도 불구하고 예산상의 이유로 출전하지 못하고 1952년 제15회 헬싱키올림픽에 처음으로 출전하게 되었다.

2. 경마와 승마의 구분

(1) 경마

말과 기수가 일체가 되어 최대로 빨리 달리는 스피드 스포츠

(2) 승마

말과 기수가 호흡을 같이하며 마술적 스릴과 쾌감을 얻는 레저 스포츠

3. 승마복장

(1) 상의

상의는 허리 아래로 내려오는 길이로 착용하되, 상의는 바지 속으로 모두 넣고 단추를 단정히 채움으로써 옷자락이 말장구의 고리에 걸려 낙마하거나 옷의 손상을 방지해야 한다.

(2) 하의

두꺼운 청바지 또는 면바지가 말려서 올라가거나 접히지 않아 마찰부상을 최소화 시킬 수 있다(트레이닝복은 신축성이 있어 마찰로 인한 상처가 발생).

(3) 신발

등좌쇠는 보통 12cm이므로 폭이 좁은 신발 착용

(4) 액세서리

머리핀, 반지 등은 사고 시 흉기로 변하므로 착용을 금한다.

제2절 승마의 종목

1. 마장마술(Dressage)

1) 마장마술이란?

마장마술이란 조직적이고 체계적인 교육을 통해 마필의 온순성, 예민성, 유연성 등 말의 예술성을 계발하는 것이다. 즉 사람의 기본자세와 태도, 매너 등을 습관화시키는 교육과 동일한 개념이다.

2) 마장마술의 목적

마장마술은 말의 자연스런 걸음걸이와 말의 움직임을 더욱 아름답고 인상 깊게 계발하는 데 있다.

3) 테스트항목

① 정확한 걸음 : 네 다리의 움직임이 균등히 이루어져야 함
② 정확한 아웃라인 : 말이 회전할 때 몸이 부드럽게 굴곡을 이루고 직진상태에는 정확하게 직진을 이루어야 함

4) 채점기준

각 심판원이 선수에게 0~10점 내에서 점수를 부여. 실점은 첫 번째 2점, 두 번째 4점, 세 번째 8점, 네 번째 실권이 된다.

2. 장애물 비월(Show Jumping)

장애물 비월경기는 말과 기술자가 함께 다양한 조건하에 있는 여러 장애물을 뛰어넘는 경기이다.

3. 종합마술(Eventing)

　종합마술이란 모든 승마요소를 종합한 경기로 기승한 말의 능력을 정확히 파악하는 기술을 요구하는 경기이다.

　이 경기는 3종목의 별도종목으로 구성이 되어 3일 동안 한 선수가 같은 말을 기승하고 경쟁하는 경기로서 감점처리로 점수를 매긴다.

1) 테스트항목

　① 마장마술(Dressage) : 첫날에 개최되는 종목
　② 크로스컨트리(Cross-Country) : 둘째날 경기종목
　　장애물 종류와 배치는 조직위원회의 재량이다.
　③ 장애물(Jumping) : 마지막 경기종목

4. 마차경기(Driving)

　마차경기는 마차를 모는 사람이 종합마술과 동일하게 마장마술, 장애물, 크로스컨트리를 치르는 경기

5. 마상체조(Vaulting)

　말 위에서 체조하는 경기

6. 지구력경기(Endurance)

　승마의 마라톤경기로서 말의 속도와 지구력 테스트경기이며 최단시간 안에 각 구간의 종료선을 통과해야 하는 경기이다.

제3절 말의 특성과 관리

1. 말의 평균수명

(1) 말의 수명은 평균 20~30세로 알려져 있다.

(2) 말의 나이는 치아로 추정한다 : 사람과 비교하여 1~6세까지는 5.5배, 7세 이상
은 5배를 곱해서 계산(예 : 말의 3세는 사람의 17세, 말의 20세는 사람의 100세)

2. 말의 습성

(1) 기억력은 좋으나 이해력이 낮다.

(2) 방어수단으로 가끔 물거나 뒷발질을 하며 도망간다.

(3) 동물 중에서 가장 겁이 많으나 영리하다.

(4) 칭찬과 힐책을 잘 알아챈다.

(5) 순발력이 뛰어나다.

(6) 말의 집중력은 20분 정도 이내이다.

3. 말의 품종

품종명	품종명
브레튼(Breton)	앵글로아랍(Anglo Arab)
포니(Pony)	홀스타이너(Holsteiner)
서러브레드(Thoroughbred)	올로브트로터(Orlov Trotter)
샤어(Shire)	앵글로노르만(Anglo-Norman)
아메리칸 트로터(American Trotter)	하크니(Hackney)
헌터(Hunter)	아라비아말(Arabian)
안달루시안(Andalusian)	트라케너(Trakehner)

4. 말의 관리

(1) 사료는 최소한 1일 2회 이상 준다.

(2) 사료량과 형태는 일관성 있게 제공한다.

(3) 말의 소금 섭취량을 확인한다.

(4) 섭씨 4~5도의 신선한 물을 제공한다.

(5) 치아를 점검하여 날카로운 부분은 갈아준다.

(6) 규칙적인 운동을 시킨다.

(7) 갈증 나는 말에게 물을 함부로 주어서는 안된다.

5. 말 길들이기(순치)

(1) 사람과 말의 신뢰를 구축한다

(2) 사람이 말의 리더가 되어야 한다

사람의 지시를 존중하게 해야 한다.

　① 수말 : 사람에 대한 존경을 가르침

　② 암말 : 암말에 대한 징계는 역효과

무서워하고 있는지, 반항하고 있는지의 구별이 중요하다.

(3) 말에게 경험을 쌓게 한다

말의 집중력은 20분 이내이므로 한 번에 같은 일을 몇 번이고 요구하지 않도록 한다.

(4) 단계적으로 진행한다

충분한 시간을 갖고 단계적 진행 교육

(5) 명확한 지시를 내린다

말이 잘못한 일을 하려고 할 때 명확한 지시나 태도를 표시한다.

제4절 승마훈련방법

1. 승마의 기본자세

(1) 머리 : 머리는 똑바로 하고 턱을 당긴다.

(2) 눈 : 눈은 항상 정면을 향하고 시야 확보로 다른 말의 상황을 관찰한다.

(3) 어깨 : 어깨는 힘을 빼고 자연스럽게 한다.

(4) 팔 : 팔꿈치는 허리에 가볍게 접촉시킨다.

(5) 상체 : 힘을 빼고 가슴과 등을 똑바로 편다.

(6) 다리 : 종아리를 말에 가볍게 접촉시킨다.

2. 말등에서의 자세교정

(1) 말등에 오르면 허벅지에 체중을 싣고 안장의 가장 깊은 부위에 앉는다.

(2) 무릎은 말의 어깨 쪽을 향하도록 하고 안장날개에 붙인다.

(3) 머리는 바르게 들고 시선은 말의 두 귀 사이를 통해 정면을 바라본다.

3. 승마훈련 요령

(1) 평보 시 기승자의 움직임은 말과 조화를 이루어 나아가게 된다.

(2) 속보 시 기승자는 안장에 앉아서 평보대와 비슷하게 말의 반동을 자연스럽게
받아야 한다.

(3) 경속보 시 기승자는 속보반동에 맞춰 처음 반동에 등좌를 밟고 일어서고 두
번째 반동 시 앉는 것을 반복한다. (경속보는 말과 사람 모두 편안하게 하는

운동이다.)

(4) 경속보보다 계속 앉아서 가는 좌속보가 말에게 기승자의 영향을 더 많이 받게 하는 운동이다.

(5) 구보 시 기승자는 안장에 앉고 상체는 말의 반동에 따라 움직이되, 허리는 굽히지 말아야 한다.

(6) 기승자의 주먹자세는 팔꿈치, 주먹, 말의 입과 직선을 이루게 한다.

(7) 말이 앞뒤로 머리를 움직이기 때문에 기승자는 고삐연결이 잘되어야 한다.

(8) 고삐와 연결을 유지시키려면 팔꿈치와 어깨의 관절을 잘 사용해야 한다.

(9) 기승자의 종아리는 말배에 부드럽게 닿아 있어야 하며 균등하게 체중을 실어야 한다.

(10) 다리의 부조는 다리를 눌러 사용하며 복대 뒤쪽에서 다리부조를 적용하게 된다. 발가락은 앞쪽을 향해야 한다.

(11) 허리와 등 부분의 배꼽부위를 앞으로 내밀면서 등허리를 펴는 자세를 한다.

(12) 가슴부위는 쭉 편다.

(13) 상체에 힘을 빼면서 모든 체중을 말에게 축 내리고 허리는 편다.

4. 승마 시의 유의점

(1) 헬멧착용 필수

(2) 말을 탈 때에는 고삐를 잡고 말의 조정 유지

(3) 말에 익숙해지기 전까지는 막힌 공간에서만 탈 것

(4) 말이 놀라더라도 침착하게 말의 극복시간을 줄 것

(5) 느린 걸음의 다른 말을 재촉하지 말 것

(6) 속보와 구보의 마스터 전까지는 말에게 친밀감을 가져 긴장해소 유지

(7) 자신감 갖기 전까지는 감독하에 탈 것

(8) 승마복 갖춰 입을 것

(9) 승마 시 껌이나 사탕을 먹지 말 것 : 혀를 깨물 수 있음

:: 제5절 승마의 장점

1. 남녀노소 누구나 가능하다.

2. 폐활량이 좋아진다.

3. 상체 움직임은 심장, 폐, 위장의 건강을 돕고 허리운동은 요추와 척추의 기운을 돕고, 다리관절 보강으로 대퇴부 종아리 근육이 단단해진다.

4. 신체를 바르게 교정한다.

5. 허리가 유연해진다.

6. 정신집중력이 강화된다.

7. 신체의 리듬감을 살려준다.

8. 담력을 길러준다.

9. 관절염을 예방한다.

10. 기타 한국마사회에서는 재활승마교실을 운영하여 자세교정, 대인기피현상, 우울증 등을 치료하는 프로그램을 운영하고 있다(현재 독일에서는 활발하게 운영되고 있음).

일반적인 승마클럽 가입비

- 자마(자기말) : 150만 원
- 일반 : 월 60만 원
- 초등생 : 월 50만 원
- 레슨비 : 10만 원(1시간 : 1만 5천 원~4만 원)
- 승마시간 : 09:00~18:00 자유선택
- 체험승마 : 4만 원(25분간)

제 19 장

에코-힐링형 리조트

리조트산업의 이해

제1절 에코-힐링형 리조트의 개요

에코-힐링(Eco-Healing)형 리조트는 생태(Ecology) + 치료(Healing)의 합성어로서 정신수양과 음식을 통하여 건강과 웰빙을 추구하고 스트레스를 해소시키는 자연적인 치료 목적의 리조트이다.

현대인들은 너무나 치열한 경쟁 속에서 오직 성과와 실적을 위해 바쁘게 살아가고 있으며, 그로 인한 스트레스와 정신적 공황상태가 발생하고 있는 게 현실이다.

더구나 아날로그형 문화에서 디지털형 문화로 빠르게 변화하는 시대적 환경과 요구에 적응해 나가는 것 자체가 우리의 삶을 변화시키고 있으며, 이러한 변화와 적응 상황도 곧 스트레스 요인 중의 하나이다.

이러한 정신적 갈등과 스트레스에서 해방되고 치유되는 방법 중의 하나가 에코-힐링이며, 이러한 테마를 주요 상품으로 개발 운영하는 리조트가 에코-힐링형 리조트이다.

제2절 에코-힐링형 리조트의 특징

에코-힐링형 리조트의 근본적인 치유방법은 약물투여에서 벗어나 오직 자연 속에서 마음의 안정과 여유로운 삶을 추구하는 방법이다.

따라서 이곳 리조트에는 전화, TV, 라디오, 시계, 달력도 없으며 느림의 원칙인 슬로-시티(Slow-City)의 생활화를 실천하는 것이 가장 큰 특징이라고 할 수 있다.

제3절 에코-힐링형 리조트의 현황

에코-힐링형 리조트는 우리나라의 '힐리언스 선마을'이 강원도 홍천에 자리잡고 있으며, 제주도 섭지코지 지역의 휘닉스아일랜드제주 리조트 내에 있는 '지니어스 로사이' 명상관, 일본 지바 지역에 있는 '생명의 숲', 미국 콜로라도 지역의 '키스톤 로지 스파', 그리고 태국의 '식스센스 리조트', 필리핀의 '산베니토 리조트' 등이 있으며 세부내용은 아래와 같다.

1. 한국의 '힐리언스 선마을'

힐리언스 선마을은 2008년 강원도 홍천에 세워진 전형적인 자연 치유센터이다. 이곳은 천혜의 자연 속에서 생활하면서 다음과 같은 3가지를 기본 콘셉트로 하고 있다.

첫째, '의도된 불편함'을 원칙으로 하고 있다.

문명의 혜택이 곧 정신과 신체건강에 스트레스를 준다는 것이며, 따라서 이곳에는 TV, 라디오, 에어컨, 냉장고가 없고 휴대폰 수신이 안되며, 금연과 금주가 기본이다.

둘째, 생활환경을 자연과 함께한다.

이곳에서는 천혜의 자연환경과 더불어 생활하며 세계 장수촌 고지인 250고지 비탈길에 있으며, 8개 트래킹코스를 통한 바람골과 물골의 자연과 함께 생활한다.

셋째, 모든 건물은 친환경 공간으로 설계되어 있다.

힐리언스 선마을의 생활공간들은 친환경에너지 시스템(지열, 태양열)과 친환경적인 건축자재 사용(벽지, 페인트), 그리고 객실 내의 친환경적인 집기 비품들이 특기할 만하다.

그 외 객실 내에서 침대에 누우면 천장에 달린 창문으로 밤하늘을 볼 수 있고, 객실 가운데 있는 정원을 통해 자연을 느낄 수 있도록 되어 있다. 그리고 식사는 기본 30분 이상 꼭꼭 씹어서 천천히 먹는 습관을 위해서 식탁 위에 30분용 모래시계를 놓고 식사라는 것을 원칙으로 하고 실천하고 있다.

휴식과 치유를 목적으로 이곳을 찾는 사람들은 '숲치유명상', '와식명상(식사 후 누워서 낮잠)', '낙조명상'을 하며 지친 심신을 달래고 산악 트래킹으로 숲에서 뿜어져 나오는 '피톤치드'(Phytoncide : 그리스어인 식물의 Plant와 살균력 Cide의 합성어로 식물이 분비하는 살균물질)로 면역력까지 높일 수 있다.

2. 제주 '지니어스 로사이' 명상관

지니어스 로사이(Genius Loci : 이 땅을 지키는 수호신) 명상관은 제주도 섭지코지 지역의 휘닉스아일랜드 리조트 내의 바닷가에 위치하고 있다. 이곳은 세계적 건축가인 '안도 다다오'가 건축과 예술을 접목하여 '과거와 현재, 그리고 미래가 만나는 곳, 하늘과 땅과 인간이 조화를 이루는 곳이다'라는 생각으로 만든 곳이다.

건물은 단층과 지하 형태의 터널식으로 되어 있으며

▲ 제주 '지니어스 로사이' 입구 안내문

내부에는 3개의 공간으로 구성되어 있다.

첫 번째 공간은 다이어리(Diary)이다.

약 4분간 보여지는 영상으로 앙상한 가지에서 잎이 나오고, 꽃이 피며 나중엔 그 꽃이 전부 떨어지게 되는 영상을 보여준다.

두 번째 공간은 어제의 하늘(Sky Recorded Today)이다.

바닥은 특이한 스크린으로 되어 있고, 그 스크린 안에는 어제의 하늘이 담겨져 있으며, 통통 튀기는 공은 어제의 사람들이 담겨져 있는 모습을 보여준다.

세 번째 공간은 섭지의 오늘(Now Recording SEOPJI)이다.

각각의 공간마다 특색이 있으며, 조용한 명상프로그램과 함께 마음의 '쉼'을 갖는 곳이다.

3. 일본 '생명의 숲' 리조트

일본 지바현에 있는 '생명의 숲' 리조트는 건강과 스포츠를 테마로 하여 자연과 더불어 숙박을 하면서 건강명상 프로그램을 실행하는 전형적인 에코-힐링형 리조트이다.

이 리조트는 대단위 면적에 울창한 숲으로 조성되어 있고, 그 숲속 가운데 숙박시설과 명상체험관, 식당 등의 부대시설이 있다.

리조트 내의 숙박시설은 16층의 타워형 호텔과 단독주택 형태의 코티지(Cottage)로 운영되고 있으며 각종 편의시설이 갖추어져 있다.

특히 일본의 지진 참사로 인한 정신적 충격을 받은 사람들이 이곳에 와서 명상을 통한 치유를 하는 경우도 있다(www.seimei-no-mori.com).

4. 일본 '호시노야 가루이자와' 리조트

일본 도쿄에서 신칸센으로 1시간 정도의 거리에 있는 나가노현의 호시노야 가루이자와(호시노 : 대표이름 / 가루이자와 : 지역명) 리조트는 100년이 넘은 일본의 전형적인 '료칸'형태 숙박의 에코-힐링형 리조트라고 할 수 있다.

친환경을 강조하기 위해 리조트 입구의 리셉션센터에서 안내를 받고 그곳에서 차를 두고 호텔 셔틀차량으로 7~8분 거리의 프런트데스크로 이동하는 방법을 취하고 있다.

리조트 로비는 촛불 정도의 컴컴한 조명으로 상대편 얼굴을 쉽게 분간하기가 어려울 정도로 조용하고 적막하게 만들어 놓았으며, 은은한 명상음악만이 고요한 적막을 깨뜨리는 분위기다.

그 외 계단식의 식당과 카페형의 무인 도서실이 운영되고 있다.

도서실에는 누워서도 책을 읽을 수 있는 안락의자가 있고, 명상과 정신건강에 도움이 되는 원예, 조경 등의 책들만 비치하고 있다.

그 외 객실에 가지고 가서 들을 수 있는 명상 CD도 무료로 빌려준다.

프런트데스크에서 객실로의 이동은 4인용 카트나 걸어서 갈 수 있으며, 고불고불한 산길을 올라가면 단독형 숙소가 있고, 객실 내에는 침구와 명상 CD를 들을 수 있는 오디오 외에는 아무것도 없다.

77개의 각 객실문 앞에는 목재 테라스가 있으며, 그 테라스에 접하여 호수 같은 계곡물이 유유히 흐르고, 계곡 중간중간에 물고기가 뛰어오르기도 한다. 객실 창문 밖에는 온통 숲으로 둘러싸여 있다.

모두가 '비일상감'의 휴식이다(www.hoshinoya.com).

▲ 일본 '호시노야 가루이자와 리조트' 객실

5. 미국의 키스톤 로지 스파

미국 콜로라도주에 있는 키스톤 로지 스파(Keystone Lodge Spa) 리조트는 기존의 스파리조트에 친환경적인 요소를 결합해 만든 대표적인 에코-힐링형 스파리조트이다. 이곳의 건축재료는 재활용나무만 사용하였고 전기는 풍력을 이용하여 공급하는 시스템을 갖추고 있다.

6. 태국의 식스센스 리조트

태국의 대표적인 식스센스(Six Sense) 리조트는 에코 리조트이며, 이곳 리조트 내 모든 정원의 식물들은 식용이 가능하고 지역의 모든 식품들은 유기농으로만 가공되는 에코 리조트이다.

7. 필리핀의 더 팜 엣 산베니토 리조트

필리핀의 더 팜 엣 산베니토(The Farm at San Benito) 리조트는 필리핀의 마닐라에서 2시간여 거리에 있는 힐링리조트로서 힐링(Healing)과 웰니스(Wellness)를 동시에 체험할 수 있는 전형적인 휴양리조트다. 객실은 32개에 불과하나 제각각 다르게 꾸며져 있어 독특한 형태로 이국적인 풍취를 느낄 수 있는 곳이다. 공항까지는 68km 정도의 위치에 있다.

264

제 20 장

에듀-컬처형 리조트

리조트산업의 이해

제1절 에듀-컬처형 리조트의 개요

에듀-컬처형(Edu-Culture) 리조트는 기존의 오락중심 리조트를 벗어나 문화와 예술공연을 통한 감성적 체험이나 특정 테마중심의 교육을 제공하는 리조트라고 할 수 있다.

지금까지는 놀이시설이나 오락만으로 사람들의 인기를 끌 수 있었지만, 이제는 이용자들이 자신의 개성은 물론 교육과 문화에 맞는 다양한 주제에 좀더 차별적인 체험을 원하고 있기 때문에, 교육과 문화가 접목된 에듀-컬처형 리조트를 추구하는 것이 현실이다.

제2절 에듀-컬처형 리조트의 특성

에듀-컬처형 리조트의 특징은 우선 교육적인 소재와 문화를 발굴해야 한다는 점이다.

따라서 고품격 문화공연을 위한 공연시설과 프로그램의 개발이 매우 중요하다.

⠿ 제3절 에듀-컬처형 리조트 현황

1. 롯데리조트 부여

충남 부여에 건립된 롯데리조트 부여는 쉬면서 백제의 역사, 문화를 배우고 체험하기 위한 테마형 리조트이다.

이곳에는 백제 테마정원, 백제예술거리, 역사재현촌, 백제역사문화관 등의 학습장이 꾸며져 있으며 왕의 침실, 생활공간, 연회행사공간들이 재현되어 있다.

또한 이곳에는 '한국전통문화학교'가 자리잡고 있으며 문화재청산하 전통문화와 문화재전문인력을 양성하는 4년제 특수대학교로서 우리의 전통문화를 계승 발전시키는 전형적인 교육기관으로 교육과 백제문화를 함께 공유하는 에듀-컬처형 리조트라고 할 수 있다.

2. 경주 신라밀레니엄파크

경주 보문단지에 있으며 선덕여왕 드라마의 촬영지이기도 한 신라밀레니엄파크는 신라시대의 건축물과 풍물거리, 신라주제공연, 신라궁궐 등이 잘 갖추어진 대표적인 에듀-컬처형 리조트라고 할 수 있다.

특히 단지 내에는 신라시대 전통가옥인 한옥형태의 '라궁(羅宮)호텔'을 운영하고 있으며 16채의 한옥호텔에 100m가 넘는 복도의 회랑을 갖추고 있다. 각 한옥 객실에는 노천온천탕이 설치되어 있으며, 우리나라의 한국 전통미를 나타내는 대표적인 호텔이라고 할 수 있다.

▲ 경주 보문단지의 한옥호텔인 '라궁호텔'

제 21 장

휴양콘도미니엄

리조트산업의 이해

제1절 휴양콘도미니엄의 개요

1. 휴양콘도미니엄의 개념

휴양콘도미니엄(Resort Condominium)은 리조트(Resort)와 콘도미니엄(Condominium)의 합성어로 휴양을 즐기기 위한 숙박시설이다. 콘도미니엄의 기본원칙은 동일한 자산(토지 + 건물)을 공동소유하고 공동관리하는 것이다.

우리나라 「관광진흥법」은 제3조제1항 2호에서 휴양콘도미니엄의 정의를 "관광객의 숙박과 취사에 적합한 시설을 갖추어 이를 그 시설의 회원이나 공유자, 그 밖의 관광객에게 제공하거나 숙박에 딸리는 음식·운동·오락·휴양·공연 또는 연수에 적합한 시설 등을 함께 갖추어 이를 이용하게 하는 업"으로 규정하고 있다.

2. 휴양콘도미니엄의 역사

본래 콘도미니엄은 1957년 스페인에서 기존호텔에 개인소유개념을 도입하여 개발한 것이 그 시초이며, 1950년대 이탈리아에서 중소기업들이 종업원들의 복리후생을 위해 회사가 공동투자를 하여 연립주택이나 호텔 형태로 지은 별장식 가옥을 10여명이 소유하는 공동휴양시설로 개발한 것이 그 효시라 한다. 미국에서는 1960년대, 일본은 1976년도에, 우리나라는 1981년 4월 ㈜한국콘도에서 경주보문단지 내에 있는 25평형 108실을 분양한 것이 콘도미니엄의 시초인데, 1982년 12월 31일 휴양콘도미니엄업을 「관광진흥법」상의 관광숙박업종으로 신설한 후 오늘에 이르고 있다.

3. 휴양콘도미니엄의 특성

① 휴양콘도는 5인 이상이 공동분양하므로 1가구 2주택에 해당되지 않는다.
② 분양을 받은 회원은 등기권을 행사할 수 있고 양도가 가능하다.
③ 연간 사용일수가 정해져 있다(14일, 20일, 28일, 30일, 60일 등).
④ 객실 내에 취사시설이 갖추어져 있다.

4. 휴양콘도미니엄의 회원권 종류

휴양콘도미니엄의 회원권 종류에는 공유제 회원(Ownership Members)과 회원제 회원(Membership Members)의 두 가지가 있다.

1) 공유제 회원권

공유제 회원은 아파트분양과 같이 콘도미니엄 회사가 분양받은 개인에게 소유권 자체를 매각하는 것이다. 따라서 공유제 회원은 '분양계약서'를 작성해야 한다. 분양받은 회원은 객실에 대한 지분소유권이전 등기를 해야 하고 취득세와 재산세를 납부해야 한다.

2) 회원제 회원권

회원제 회원권은 객실의 소유권에 대한 등기를 할 수 없고 이용권리만 취득하는 것이다. 따라서 소유권이전 등기는 할 수 없으며 회원가입에 따른 '입회신청서'를 작성해야 한다. 즉 회원가입을 통한 일정기간만큼의 회원자격만을 취득하는 것이며, 이때 회원 가입비는 보증금으로써 약정기간(20년, 30년 등)이 지나면 무이자로 원금을 돌려받게 되며 이때 회원가입은 탈퇴되고 자격은 상실된다.

3) 공유제와 회원제의 차이점

공유제와 회원제의 차이점은 소유권이 있느냐 없느냐의 차이일 뿐 이용상의 차이점은 전혀 없다.

▲ 코오롱 마우나빌콘도미니엄(경주)

제2절 휴양콘도미니엄의 구매자 특성

휴양콘도미니엄의 구매자 특성을 파악한다는 것은 콘도의 분양에 결정적인 정보와 변수가 될 수 있는 객실크기 선호도이다. 여기서는 콘도구입 결정권자, 정보제공권자, 그 외 기존 콘도회원들의 불만사항이 무엇인지를 간략히 기술해 본다.

1. 객실크기 선호도

① 일반적으로 전체 콘도구입자들의 평균객실크기는 60~90㎡가 가장 많으며, 99~129㎡가 그 다음이다.

② 그 외 소득이 상위계층일수록 대형객실을 선호하며 멤버십보다는 오너십을 선호하는 경향이다.

③ 법인구매자들의 특징은 작은 객실을 여러 개 선호하는 경향이 높다(복지후생 차원).

2. 콘도구입 정보제공자

콘도구입 결정권자는 가구주이며 그 다음은 가구주의 부모로 나타났다.

3. 콘도구입 정보제공자

콘도구입에 결정적 영향을 미친 자는 1위가 친구/동료이며 2위가 가족으로 나타났다.

4. 콘도회원의 불만사항

콘도회원들의 가장 큰 불만사항은 성수기의 예약불편으로 나타났으며 그 다음이 체인점이 적은 부분이다.

〈표 21-1〉 **휴양콘도미니엄의 구매자 특성**

구 분	1위	2위
객실크기 선호도(평균)	60~95m²(20~29평)	99~129m²(30~39평)
콘도구입 결정권자	가구주	가구주의 부모
콘도구입 정보제공자	친구/동료	가족
콘도회원의 불만사항	성수기예약 불편	체인 부족
콘도부대시설의 선호도	스파/워터파크	골프장

▲ 대명리조트 쏠비치 야외 수영장

제3절 타임셰어링과 R.C.I

1. 타임셰어링(Time Sharing)의 개념

타임셰어링 시스템은 1960년대에 프랑스 알프스지방에서 도입된 시스템으로 여러 명의 콘도회원들이 객실 1개를 이용하는데 서로 겹치지 않고 공평하게 사용하는 시스템으로 '1년 365일을 1주일 단위로 균등하게 나누어 판매하고 사용'하게 하는 방법이다.

1주단위로 균등하게 나누는 목적은 콘도 특성상 1개의 객실을 5인 이상 공동소유하므로 공휴일이나 휴가일의 특정일에 회원들이 집중되는 것을 방지하고 연중 고른 분포로 사용하게 하여 모든 회원들이 1년 동안 균등하게 이용할 수 있는 편의를 제공하는 데 있다.

2. R.C.I의 개요(Resort Condominium International)

1) R.C.I의 개념

R.C.I란 "세계리조트교환기업"으로서 콘도미니엄과 별장 등을 개인이 사용하지 않는 기간 동안 타 국가의 콘도나 별장 소유 회원들과 상호교환하여 이용하는 국제휴가시설 교환전문기업이다. 1974년 미국에서 처음 실시된 이후 지금은 유럽, 중남미 등 세계 각국으로 파급되어 국내는 물론 해외 110개국의 4,300여개 고급 리조트 시설을 이용할 수 있는 시스템이다.

2) R.C.I의 특성

　① 우천 시나 강풍으로 여행을 정상적으로 시행하지 못했을 때에는 R.C.I가 여행경비 전액을 보상해 준다.

　② 여행지의 수영장, 골프장 등 각종 부대시설 이용가능

　③ 여행보험가입으로 질병, 사고 때 보상

　④ 렌터카 이용 시 할인혜택

　⑤ 여행목적지의 여행정보 소개자료 제공

3) R.C.I 이용절차

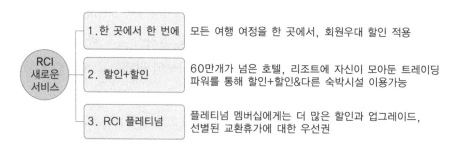

　① 1단계 : 예입(Deposit) : 2년 전부터 30일 전까지

　② 2단계 : 휴가신청(Request) : 2년 전부터 3일 전까지 메일 또는 전화 신청

③ 3단계 : 출발(Pack & Go) : R.C.I로부터 교환 확인 후 15~20일 후에는 교환확

인서와 R.C.I회원카드를 보내주며 반드시 소지 후 출발

❀ RCI 게재 홍보 상품예시

Home Resort	Points	Rooms	Season	Usage	Maintenance Fees	Listing Prices	Tax	Biennial- First year use
King's Land	9,300	2	Platinum	Annual	$1,303.38	$14,500	$125.90	
	12,600	2	Platinum	Annual	$1,675.33	$19,500	$175.89	

하와이 코할라 코스트에 위치한 킹스랜드입니다.
투숙객들에게 와이콜로아 비치 리조트(Waikoloa Beach Resort) 내에서 무료 셔틀 서비스를 이용할 수
있습니다.
킹스랜드는 1Bedroom~3Bedroom으로 구성되어 있으며 가족과 함께 머물기 좋게 탁아서비스 및 어린이
활동을 제공합니다.
모든 스위트룸에는 완비된 주방, 전용 발코니 및 평면 TV가 마련되어 있습니다.
실내 욕실과 세탁기 및 건조기도 구비되어 있습니다.
Wi-Fi는 공용 공간, 수영장, Bistro Lounge 전역에서 무료로 접속할 수 있습니다.
킹스랜드 투숙객들을 위한 게임 테이블, 비디오 게임 시스템, 수상 액티비티 시설과 피트니스 센터도 이용
가능합니다.
인근의 챔피언십 골프장에서는 골프를 즐기셔도 좋습니다.
힐로 공항(Hilo Airport)은 89km, 와이메아코알라공항은 21km, 웨이코로아 비치 리조트는 1.3km, 홀루알로아
코나 커피 농장(Holualoa Kona Coffee Plantation)까지는 차로 45분이 소요됩니다.

자료 : 타임쉐어마케팅

제4절 휴양콘도미니엄의 등록기준「관광진흥법 시행령」 제5조 관련 〈별표 1〉)

1. 객실

① 같은 단지 안에 객실이 30실 이상일 것
② 관광객의 취사·체류 및 숙박에 필요한 설비를 갖추고 있을 것(다만 객실 밖에 관광객이 이용할 수 있는 공동취사장 등 취사시설을 갖춘 경우에는 총객실의 30% 이하의 범위에서 객실에 취사시설을 갖추지 않을 수 있다.)

2. 매점 등

매점이나 간이매장이 있을 것. 다만, 여러 개의 동으로 단지를 구성할 경우에는 공동으로 설치할 수 있다.

3. 문화체육공간

공연장·전시관·미술관·박물관·수영장·테니스장·축구장·농구장, 그 밖에 관광객이 이용하기 적합한 문화체육공간을 1개소 이상 갖출 것. 다만, 수개의 동으로 단지를 구성할 경우에는 공동으로 설치할 수 있으며, 관광지·관광단지 또는 종합휴양업의 시설 안에 있는 휴양콘도미니엄의 경우에는 이를 설치하지 아니할 수 있다.

4. 대지 및 건물의 소유권

대지 및 건물의 소유권 또는 사용권을 확보하고 있을 것. 다만, 분양 또는 회원을 모집하는 경우에는 소유권을 확보하여야 한다.

제5절 휴양콘도미니엄의 분양 및 회원모집 기준 (「관광진흥법 시행령」 제24조)

휴양콘도미니엄의 분양요건에는 건설대지의 소유권확보, 저당권말소, 객실당 분양모집인원에 대한 규정으로 1개의 객실당 분양 또는 회원모집은 5명 이상, 연간이용일수에 대한 규정 등 법적 요건이 있다.

1. 건설대지의 소유권 확보

   당해 휴양콘도미니엄이 건설되는 대지의 소유권을 확보해야 한다.

2. 저당권 말소

   휴양콘도미니엄의 건설대지와 부지 및 건물이 저당권의 목적물로 되어 있을 경우에는 그 저당권을 말소할 것. 다만, 공유제(共有制)일 경우에는 분양받은 자의 명의로 소유권 이전등기를 마칠 때까지로 하고, 회원제(會員制)일 경우에는 저당권이 말소될 때까지 분양 또는 회원모집과 관련한 사고로 인하여 분양을 받은 자나 회원에게 피해를 주는 경우 그 손해를 배상할 것을 내용으로 저당권 설정금액에 해당하는 보증보험에 가입한 경우에는 그러하지 아니하다.

3. 객실당 분양모집인원

   1개의 객실당 분양 또는 회원모집의 인원은 5명 이상으로 하되, 가족(부부 및 직계존비속을 말한다)만을 수분양자로 하지 아니할 것. 다만, 공유자 또는 회원이 법인인 경우에는 그러하지 아니하다.

4. 공유제와 회원제의 혼합분양금지 (삭제 : 2015.11.18.)

5. 분양시기

   휴양콘도미니엄의 분양시기는 시설공사의 총공사공정이 20% 이상 진행된 시점부터 가능하며 그러하지 아니할 경우엔 관광사업의 등록시까지 공사금액에 해당하는 보증보험에 가입해야 한다.

6. 연간이용일수

공유자 또는 회원의 연간 이용일수는 365일을 객실당 분양 또는 회원모집계획
인원수로 나눈 범위 이내일 것

7. 주거용 금지

주거용으로 분양 또는 회원모집을 하지 아니할 것

제 4 편

리조트의 마케팅과 인적자원관리

제 22 장

리조트 마케팅전략

리조트산업의 이해

::: 제1절 리조트 마케팅전략의 개요

1. 리조트 마케팅전략의 필요성

리조트 마케팅전략은 왜 필요한가?

지금은 경쟁시대이다. 개인과 단체, 학교와 기업, 국내와 해외에서 끊임없는 경쟁시대에 직면해서 살아가고 있다. 우리 인간의 일상생활이 복잡다단해짐에 따라 마음의 휴식을 찾고 레저스포츠를 통한 특정한 장소와 공간의 필요성이 대두되었고 그 필요성에 따라 탄생한 것이 리조트이다.

리조트는 가정을 떠나 잠을 잘 수 있고 휴식을 취하며 스키나 골프, 스파와 같은 레저를 통하여 스트레스를 해소할 수 있는 특별한 장소이자 공간이다. 그러나 그러한 리조트도 항상 수요 공급의 법칙에 따른 경제수급논리는 예상을 빗나가게 되며 빗나간 예상은 손실의 결과를 초래하게 된다.

그러한 손실을 방지하기 위해 경쟁을 해야 하고 급기야는 마케팅을 도입하며 전략을 수립해야 하는 오늘날의 리조트 경영현실에 직면하고 있는 실정이다.

지금 우리나라의 리조트는 급격히 증가하고 있다. 그 규모도 대형화되고 있으며 광고, 선전을 통한 마케팅활동도 한층 더 강화되고 있는 현실이다.

과거에는 미래에 대한 예측도 과거에 토대를 둔 예측이었다. 과거의 수치들로부터 미래를 어느 정도 볼 수 있었으나, 이제는 과거의 표면적인 자료들로서는 미래를 전혀 예측할 수 없는 상황에 직면하게 되었다. 그러면 미래에 대한 예측은 무엇으로 가능한가? 과거에 보였던 추세를 현실화시켰던 내면적인 원동력이 무엇인가를 이해해야 한다. 따라서 리조트기업들이 전략을 생각한다면 그것은 환경에 대한 이해로부터 출발해야 한다.

그 이해를 통한 미래의 예측을 감지하고 대응해야 하기 때문에 마케팅의 전략이 필요한 것이다.

2. 리조트 마케팅전략의 개념

마케팅은 기법이나 기능이 아니라 마인드다. 즉 리조트시장을 어떻게 보고, 환경을 어떻게 이해하며, 우리의 능력을 어떻게 연계시키느냐 하는 것이 중요한 것이다. 여기서 리조트 마케팅전략의 개념을 정립하기 전에 리조트와 마케팅 그리고 전략에 대하여 각각의 명확한 정의를 제시할 필요가 있다.

1) 리조트의 정의

리조트는 휴양과 휴식을 취할 수 있는 지정된 장소에 숙박, 음식, 레저, 스포츠를 즐기기 위한 제반시설을 갖추어 놓은 곳이다.

2) 마케팅의 정의

마케팅은 상품을 효율적으로 판매하기 위한 제반수단과 활동이다. 학자에 따라 마케팅의 정의를 다양하게 제시하고 있지만, 미국마케팅협회(AMA : America Marketing Association)의 정의는 "개인과 조직의 목표를 충족시키기 위한 교환을 위하여 아이디어와 제품, 서비스의 개념과 가격결정, 촉진, 유통을 계획하고 수행하는 과정이다"라고 하였다.("Marketing is the process of planning and executing the conception, pricing, promotion, and distribution of ideas, good, and services that create exchanges that satisfy individual and organizational objectives.")

3) 전략의 정의

전략(strategy)은 '환경변화가 주는 여러 가지 기회를 포착할 수 있을 만큼의 능력을 키워 나가면서 환경이 주는 기회와 우리 회사가 갖고 있는 능력을 계속 매치(Match)시켜 나가는 것'이다.

리조트 마케팅전략은 이상의 정의에서와 같이 리조트와 마케팅, 전략의 3가지 요소를 적절히 통합 관리해 나가는 것이다.

그렇다면 구체적인 리조트 마케팅전략에 대하여 살펴보자.

우선 리조트 마케팅전략은 세 가지에 대해서 명확하게 정립시켜 줄 수 있어야 한다. 우선 우리 활동의 표적이 되는 시장에 대한 명확한 정의를 내리는 것이다. 이제는 적극적으로 우리 리조트의 상품을 누구한테 팔 것이고, 우리의 고객은 누구라는 것을 우리가 정해야 한다. 고객의 대상은 고객의 욕구를 기준으로 정해야 하며, 어떤 욕구를 기준으로 할 것인가에 대한 범위도 정해야 하며, 어떤 욕구를 가진 고객이 우리의 고객이 아니라는 것까지도 정해야 한다. 그리고 일단 선택된 시장에서는 자사의 전략적 우위(Sustainable Competitive Advantage)를 정해야 한다. 기업의 입장에서는 '어떠한 요건 때문에 타사와의 경쟁에서 힘이 생길 것인가?' 하는 것을 고려해 나가야 할 것이다.

이를 요약하면 다음과 같다.

첫째, 우리 리조트의 고객은 누구인가?
둘째, 그들 고객의 욕구는 무엇인가?
셋째, 우리 리조트 고객이 아닌 사람은 어떤 사람인가?

이 세 가지를 확실하게 실천할 수 있는 태도를 심어준다면 이것이 곧 효과적인 리조트의 마케팅전략이다.

그 전략이 성공적으로 실천되었을 때 리조트의 목표인 성과를 창출하게 되는 것이다.

〈그림 22-1〉 **리조트 마케팅전략의 개념도**

리조트		마케팅		전략		성과
리조트상품		고객욕구파악		접목		
숙박 교통 음식 레저 스포츠 서비스	+	차별화 특성화	+	외부환경 + 회사능력	=	매출증대 이익발생 재투자

3. 리조트 마케팅의 중요성

리조트 마케팅전략이 중요한 이유는 '환경의 변화'이다. 외부환경의 변화는 같은 리조트산업 간의 경쟁이 심화되고 상품생명주기의 곡선이 점점 짧아지고 있다. 이러한 경쟁의 심화 현상들은 결국 이윤의 감소를 가져온다. 또 적어지는 이윤을 확보하기 위해서 보다 많은 위험을 감소해야 한다. 이런 환경하에서 기업들은 점점 더 시장지향적이고 외부환경지향적이어야 한다. 즉 예전에는 마케팅전략 하면 4P(가격, 제품, 유통, 촉진)를 조작하는 것이라고 생각했다. 그러나 이제는 전략적 개념이 시작되면서, 4P에 대한 개념은 전술적인 것이 되고, 요즘 마케팅전략은 우리의 행동, 능력배양, 계획의 이유가 시장으로부터 나왔다고 하면 그 구체적인 행동이 어느 부분에 속해 있든지 간에 그것 자체가 마케팅전략이라는 것이다.

▲ 그랜드캐년의 관광용 경비행기

제2절 리조트 마케팅전략의 실천

1. 리조트 선도기업들의 과제

리조트 선도기업들에게 좋은 전략은 많다. 그러나 지속적인 follow-up이 부족하다. 또한 어떤 기업이 성공하고 있다면 대개 누수현상에 빠지게 된다. 성공하고 있을 때 현재의 경영층이 칭찬받는 경우가 많지만 이래서는 안된다고 생각해야 한다. 몇 년 전 어려운 시점에서 담당자들의 결정 때문에 오늘이 있게 된 것이다. 잘하고 있을 때 어떻게 하면 나태함을 없애고, 계속적으로 긴장감을 조성해서 그것을 유지시켜 나갈 것인가? 하는 것이 과제이다. 또 전략적인 목표를 설정할 때 작년(과거)을 기준으로 하여 예산을 편성한다. 목표는 미래지향적인 활동인데, 그 활동 자체는 과거지향적인 방법을 사용하여 미래의 활동을 하고 있다. 과거 혹은 현재를 기초로 한 목표설정이 문제이다.

2. 미래지향적인 마케팅전략 수립

미래지향적인 마케팅전략을 수립하기 위해서는 기업외부환경을 이해하기 위한 시간과 자원을 투자해야 한다. 또한 환경에 맞는 우리의 필요역량을 선정·배양할 수 있는 투자를 해야 한다. 미래지향적인 목표를 설정하고, 전략을 충실하고 지속적으로 이행할 수 있는 시스템이 개발되어야 한다. 여기에는 조직과 최고경영층의 의지가 필요하다.

∷ 제3절 마케팅의 관점과 범위

1. 마케팅의 관점

마케팅은 개인이나 조직이 가치를 창출하고 상대방과 교환함으로써 자신의 욕구나 목표를 충족시키는 사회적·관리적 과정이다.

1) 미시마케팅(Micro-marketing)

① 개별조직(기업)에 적용된다.
② 충족되지 않은 고객의 욕구를 발견하고 욕구충족수단으로 제품을 생산하여 고객에게 흐르도록 함으로써 조직의 목표를 효과적으로 달성하려는 활동

2) 거시마케팅(Macro-marketing)

① 이질적인 공급능력을 이질적인 수요와 효과적으로 대응시키고, 사회의 장·단기 목표를 효과적으로 달성할 수 있도록 전체 경제시스템의 제품들이 생산자로부터 소비자들에게 원활하게 흐르도록 하는 사회경제적 활동
② 가치를 교환하려는 전체 구성원들의 욕구를 효과적으로 해결하기 위하여 한 사회 내에서 필연적으로 발전한 사회적 과정이다.

2. 마케팅의 범위

마케팅의 범위는 미시마케팅, 거시마케팅, 영리마케팅, 비영리마케팅, 실증적 마케팅, 규범적 마케팅의 여섯 가지 범주로 구분된다.

1) 실증적 마케팅

현재 실시되고 있는 마케팅활동을 설명하고 예측하려는 접근방법

2) 규범적 마케팅

마케팅활동이 어떻게 수행되어야 하는지를 규명하려는 접근방법

∷ 제4절 마케팅관리의 과업과 관리이념

1. 수요상태에 따른 마케팅 관리과업

1) 부정적 수요(Negative Demand)

잠재고객들이 제품을 기피하여 소비나 사용을 면제받기 위해 기꺼이 돈을 지급하려는 상태 즉 (-)의 수요를 (+)의 수요로 전환시키는 전환적 마케팅(Conversional M.)이 필요하다.

제품기피의 원인규명	대응전략
그릇된 신념	적절한 커뮤니케이션프로그램
개인적 가치에 상반	가치의 변경
문화에 부적합	문화이입(새로운 문화의 학습)
부정적 느낌의 연상	심리치료

2) 무수요(No Demand)

잠재고객들이 제품에 무관심하여 어떠한 느낌조차 형성되어 있지 않은 상태, 즉 (0)수요를 (+)수요로 자극하는 자극적 마케팅(Stimulational M.)이 필요하다.

무관심 원인규범	대응전략
제품인지/가치불인정	기본욕구와 제품효익의 연관개발
가치인정/상황제약	상황요인의 변경
제품비인지	커뮤니케이션을 위한 정보 및 견본

3) 잠재적 수요(Latent Demand)

잠재고객들이 시장에 존재하지 않는 제품에 대하여 열망을 공유하고 있는 상태 즉, 그들이 원하는 바에 대응하여 마케팅믹스를 개발하는 개발적 마케팅(Developmental M.)이 필요하다.

4) 감퇴적 수요(Faltering Demand)

제품에 대한 수요가 이전보다 지속적으로 감퇴하고 있는 상태 즉 수요를 부활시키기 위해 표적시장 및 마케팅믹스를 변경하는 리마케팅(Remarketing)이 필요하다.

5) 불규칙수요(Irregular Demand)

일정한 기간의 평균수요 수준은 바람직하지만, 공급과의 시간적 패턴이 상이한 상태 즉 시간적 패턴을 일치시키는 동시화 마케팅(Synchro M.)이 필요하다.

6) 완전수요(Full Demand)

수요의 평균수준과 시간적 패턴 모두가 만족스러운 상태, 즉 마케팅활동의 효율성과 환경요인들을 검토하여 그러한 상태를 유지하려는 유지적 마케팅(Maintenance M.)이 필요하다.

7) 초과수요(Over Demand)

시장수요가 바람직한 수요의 상태를 초과하는 상태 즉 고객들의 만족수준을 보장하고 장기적인 고객관계를 유지·개선하기 위해 수요를 감축하는 디마케팅(Demarketing)이 필요하다.

8) 불건전한 수요(Unwholesome Demand)

수요의 존재 자체가 바람직하지 않은 상태, 즉 수요를 파괴해 버리려는 카운터마케팅(Counter Marketing)이 필요하다.

2. 마케팅관리이념

마케팅관리이념(Marketing Management Philosophies)은 '어떻게 하면 상품과 화폐의 교환이 바람직하고 원활하게 일어날 수 있는가?'라는 질문에 대한 해답이며 크게 다섯 가지 유형이 있다.

1) 생산지향성(공급 〈 수요상태)

산업혁명 초기의 공급〈수요이므로 만들면 팔리던 시대

2) 제품지향성(공급 = 수요상태)

제품 자체를 개선하여 경장자보다 낫도록 차별화시키던 시대

3) 판매지향성(공급 〉 수요상태)

만든 제품을 팔려고 애쓰던 시대

4) 마케팅지향성

고객의 욕구를 파악하여 스스로 팔릴 수 있는 상품을 생산해야 하는 시대

5) 사회적 마케팅지향성

고객은 욕구충족만이 아니라 장기적인 사회책임을 다하고 양심적으로 행동하는 기업과 거래하기를 선호하는 시대

⠿ 제5절 리조트시장 세분화 전략

리조트시장 세분화는 기업의 자원은 물론 고객의 변화와 경쟁상황에 능동적이고 적극적으로 대처하기 위해 필요하다. 리조트시장 세분화(Resort Marketing Segmentation) 의 다음단계는 매력적인 시장을 선정하는 리조트시장 표적화(Resort Target Market) 이며, 세 번째 단계는 리조트상품의 포지셔닝(Positioning)이다.

1. 리조트시장 세분화의 개념

리조트시장 세분화는 리조트시장 전체를 여러 가지 기준을 선정하여 나누는 작업 이다. 예컨대, 고객층을 남녀별, 노인층, 중장년층, 학생층, 유아층 등으로 나누어 각 각의 고객층에 맞는 마케팅전략을 실행하기 위해 필요하다.

2. 리조트시장 세분화의 절차

리조트시장 세분화의 절차는 다음의 5가지 절차로 수행하는 것이 좋다.

① 리조트시장 세분화에 대한 목표를 분명히 설정한다.
② 세분화의 대상이 되는 리조트시장을 명확히 규정한다.
③ 리조트시장 세분화 기준에 따라 전체시장을 세분화한다.
④ 선정된 시장세분화 기준에 따라 전체시장을 세분화한다.
⑤ 세분된 표적시장에 대하여 분석한다.

3. 리조트시장 세분화 변수

리조트시장 세분화 변수에는 인구통계적 변수(Demographic Variables)와 지리적 변수(Geographic Variables), 심리적 변수(Psychographics Variables), 행위적 변수(Beha-vioral Variables)가 있다.

〈표 22-1〉 **리조트시장 세분화 변수**

인구통계적 변수	지리적 변수	심리적 변수			행위적 변수
		활동(activity)	관심(interest)	의견(opinion)	
연령	광역시별	일	가족	자기자신	구매경험
성별	도별	취미	가정	사회적 관심사	현재적 행동
직업	시별	휴가	지역사회	사업	잠재적 행동
교육수준	북미지역	오락	여가활동	경제	사용빈도
소득수준	남미지역	클럽회원활동	여행	교육	지각편익
종교	유럽지역	쇼핑	대중매체	장래	상표애호도
가족생활주기	아시아지역	스포츠	업적달성	문화	
	아프리카지역	지역사회	음식	상품	

4. 리조트시장 세분화 전략

리조트시장 세분화 전략에는 첫째, 비차별적 마케팅전략, 둘째, 차별적 마케팅전략, 셋째, 집중적 마케팅전략의 3가지가 있다.

1) 비차별적 마케팅전략(Undifferentiated Marketing)

이것은 전체 리조트시장을 대상으로 동일한 관광서비스를 가지고 마케팅을 수행하는 전략이다. 즉 전체 리조트시장의 구매동기, 구매습관이 동일하다는 전제조건인데 현재의 리조트시장 환경에는 접목하기가 곤란하다.

2) 차별적 마케팅전략(Differentiated Marketing)

이 전략은 각 리조트 세분시장별로 각각의 세분시장에 맞는 각각의 리조트서비스와 마케팅 노력을 기울이는 것이다.

3) 집중적 마케팅전략(Concentrated Marketing)

이 전략은 특정한 한 종류의 세분시장에서 서비스와 마케팅 노력을 기울이는 전략이다.

〈표 22-2〉 **리조트시장의 세분화 전략 분류**

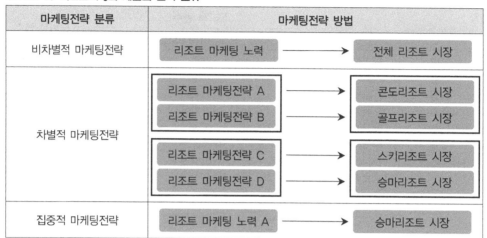

제6절 리조트 표적시장의 유형

1. 리조트시장 표적화의 개념

리조트시장 표적화(Resort Market Targeting)란 '리조트 전체시장을 세분화하고, 세분화된 각 시장에서 리조트기업이 주 고객대상의 시장인 표적시장을 집중 공략하는 과정'이라고 할 수 있다.

2. 리조트시장 표적화의 유형

표적시장 유형에는 다섯 가지가 있으며 〈그림 22-2〉와 같이 표시할 수 있다. 표적시장 유형에 따라 마케팅전략을 차별화시켜서 집중공략하는 것은 선택과 집중의 논리에 접근되는 마케팅기법이다.

〈그림 22-2〉 **리조트표적시장의 유형**

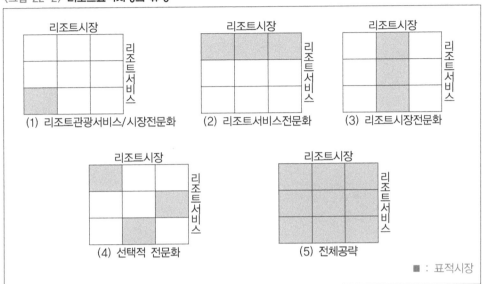

자료 : 김홍철, 『관광마케팅관리』, p. 80에 의거 논자 재작성.

제7절 리조트상품의 포지셔닝 전략

1. 리조트상품의 포지셔닝전략 개념

리조트상품의 포지셔닝(Resort Positioning)이란 리조트의 상품과 서비스가 고객의 마음속에 어떤 이미지로 자리잡고 있는가이다. 예컨대 A리조트는 콘도객실이 불결하고 가격도 비싸다. B리조트는 스키장은 우수한데 서비스가 나쁘다. C리조트는 회원관리는 잘되고 있으나 체인수가 적다. D리조트는 콘도서비스도 좋고 골프장예약도 잘된다.

이상과 같이 A, B, C, D 리조트 중에서 고객의 마음속에는 각 리조트 브랜드별로 특징이 자리잡고 있으며 이것이 곧 리조트의 포지셔닝이다.

〈그림 22-3〉 **리조트유형별 포지셔닝**

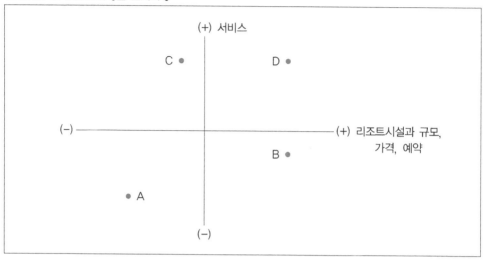

제8절 리조트 마케팅믹스 전략

1. 마케팅믹스의 개념

마케팅믹스(Marketing Mix)는 1964년 보덴(N. H. Borden)에 의해 정립되었으며, '표적시장에 대한 최대의 공략을 위해서 모든 마케팅수단을 총체적으로 결합하는 것'을 의미하며, 마케팅믹스를 통하여 리조트의 경영성과를 제고하는 데 있다. 즉 리조트와 마케팅성과를 위해서는 리조트의 상품, 가격, 장소, 촉진, 참가자, 물적 증거, 과정 등의 7가지를 모두 반영해서 마케팅활동을 해야만 최대의 성과를 올릴 수 있다는 개념이다. 붐(B. H. Booms)과 비트너(M. J. Bitner)는 마케팅믹스 요인을 7가지로 제시했다.

〈표 22-3〉 **리조트 마케팅믹스 요인 : 7P**

마케팅믹스(7P)	내 용
상품(product)	리조트상품의 질과 다양성
가격(price)	가격의 고저
장소(place)	접근성
촉진(promotion)	광고, 선전, 판촉
참가자(participants)	서비스 접점과 구매자의 지각에 영향 미치는 모든 사람
물적 증거(physical evidence)	리조트시설과 환경
과정(processing service assembly)	리조트의 서비스가 전달되는 모든 절차

2. 마케팅믹스의 효과

마케팅믹스는 과거 4P 개념에서 지금은 7P로 변화되었다. 이는 시장환경의 복잡성과 다양한 요소들이 고객의 구매심리에 많은 영향을 미치기 때문이다.

과거 생산과 판매지향성의 시대에는 4P(상품, 가격, 장소, 촉진)의 개념만 적용해도 수요 공급의 법칙에 따라 마케팅활동에 큰 지장을 받지 않았다. 그러나 지금은 고객의 욕구가 매우 다양해지고 서구화되어 감에 따라 고객들의 감성까지도 구매욕구에 반영된다는 점에서 4P 외에 3P(참가자, 물적 증거, 과정)가 추가되어 7P의 마케팅요소들을 모두 반영해야 할 필요성이 제기되고 있다.

⠿ 제9절 리조트마케팅의 VOC 분석

1. 리조트마케팅의 VOC 개념

리조트마케팅 측면에서 고객들의 성향파악과 핵심이슈를 파악한다는 것은 대단히 중요하다. 따라서 VOC는 고객의 목소리(Voice)를 겸허히 받아들이고 문제점에 대한 부분은 즉시 개선하고 수정 보완하여 이슈를 제기한 고객들에게 피드백을 시켜주는 시스템을 갖추는 것이 좋다.

2. 리조트의 주요 VOC 분석사례

리조트 내에서 제기된 VOC 분석사례들을 정리해 보면 다음과 같다.

1) 요금관련 부문

- 정산관련 정보 및 금액오류
- 객실정비료 및 기타 추가요금 징수

2) 객실예약 및 배정 부문

- 객실현황에 대한 정보 제공 소홀
- 객실배정 시 객실 특정정보 제공 소홀
- 객실예약 및 취소 시 불편초래

3) 객실 체크인관련 부문

- 객실 체크인 절차의 복잡함과 규제의 공감성 미흡
- 정비 지연으로 인한 입실 지연 시 상황대처 미흡

4) 객실서비스 부문

- 객실서비스 제공 시 지연
- 객실서비스 제공 시 인적 서비스 능력 부족

5) 분실물 서비스 부문

- 분실물 서비스의 신속정확함의 미흡
- 분실물 처리 관련정보 제공 미흡

6) 정보 오류 및 지연

- 고객정보 요청 시 지연 및 누락
- 상품지식 미흡으로 인한 정확성 결여
- 공개정보관련 정확성 및 일관성 결여

제10절 리조트의 비수기 극복방안

리조트는 성·비수기의 편차가 매우 큰 기업이다. 특히 겨울철 스키장은 1년 중 90~120일 정도만 운영하고 나머지 기간은 유휴시설물로 관리해야 한다. 그리고 워터파크나 골프장은 겨울철에 휴장을 하거나 극히 적은 내방객으로 인하여 적자 폭이 클 수밖에 없다. 그래서 국내 리조트는 규모에 관계없이 성·비수기의 대책방안에 심혈을 기울이고 있으며, 그에 따른 인력의 효율적 운영방안과 시설의 가동성에도 매우 신중한 대응을 하고 있다고 하겠다. 물론 국내리조트도 시기별 지역에 따라 각각의 특성을 잘 살려서 성·비수기의 편차를 줄이기 위한 다양한 이벤트를 실시하고 있는 실정이다.

외국의 리조트 비수기 극복사례들을 정리하면 다음과 같다.

1. 리조트부문

① 4계절 복합시설로 한다.
② 4계절 스포츠시설로 한다.
③ 회사 간 연계하여 스포츠운동 경기대회를 실시한다.
④ 스키장을 더욱 인상 깊게 운영한다.
⑤ 요금을 인하한다.
⑥ 수학여행 및 단체여행을 유치한다.
⑦ 패키지상품을 기획하여 판매한다.

2. 스키장부문

① 레저스포츠시설을 새롭게 도입·정비한다.

② 옥외스포츠시설을 건립·운영한다.

③ 여름잔디스키장을 운영한다.

④ 성수기에는 단지 내 노점상을 설치·운영한다.

⑤ 숙박시설의 일부를 폐쇄하고 시설과 환경을 정비한다.

3. 숙박시설부문

① 부대시설(골프장, 연회장예식업, 연수원)의 축소 운영으로 인원감축

② 단체객 무료수송

③ 재방문자에 대한 혜택부여

④ 그룹 내의 계열사 활용

⑤ 여성고객 패키지프로그램 운영(숙박 + 공연 + 차 마시기)

제 23장

리조트의 서비스매너와 자세

리조트산업의 이해

:: 제1절 에티켓과 매너

1. 에티켓의 유래

에티켓(Etiquette)은 영어에서 예절, 동업자 간의 불문율이란 뜻이며, 두 가지의 전설적인 유래가 이어져 오고 있다.

첫 번째 유래는 프랑스 베르사유궁전에 들어가는 입장권(Ticket)이 발급되었는데, 그 입장권에는 궁전 내에서 유의해야 할 사항이나 예의범절이 수록되었다는 점에서 입장권(Ticket)이 에티켓이란 말의 기원이라고 전해지고 있다.

두 번째 유래는 루이 14세 초기 베르사유궁전에 신하들이 지정된 화장실을 이용하지 않고 가까운 정원잔디에서 실례를 하자 당시 정원사가 '꽃밭을 해치지 마십시오'라는 입간판을 세움으로써 남을 해치지 않는 배려의 마음이 담긴 말인 에티켓을 '존중하다'라는 의미로 사용하게 되었다는 것이다.

2. 에티켓의 기본개념

서양 에티켓의 기본개념은 다음의 3가지로 요약된다.

첫째, 상대방에게 좋은 인상을 주라.

둘째, 상대방에게 폐를 끼치지 마라.

셋째, 상대방을 존중하라.

즉 에티켓은 상대방에게 보여주는 예의범절을 갖춘 행동과 형식(form)이다.

3. 매너의 유래

매너(manner)의 어원은 Manuarius라는 라틴어에서 유래되었다. 이 단어는 Manus(손을 의미)와 Arius(방식이나 방법을 의미)라는 단어의 복합어이다. 그 발전과정은 Manus → Manual → Manurius → Manner의 변화를 가져왔다. 즉 매너란 개인 간, 국가 간에 제각기 가지고 있는 독특한 습관이나 몸가짐이다.

4. 에티켓과 매너의 차이점

에티켓은 사람이 기본적으로 취해야 할 행동(action)과 형식(form)이며 매너는 사람이 지켜야 할 태도(attitude)와 방식(ways)이다. 즉 인사를 한다는 행위는 에티켓이며 그 인사를 공손하게 하느냐 불손하게 하느냐 하는 것은 매너에 속한다고 할 수 있다.

5. 에티켓과 매너의 중요성

에티켓이나 매너는 상대방에게 불쾌감을 주지 않는 것이며 상대방을 진심으로 존경하는 마음이다. 즉 상대방의 입장에서 생각하는 마음가짐이 에티켓과 매너의 원천이라 할 수 있다. 특히 비즈니스상에서는 성공과 실패를 좌우할 수 있고, 인간과 사회조직 관계의 기본이므로 중요성이 한층 더 높다고 하겠다.

6. Lady First

서양의 에티켓은 멀리 기독교 정신이나 중세의 기사도에 기원을 두고 'Lady First (숙녀존중)'의 개념을 바탕으로 형성되었다고 해도 과언이 아니다. 신사는 무엇보다도 먼저 이 'Lady First'의 몸가짐을 몸에 익히도록 하는 것이 중요하다.

① 서양에서는 방이나 사무실을 출입할 때 언제나 여성을 앞세우고, 길을 걸을 때나 자리에 앉을 때에는 언제나 여성을 오른쪽에 또 상석에 앉히는 것이 원칙이다.

② 문을 열고 닫을 때 뒤에 오는 사람을 위해 잠시 문을 잡아주는 것은 여성에 대한 것뿐 아니라 일반적인 예의이다.

③ 식당이나 극장·오페라에서 안내인이 있을 때에는 여성을 앞세우나, 안내인이 없을 때에는 남성이 앞서고, 또 여성을 먼저 좌석에 안내한다.

④ 길을 걸을 때나 앉을 때 남성은 언제나 여성을 우측에 모시는 것이 에티켓이다.

⑤ 남성이 두 여성과 함께 길을 갈 때나 의자에 앉을 때 두 여성 사이에 끼지 않는 것이 예의이나, 길을 건널 때만은 재빨리 두 여성 사이에 끼어 걸으면서, 양쪽 여성을 다 같이 보호한다.

⑥ 호텔에서 여자 혼자 남자손님의 방문을 받았을 때에는 로비(Lobby)에서 만나는 것이 원칙 : 자기 방에서 만나는 것은 자칫하면 오해를 받기 쉬우며, 부득이 방문을 받았을 때에는 출입문을 조금 열어놓는 것이 에티켓이다.

⑦ 겨울철에 여성이 외투를 입고 벗을 때 꼭 도와주어야 하며, 식당이나 극장에서 외투를 벗어 Cloakroom에 맡길 때나 찾을 때도 남성이 맡기고 찾는 것이 예의이다.

⑧ 자동차·기차·버스 등을 탈 때에는 일반적으로 여성이 먼저 타고 내릴 때에는 남성이 먼저 내려 필요하면 여성의 손을 잡아주는 것이 옛날 마차시대부터 내려오는 서양의 에티켓이다.

⑨ 여성은 자동차를 탈 때 안으로 먼저 몸을 굽혀 들어가는 것보다는 차 좌석에 먼저 앉고, 다리를 모아서 차 속에 들여놓는 것이 보기 좋으며, 차에서 내릴 때에는 반대로 차 좌석에 앉은 채 먼저 다리를 차 밖으로 내놓고 나오도록 한다.

⑩ 계단을 오를 때에는 남자가 앞서고 내려올 때는 반대이다.

⑪ 서양 에티켓에서는 '숙녀는 결코 오만불손해서는 안되며, 언제나 친절·선의·품위·총명·절도·예의 등을 갖고, 우아하고 아름답게 행동할 것'을 강조한다.

⑫ 한국 여성들 중에는 '레이디 퍼스트' 대접을 받을 때, 오랫동안의 습관 탓으로 친절을 그대로 받아들이지 못하고 우물쭈물 눈치를 살피는 사람이 있는데 '레이디 퍼스트' 대접을 받으면 미소를 짓고 "Thank you." 하면서 가볍게 목례를 하고, 부담 없이 호의를 받는 것이 옳고 자연스럽다.

⑬ 기타 외투를 벗을 때나 입을 때 도와주며, 숙녀에게 신체조건이나 나이에 대해서 이유 없이 물어보면 실례가 된다.

7. 예약 에티켓

구미 선진국에서는 모든 생활이 예약으로 시작해서 예약으로 끝난다고 해도 과언이 아니다.

● 호텔·이발소·헤어샵·식당은 말할 것도 없고, 병원에 입원하거나 자동차의 수선·정비를 하는 데에도 먼저 전화로 예약한다.

● 사람을 만날 때에도 마찬가지이다.

● '지나가다 들렀다'는 우리식 방문은 대개의 경우 서로 불편하고 경우에 따라서는 환영을 받지 못한다.

8. 팁(Tip) 에티켓(To Insure Promptness : 신속하고 친절한 서비스에 대한 사례)

오늘날 서양에서는 '팁'이 사례라기보다는 자기가 제공한 서비스에 대한 당연한 보상이라는 느낌이 들 정도로 보편화되어 있어, 관습상 주어야 할 경우가 많다. 보통 요금의 10~20% 정도(식당에서의 봉사요금은 Bill 속에 포함되어 있는 나라도 있으므로 지급 전에 확인하는 것이 좋다.)

9. 승용차의 승차 에티켓

(1) 운전사가 있는 경우

 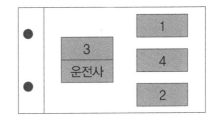

(2) 차 주인이 직접 운전할 경우

서양에서는 대부분 주인이 직접 자동차를 운전하고 있으며, 이 경우 운전석 옆자리, 즉 주인의 옆자리가 상석이다.

(3) 지프인 경우 운전자의 옆자리가 언제나 상석

승차 시는 상위자가 먼저, 하차 시는 반대로 하위자가 먼저 하는 것이 관습이다.

10. 호칭 에티켓

① 미국 사람들은 처음부터 '퍼스트 네임'을 부르는 경우도 있으며, 영국 사람들은 어느 정도 친해지면 '퍼스트 네임'으로 부를 것을 제의하는 것이 일반적이다. Mr.는 성 앞에만 붙이고 '퍼스트 네임' 앞에는 절대로 붙여 쓰지 않는다.

② 기혼여성의 경우 Mrs. Peter Smith 식으로 남편의 이름 앞에 Mrs.라는 존칭만을 붙여 쓰는 것이 오랜 관습이다. 그러므로 Mrs. Mary Smith 식으로 자신의 '퍼스트 네임'을 쓰면, 영국에서는 이혼한 여성으로 간주된다.

③ 그러나 미국에서는 직장부인들이 이혼하지 않고도 Mrs.를 붙여 자신의 '퍼스트 네임'을 붙여 쓰며, 이혼한 경우에는 아예 미혼 때의 이름으로 돌아가, Miss Mary Nixon 식으로 호칭하는 사람들도 있다.

11. 사무실 에티켓이 아닌 경우

① 손님 앞에서 옆 직원과 장난치거나 잡담을 한다.

② 사적인 통화를 자주하고 길게 한다.

③ 의자에 기댄 채 좌우로 몸을 흔든다.

④ 책상이나 서류함에 기대거나 걸터앉는다.

⑤ 기지개를 켜거나 하품을 하며 괴성을 지른다.

⑥ 다리를 꼬고 앉거나 신발을 반만 걸치고 있다.

⑦ 양손을 주머니에 넣고 다닌다.

⑧ 의자에 누운 듯이 눈을 감고 있다.

⑨ 손톱을 깎거나 귀를 후비고 있다.

⑩ 남이 보는 데서 여직원이 화장을 고치거나 무릎을 벌리고 있다.

⑪ 터벅터벅 걷거나 신발을 질질 끌며 다닌다.

⑫ 이쑤시개를 사용하며 걸어다닌다.

12. 방문 에티켓

① 방문은 약속하는 것에서부터 시작된다.

② 방문 전 준비

- 사전에 방문일시와 장소 약속
- 필요한 서류와 명함 등 확인
- 방문 전 상대에게 변동사항 여부를 전화로 확인
- 구강 청결 및 용모 점검
- 행선지와 귀사시간을 밝히고 출발

③ 도착 및 안내 시

- 늦어도 약속시간 5분 전까지 도착
- 부득이한 사정으로 늦어지는 경우, 도중에 상대에게 유선으로 연락
- 입구에서 안내자에게 반드시 문의한다.

  "안녕하십니까? ○○○부 ○○○입니다. ○○○건으로 ○○○와 3시에 약

  속했습니다만…."
- 코트, 모자 등은 사무실에 들어서기 전 벗고 들어간다.
- 화장실에 들러 용모를 다시 한번 점검한다.

13. 음료수 접대 에티켓

1) 기본자세

① 먼저 출입문 노크를 한 다음 들어가서 정중히 인사한다.

② 찾아온 손님에게 먼저 차를 내어드린다.

③ 가볍게 목례하고 퇴실한다.

2) 준비과정

① 여러 종류의 차가 준비되어 있고 고객이 많은 경우와 적은 경우 체크

② 먼저 복장과 용모는 단정한가를 체크

③ 차는 적당한 농도와 온도로 잔의 7할 정도 붓는다.

④ 찻잔의 물기는 항상 깨끗이 제거

⑤ 차 준비는 신속하게

3) 차를 낼 때

① 인사(눈 마주침)

② 안정감 있는 자세로

③ 오른쪽 뒤에서 내어드린다.

④ 가벼운 인사말

⑤ 문 앞에서 가볍게 목례 후 조용히 문을 닫는다.

4) 뒷정리

고객이 간 후에 다음 고객응대를 위해 바로 정리한다. 단, 고객이 볼 때에는 하지 않는다.

14. 국가별 제스처(몸짓, 손짓)의 이해와 유의점

언어 소통이 잘 안되는 외국에서는 의사전달을 위해 몸짓, 손짓을 자주 하게 된다. 이때 자신의 의도와 상반된 표현이 되어 난처해질 수도 있으므로 유의해야 실수를 하지 않는다.

1) 미국식 OK의 사인

브라질 ⇒ 외설적 의미/ 한국, 일본 ⇒ 돈/ 프랑스 ⇒ 제로(0)

2) V자 사인

손등이 상대를 향하면 외설적인 신호

3) 말없이 다정하게 손을 잡는 행위

　　미국에서는 동성애의 의미, 아랍에서는 우정과 존경의 의미

4) 손바닥 전체를 상하로 움직이면

　　미국 ⇒ Bye-bye/ 유럽 ⇒ No/ 그리스 ⇒ 상대방을 모욕

5) 아랍인에게 있어 구두 밑창을 보이는 것은 불쾌감의 표시

6) 눈을 깜박거림

　　대만에서는 무례한 짓

7) OK 사인을 코끝에 대고 하면

　　이야기의 상대자가 동성연애자임

8) 귀를 움켜쥐면

　　인도 ⇒ 후회/ 브라질 ⇒ 칭찬

9) 엄지손가락을 코끝에 대면

　　유럽에서는 남을 비웃을 때

10) 손가락 끝에 키스를 하면

　　멋지다는 감탄, 존경

11) 손톱으로 턱을 바깥쪽으로 튀기면

　　흥미 없다는 뜻

12) 귓가에 인지로 원을 그리면

　　돌았다

13) 가운뎃손가락을 뻗쳐 세우면

　　몹시 외설적인 뜻

14) 고개를 끄덕이면

　　불가리아, 그리스 ⇒ NO!/ 그 밖의 나라는 ⇒ Yes!

15) 인지와 가운뎃손가락 사이에 엄지손가락을 내밀면

　　유럽 ⇒ 경멸/ 브라질 ⇒ 행운의 상징

제2절 인사매너

1. 인사의 정의

인사는 한자로 사람인(人) 자와 일사(事) 자의 합성어로 결국 사람이 하는 일을 뜻한다. 즉 人事란 내 자신이 상대방을 진정으로 존중해 주거나 다정한 인상을 전해주기 위해서 자신의 겸손한 자세를 보이기 위한 수단이자 상대방을 배려하기 위한 최고의 방법이다. 사전적 의미에서의 인사(人事)의 정의는 다음과 같다.

① 상대방의 안부를 묻거나 공경의 뜻을 표하기 위하여 예(禮)를 갖추거나 표현하는 일(Greeting)
② 서로 알지 못하던 사람끼리 성명을 통하여 자기를 소개하는 일(Introduction)
③ 인간관계에서 지켜야 할 예의 있는 언행 또는 그 일(Manner)

이렇듯 인사란 상대에게 닫혀져 있는 마음의 문을 열어주는 구체적인 행동의 표현이며 환영, 감사, 반가움, 기원, 배려, 염려의 의미가 내포되어 있는 것을 알 수 있다.

☞ 호텔과 리조트에서의 인사란 고객에 대한 서비스 정신의 표현이며, 상사에 대해선 존경심과 부하에 대한 자애심의 발로이고 바로 자신의 인격을 표현하는 행동이다.

결국 인사하는 사람의 모습 하나만으로도 그 사람의 자신감, 능력 등을 평가할수 있는 인간관계의 시발점이라고 할 수 있다.

2. 인사의 중요성

① 인사는 도덕과 윤리형성의 기본이며 모든 예절의 기본이 되는 표현이다.
② 인사는 마음의 문을 여는 열쇠이다.

③ 인사는 자신의 인격을 표현하는 최초의 행동이다.

④ 인사는 서비스의 기본이자 척도이다.

⑤ 인사는 개인적 소양을 나타내는 자기 표현이다.

⑥ 상대에게 예절의 시작이며 기본이다.

⑦ 상사에 대한 존경심과 동료 및 하급자에 대한 애정의 외적 표현이다.

3. 인사의 3요소

① 표정 : 밝은 표정

② 말씨 : 부드럽고 상냥한 솔 톤의 말씨

③ 태도 : 바른 자세에서 나오는 공손한 태도

4. 올바른 인사법의 비교

잘못된 인사	올바른 인사
• 망설이다 하는 인사	• 인사는 내가 먼저
• 고개만 까딱하는 인사	• 표정은 밝게
• 무표정한 인사	• 상대방의 시선을 바라보며(eye contact)
• 눈맞춤이 없는 인사	• 밝은 목소리의 인사말
• 말로만 하는 인사	• 허리를 굽혀서
• 기본 인사말만 하는 인사	• 인사를 잘 받는 것은 또 한번의 인사

5. 올바른 인사방법

1) 인사의 각도

① 목례(15도) : 친한 사람에게나 좁은 장소에서 하는 가벼운 인사

② 보통례(30도) : 윗사람에게나 고객을 맞이할 때 행하는 가장 일반적인 인사

③ 정중례(45도) : 정중히 사과를 하거나 감사의 마음을 전하는 인사

2) 인사의 속도

① 마음속으로 하나, 둘, 셋 하면서 구부리고(1초)

② 넷에 1초 동안 멈추었다가(1초)

③ 다섯, 여섯, 일곱에 원위치(1초)

3) 눈(시선)

① 인사하기 전에 상대방의 시선을 바라본다.

② 1.5m 전방을 본다.

③ 인사 후에도 상대방의 시선을 본다.

4) 허리, 어깨

① 곧게 편다.

② 머리에서 허리까지 일직선이 되도록 한다.

5) 양손의 위치(女右男左)

① 오른손으로 감싸서 아랫배에 가볍게 댄다(여자).

② 왼손으로 오른손을 감싸서 아랫배에 가볍게 댄다(남자).
혹은 자연스럽게 내려 바지 재봉선 위에 붙인다.

6) 발

① 뒤꿈치를 붙이고(30도 각도)

② 양 다리는 힘을 주어 곧게 편다.

③ 무릎을 붙인다.

7) HIP

Hip이 뒤로 빠지지 않도록 약간 힘을 준다.

8) 표정

① 얼굴엔 가벼운 미소

② 입술 양 끝에 살며시 힘을 주어 약간 위로 올린다.

③ 용어 사용 시에는 밝은 목소리로 한다.

6. 인사의 유형

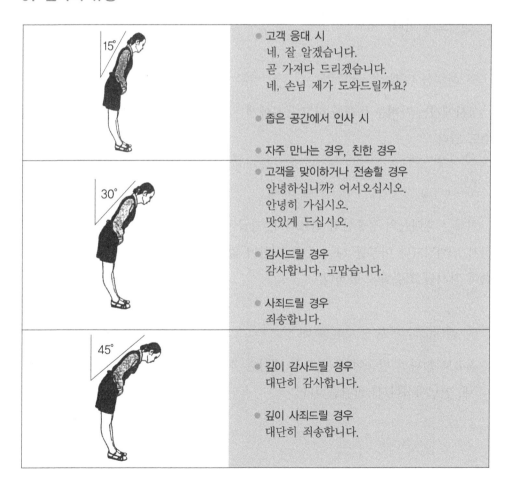

15°	● 고객 응대 시 네, 잘 알겠습니다. 곧 가져다 드리겠습니다. 네, 손님 제가 도와드릴까요? ● 좁은 공간에서 인사 시 ● 자주 만나는 경우, 친한 경우
30°	● 고객을 맞이하거나 전송할 경우 안녕하십니까? 어서오십시오. 안녕히 가십시오. 맛있게 드십시오. ● 감사드릴 경우 감사합니다, 고맙습니다. ● 사죄드릴 경우 죄송합니다.
45°	● 깊이 감사드릴 경우 대단히 감사합니다. ● 깊이 사죄드릴 경우 대단히 죄송합니다.

7. T.P.O(Time, Place, Occasion)에 의한 인사요령

1) 복도나 계단에서 상사를 만났을 때

① 적당한 거리에서 눈높이가 맞을 때 인사한다.

② 목례를 먼저하고 가까이 와서 1.2~1.5m 정도가 되면 인사한다.

③ 인사 후 상사가 지나갈 수 있도록 자리를 약간 옆으로 비키도록 한다.

2) 전화 통화 중일 때 손님이 방문한 경우

① 먼저 가볍게 목례하거나 미소를 띤다.

② 용무가 있는 경우는 "잠시 기다려 주시겠습니까?"라고 부탁한 후 전화를 끊도록 한다.

3) 하루에 여러 번 상대방을 마주칠 경우

상사에게는 가벼운 목례를 하고 동료에게는 가벼운 미소나 목례로 인사를 대신할 수도 있다.

4) 감사의 정중함과 사과를 표할 때

이때는 최대한의 정중함이 필요하다. 가급적 자신의 상체를 최대한 숙이되 비굴하게 느껴지거나 아부를 하는 듯한 느낌이 없도록 30~45도 정도의 각도로 깊숙이 숙여 감사와 죄송함을 표한다.

5) 상대방이 먼저 인사했을 때

친절도 하나의 반응이다. 반드시 대답한 후에 인사를 하도록 한다.
"네, 안녕하십니까? 반갑습니다."

6) 외출 시 인사요령

외출하는 목적, 장소, 시간 등에 대해 분명히 말씀드린다.

외출 시 "다녀오겠습니다", 외출 후 "다녀왔습니다"라고 인사하도록 한다.

7) 퇴근 시 인사요령

동료나 상사에게 "먼저 실례하겠습니다"라고 인사하며 퇴근하도록 한다.

상사는 부하에게 "수고했어요"라고 답례한다.

8) 직원 상호 간의 인사요령

① 인사는 누가 먼저 하는 것일까요?

② 부하가 상사에게?

③ 젊은 사람이 나이 드신 분에게?

④ 남자가 여자에게?

그러나 인사란 먼저 본 사람이 먼저 하게 되어 있다. 결국 인사는 내가 먼저 상대의 눈을 보며 인사말을 크게 하며 상대에게 맞는 인사를 해야 한다. 그러면 인사를 할 때 어떻게 하면 상대에게 호감을 주고 친근감을 주게 될까? 인사를 잘하기란 결코 쉽지 않다. 인사는 반복연습이 필요하다.

⠿ 제3절 서비스 화법

1. 서비스 기본 화법의 3원칙

구 분		표현요령	화재선택
① 밝게		• 명랑한 목소리 + 즐거운 기분 • 유머 센스를 활용	건전하고 밝고 건강한 이야기 즐거운 이야기
② 상냥하게	듣기 쉽게	• 알기 쉽게 말한다. • 전문어, 약어에 주의 • 적당한 속도, 정확한 발음	모두가 이해하기 쉬운 이야기
	상냥하게	• 상대방의 입장 고려 • 공손하게	마음을 따뜻하게 하는 부드러운 이야기
③ 아름답게		• 은어, 유행어 지양	아름다운 이야기

2. 대화기술

① Cushion 표현 사용(부드럽게 만드는 말)

상대방에게 의뢰할 때나 상대방의 의도와 다른 경우에 덧붙인다.

예) 실례합니다만~

공교롭게도~

죄송합니다만~

② '부정문'은 '긍정문'으로

밝은 표현은 긍정적 언어를 사용하는 것이 Point이다.

예) 없습니다. → 죄송합니다만, 준비가 되어 있지 않습니다.

③ '명령문'은 '의뢰문'으로

예) ~해 주십시오. → 해주시겠습니까?

④ 항상 부드러운 미소를 띠고 상냥하게 말할 것

⑤ 목소리의 크기와 말의 속도는 T.P.O에 맞출 것

⑥ 시선은 상대방에게 둘 것

⑦ 칭찬할 것

⑧ 잘 듣고 맞장구칠 것

⑨ 똑똑한 체하지 말 것

⑩ 고객의 입장을 존중할 것

⑪ 침착하게 말할 것

⑫ 반말 엄금할 것

3. 대화의 기본원칙

1) 말할 때의 유의점

① 말하는 목적을 의식하며 상대방의 입장을 생각하자.

② 정확한 발음, 솔 톤의 밝은 목소리, 적당한 속도로 말하자.

③ 상대방의 눈을 보며 좋은 태도로 말하자.

④ 상대방에 맞춰 알아듣기 쉽게 말하자.

⑤ T.P.O에 맞게 말하도록 하자.

   Time(때) + Place(장소) + Occasion(상황)

⑥ 공적인 장소에서는 친한 사람끼리도 경어를 사용하자.

2) 들을 때의 유의점

① 침묵을 지키고 귀를 기울인다.

② 상대방의 표정과 동작을 주시한다.

③ 눈과 귀는 물론, 모든 감각을 총동원하여 듣는다(시각, 청각, 촉각).

④ 상대방이 이야기에 열중하도록 분위기를 깨지 말자.

⑤ 반응을 보일 것, 적당한 맞장구를 치자.

⑥ 상대방의 말을 도중에 중단시키지 말자.

⑦ 상대방의 입장에서 듣자.

⑧ 상대방의 거울이 될 것, 웃으면 같이 웃고 울면 같이 우는 마음으로 듣는다.

⑨ 선입관을 버리고 개방적이고 편안한 자세로 듣는다.

3) 1,2,3화법

① 1분 동안 말하고

② 2분 동안 듣고

③ 3분 동안 맞장구를 친다.

4. 서비스맨의 금지언어 10가지

① 안됩니다.

② 제 소관이 아닙니다.

③ 잘 모르겠습니다.

④ 글쎄요.

⑤ 다른 곳에 알아보세요.

⑥ 지금은 바쁩니다.

⑦ 곤란합니다.

⑧ 다음에 한번 오세요.

⑨ 힘들어 죽겠네.

⑩ 아휴, 신경질 나.

5. 비언어 커뮤니케이션

언어를 통해서는 자신의 의사가 극히 일부분만 타인에게 전달되며 더 큰 효과를 내는 것은 비언어적인 메시지이다. 그중 가장 중요한 것은 보디랭귀지(Body Language)와 목소리이다. 예컨대, 화가 났을 때 말을 하지 않고 입을 꽉 다물고 있는 것 자체도 말을 하는 것이다. 오히려 '나는 무척 화가 났다'고 이야기하는 것보다 더 강한 의사를 전달하는 보디랭귀지인 것이다. 그러므로 상대의 보디랭귀지와 목소리를 잘 관찰해서 상대의 감정을 알아내야 한다.

제4절 Complaint 처리방법

1. Complaint의 개념

Complaint는 고객의 기대치에 미치지 못하는 상품이나 서비스를 제공받았을 때 고객이 표현하는 불만과 불평이다. 고객은 일반적으로 불만과 불평을 체험하는 순간 이를 표현하는 경우는 4%에 불과하다. 그 나머지 96%는 불평과 불만을 가지고도 표현하지 않기 때문에 이를 표현하지 않는 고객이 어쩌면 더 심각한 상태라고 볼 수도 있다. 그러므로 불만을 표현하는 4%의 고객은 어쩌면 고마운 고객이기도 하다. 그 4%의 불만 고객을 적극적으로 대처하여 만족하는 고객으로 전환시켰을 때 그 고객은 더 높은 호감과 충성도를 보일 수 있게 되는 점에 유의할 필요가 있다.

2. Complaint의 발생원인

1) 회사 측에 책임이 있을 때

① 응대사원의 지식 부족
② 설명의 불완전, 의사소통의 서툶
③ 사무처리의 미숙·착오
④ 고객의 감정에 대한 배려 부족
⑤ 불친절, 서비스 정신의 부족
⑥ 교육훈련의 불철저

2) 고객 측에 잘못이 있을 때

① 지식·상식 혹은 인식의 부족
② 기억 착오·과실·성급
③ 성급한 결론·독단적인 해석
④ 사정의 변화

317

⑤ 감정적인 반발

⑥ 고압적인 고집

⑦ 고의·악의

3. Complaint에 대한 쌍방의 심리

1) 고객의 심리

① 난처함, 문제해결에 대한 초조함

② 피해자 의식

③ 불신감과 다른 회사도 있다는 선택의식

④ 자존심을 깎이고 싶지 않음

⑤ 친절·공정하게 취급받고 싶음

⑥ 빨리 처리해 주길 바람

⑦ 규칙 또는 법률에 어둡기 때문에 불안감이 있음

⑧ 가족이나 주위 사람들로부터 오는 압박감

2) 서비스맨의 심리

① 바쁘다(귀찮다).

② 규칙이나 관례는 파손할 수 없다.

③ 어느 한 손님에게만 특별취급은 안된다.

④ 업무(기술)는 정확하다.

⑤ 만약 과실이 있다면 신용문제나 회사의 책임문제로까지 미칠까 두렵다.

4. Complaint 처리방법

① 고객의 입장을 동조해 가면서 긍정적으로 듣는다.

(네, 맞습니다. 대단히 죄송합니다. 등등)

② 논쟁이나 변명은 피하고 솔직하게 사과한다.

(손님, 정말 죄송합니다.)

③ 고객의 입장에서 성의 있는 자세로 임한다.

(불만을 해결하려는 최선의 노력을 보인다.)

④ 감정적 요인, 노출은 피하고 냉정하게 검토한다.

(순간의 상황에 얽매이지 말고, 냉정하게 판단한다.)

⑤ 설명은 사실을 바탕으로 명확하게 한다.

(손님의 입장에서 6하원칙에 의거하여 차분히 설명한다.)

⑥ 신속하게 처리한다.

(문제점 처리에 대한 지연은 더 큰 불만을 낳는다.)

5. Complaint 처리의 3원칙

불만 발생 시 자기 혼자서 해결하려 하지 말고 상사나 선배에게 인계하여 해결토록 하면 좋은 결과를 얻을 수 있고 장소나 시간을 바꿈으로써 원만한 해결을 볼 수가 있다. 이와 같이 사람, 장소, 시간을 바꾸어 불만을 처리하는 방법을 3변주의라고 한다.

1) 사람을 바꾼다

① 서비스맨 → 상사

② 신입 서비스맨 → 선배 서비스맨

2) 장소를 바꾼다

① 영업장 → 사무실 → 고객상담실

② 서서 이야기하지 말고 앉게 해서 진정시킨다.

③ 경우에 따라 고객을 혼자 있게 하여 냉각기간을 둔다.

3) 시간을 바꾼다

① 즉답을 피하고 냉각기간을 둔다.
② 고객에게 꼭 중간보고를 한다.

6. Complaint 처리의 Flow Sheet

단 계	흐 름	유의점
1. 불만에 귀를 기울인다 (정보수집)	우선 사과한다 ↓ 고객 측 주장을 듣는다 ↓ 문제점을 메모한다	• 감정적이 되지 않도록 한다 • 끝까지 듣는다 • 고객입장에서 듣는다 • 이해해 줄 것 • 불평에 거역하지 말 것
2. 불만을 분석한다 (문제파악)	사실을 확인한다 ↓ 문제점을 파악한다 ↓ 전례와 비교한다 ↓ 원인을 확인한다	• 문제점을 상세히 들어본다 • 상대방의 잘못을 말하지 않는다 • 관점을 바꾸어 재검토한다 • 자기의 의견이나 평가는 넣지 않는다 • 객관적으로 사실을 추구한다
3. 해결책을 발견한다	회사의 방침정책 ↓ 해결의 방안설정 ↓ 자기 권한 내인가?	• 고객이 요구하는 것이 무엇인지 회사의 방침이나 정책의 적합여부를 검토하고 신속한 해결을 촉구한다
4. 해결책을 전한다	해결을 전한다 ↓ 권한 외, 권한 내 ↓ 상사에 제시, 즉각 처리함	• 권한의 유무는 사내문제 • 고객에게 끝까지 책임을 진다 • 알기 쉬운 말을 쓴다
5. 결과 검토	고객의 반응을 본다 ↓ 다른 곳의 영향도를 살핀다 ↓ 결과를 재검토 ↓ 다시 반복하지 않도록 노력	• 고객의 만족도를 확인한다 • 다른 곳에서는 해결할 수 있는 것인가? • 판매촉진은 이어졌는가?

7. 고객이 거래를 중단하는 이유

① 직원의 무례한 행동(68%)

② 상품에 대한 불만족(14%)

③ 경쟁력이 떨어지는 경우(9%)

④ 다른 이권의 관계(5%)

⑤ 문을 닫는 경우(1%)

제5절 전화응대 매너

1. 전화예절의 필요성

1) 고객을 직접 만났을 때

2) 고객을 간접적(전화)으로 만났을 때

2. 전화응대 Point

① 신속, 간결하게(6하원칙, 용건만 간단히)

② 정확하게(바른 음성, 중요한 부분 강조)

③ 정성스럽게(경어 사용, 정성스러운 마음)

3. 222법칙

① 전화벨이 2번 울리기 전에 받는다.

② 통화내용은 2분 이내로 간결하게 한다.

③ 상대방이 전화를 끊은 후 2초 후에 끊는다.

4. 상황별 응대방법

1) 상대를 기다리게 할 때

① 반드시 사과의 말로 양해를 구한다.

→ "죄송하지만 잠시만 기다려주시겠습니까?"

② 1분 이상 오래 기다리게 할 경우 사정을 이야기한 후 양해를 구한다.

③ 통화도중 타인과 대화 시 송화구를 막고 대화한다.

2) 다른 부서를 찾는 전화

① 부서명을 밝히고 타 부서로 연결한다.

→ "여기는 00파트입니다. 제가 **파트로 연결해 드리겠습니다."

② 잘못 걸린 전화도 반드시 원하는 부서로 직접 연결한다.

3) 전화 연결 시

① 반드시 직통 전화번호를 알려준다.

→ "혹시 연결도중 전화가 끊어지면 000-0000으로 다시 전화해 주십시오."

4) 부재자에게 걸려온 전화

① 부재 중인 이유와 일정을 알려준다.

→ "죄송하지만 00씨는 잠시 외출 중입니다. 오후 2시쯤 돌아올 예정입니다."

② 상대방의 연락처 및 간단한 메시지를 받아둔다.

→ "괜찮으시다면 제가 메모를 전해드리겠습니다."

5) 항의전화

① 사실을 규명하기 전에 일단 사과부터 한다.

→ "손님, 불편을 드려서 대단히 죄송합니다."

② 사실 규명 후 상황을 설명드린다.

6) 잘 들리지 않을 때

① 한번 더 말씀해 주실 것을 요청하거나 다시 걸도록 정중히 요청한다.

→ "죄송하지만 잘 들리지 않습니다. 다시 한번 전화 주시겠습니까?"

② 상대방의 연락처를 알고 있을 경우 전화를 건다.

→ "제가 다시 전화를 드리도록 하겠습니다."

③ 책임 회피성 발언은 삼간다.

→ "저희 부서 잘못이 아닙니다."

7) 통화도중 고객이 올 때

① 눈인사나 가벼운 목례로 곧 응대할 것을 알린 후 가능한 통화를 빨리 끝낸다.

② 통화가 길어질 경우 양해를 구하고 끊는다.

→ "죄송하지만 제가 곧 전화를 드리겠습니다."

8) 전화를 끊을 때

① 전화를 끊을 때에는 반드시 끝인사를 한다.

→ "전화 주셔서 감사합니다."

② 상대방이 끊은 것을 확인한 후 끊는다.

5. 전화를 잘 받는 매너

① 벨이 세 번 이상 울리지 않도록 한다.

② 한 손에는 수화기, 다른 손에는 필기구를 준비한다.

③ 자기의 소속과 성명을 밝힌다.

④ 잘못 걸린 전화도 정중히 대한다.

⑤ 용건을 잘 듣는다.

⑥ 전화를 이리저리 돌리지 않는다.

⑦ 응답은 책임 있게 한다.

⑧ 받은 전화내용을 재확인한다.

⑨ 끝맺음의 인사를 한다.

⑩ 수화기는 상대방보다 늦게, 조용히 내려놓는다.

⑪ 전화는 회사 대표자라는 마음으로 받는다.

6. 전화 받는 매너 실습차트

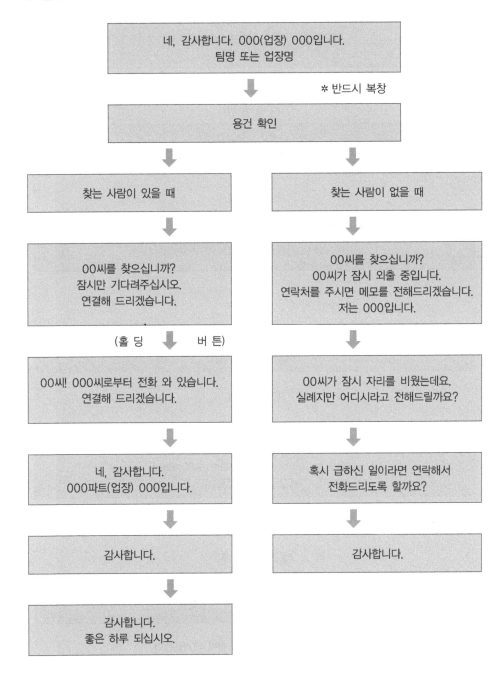

7. 전화 거는 매너 실습차트

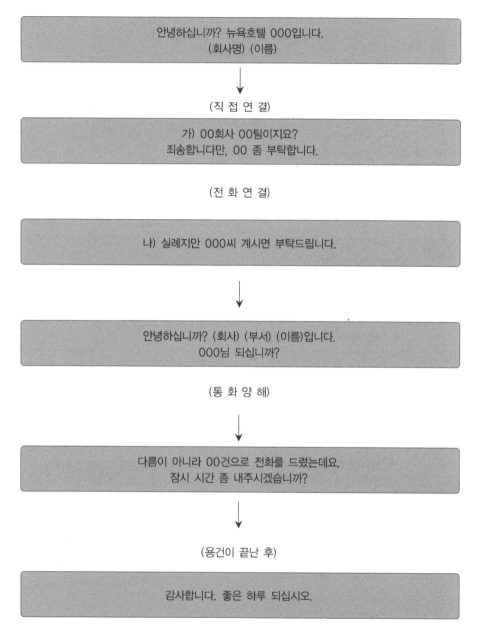

안녕하십니까? 뉴욕호텔 OOO입니다.
(회사명) (이름)

(직 접 연 결)

가) OO회사 OO팀이지요?
죄송합니다만, OO 좀 부탁합니다.

(전 화 연 결)

나) 실례지만 OOO씨 계시면 부탁드립니다.

안녕하십니까? (회사) (부서) (이름)입니다.
OOO님 되십니까?

(통 화 양 해)

다름이 아니라 OO건으로 전화를 드렸는데요.
잠시 시간 좀 내주시겠습니까?

(용건이 끝난 후)

감사합니다. 좋은 하루 되십시오.

※ 상대가 수화기를 놓은 후 살짝 내려놓는다.

8. 전화응대 체크리스트

내용	YES	NO
① 전화를 사용할 때 항상 메모 준비를 하십니까?		
② 전화벨이 울리면 즉시 받습니까? (2번 이내)		
③ 밝고 친절하게 자신의 소개를 했습니까?		
④ 전화를 이리저리 돌려 상대방에게 불편을 주고 있지는 않습니까?		
⑤ 고객의 문의사항을 정확히 파악하고 있으며 답변은 친절하고 성의 있게 하고 있습니까?		
⑥ 근무 중 불필요한 사적인 전화를 자주 하지는 않습니까?		
⑦ 전화통화를 너무 길게 하고 있지는 않습니까?		
⑧ 전화 내용을 정확하게 직접 본인에게 전달하였습니까?		
⑨ 바르고 안정된 자세로 통화를 하고 있습니까?		
⑩ 통화 중 끊어졌을 때에는 비록 상대방에게서 걸려온 전화라도 자신이 먼저 다시 하고 있습니까?		
⑪ 불필요한 말을 자주 사용하고 있지는 않습니까?		
⑫ 통화 중 다른 사람과 말할 때에는 수화기를 막고 있습니까?		
⑬ 너무 큰소리로 통화하여 주위 동료들에게 불편을 주고 있지는 않습니까?		
⑭ 잠시 기다리라고 한 후 지체하거나 중간보고를 소홀히 하고 있지는 않습니까?		
⑮ 전화 끊는 태도나 말씨는 올바른 편입니까?		

░ 제6절 성공하는 직장인의 자세

1. 직장에서의 호감받는 태도 6가지

① 남들보다 조금 일찍 출근한다(최소한 30분 전).

② 업무는 동료보다도 다소 빠르게, 조금이라도 많이, 보다 정확히 하도록 한다.

③ 예의범절을 바르게 하여 '그는 매너가 좋다'고 평가받도록 한다.

④ 필요할 때 특근(特勤)이나 일찍 출근하는 것을 기피하지 않도록 한다.

⑤ 직장 규칙이나 규율은 정확히 지킨다. 규칙은 지키기 위해 있다.

⑥ 복장·몸단장 등은 청결·세련되게 한다.

2. 프로사원의 업무자세 7가지

① 프로사원이란 사생활보다 업무를 중심으로 행동하는 사람이다.

② 프로사원이란 자기 업무에 자부심을 지니는 사람이다.

③ 프로사원이란 자기 능력의 110% 이상에 도전하여 능력을 높이는 사람이다.

④ 프로사원이란 시간이 아니라 목표를 기준으로 일하는 사람이다.

⑤ 프로사원이란 자기에게 맡겨진 업무성과에 책임을 지는 사람이다.

⑥ 프로사원이란 자기 업무에 절대로 자만하지 않는 사람이다.

⑦ 프로사원이란 능력 향상을 위해 연구 노력하는 사람이다.

3. 자기계발의 실천 9가지

① 자기 미래는 자기 힘으로 개척해 나간다.

② 목표가 없는 곳에 노력은 없다.

  - 목표를 선명히 하라.

③ 아무도 만들어주지 않고 아무도 도와주지 않는 자기의 인생이다.

  - 자기 인생에 책임감을 가져라.

④ 시간을 소중히 하며 자기 장래를 위해 하루 1시간은 공부하라.

⑤ 급료의 5%는 자기계발에 사용하라.

⑥ 시간과 돈은 남지 않는다. 앞을 내다보고 사용하라.

⑦ 1년 전의 자기와 비교해 보라. 조금도 변하지 않았다면 부끄러워하라.

⑧ 동료와 비교 경쟁하여 앞지르라.

　- 준비된 의자는 오직 하나뿐이라고 생각하라.

⑨ 상사가 말하는 것을 언제나 감탄만 하고 있다가는 따라가지 못한다.

　- 능력을 향상시켜라.

적극적인 업무자세	소극적인 업무자세
• 지시받지 않더라도 한다.	• 지시받지 않으면 하지 않는다.
• 상사의 명령, 의도의 진의를 깨닫고 일한다.	• 상사 말의 의도를 생각하지 못한다.
• 상황의 변화에 따라 임기응변과 적절한 조치를 취한다.	• 상황의 변화를 고려하지 않는다.
• 기지와 융통성이 있다.	• 기지와 융통성이 없다.
• 창의적인 연구를 통해 기대 이상의 일을 한다.	• 시킨 일 이외는 하지 않는다. 따라서 일의 업적은 최저한도에 그친다.

　자기 직무 범위의 일에 대해서 일일이 지시받지 않으면 하지 않는 정도라면 직무를 훌륭히 수행했다고 할 수 없다.

　일은 상사의 지시에 의해서 하는 것이지만 지시가 모든 것을 다 해결할 수도 없으며, 상황의 변화도 발생하므로 언제나 업무 수행자의 자율적인 창의력을 발휘할 여지가 있는 것이다. 따라서 일은 적극적인 태도로 임해야만 비로소 기대 이상의 훌륭한 성과를 거둘 수 있게 된다. 자주성이 없는 일이란 로봇이 하는 일과 같아서 인격을 가진 인간이 하는 일이라고 말할 수 없다. 우리는 누구나 로봇이 되고 싶지 않을 것이다. 그러기 위해서는 일을 적극적으로 수행해 나가야 한다.

4. 책임감 있는 업무자세 5가지

1) 결정되어 있는 것을 지킨다

① 회사의 규칙과 표준을 지킨다.

② 휴식시간, 회의, 기타 정해진 시간을 지킨다.

③ 약속한 일을 이행한다.

④ 맡은 일은 기한 내에 완수한다.

⑤ 상사의 지시에 따른다.

⑥ 회사의 방침에 따른다.

2) 양심적으로 일한다

① 결과를 확실히 확인·점검·검토한다.

② 항상 반성을 게을리 하지 않는다.

③ 다른 사람에게 미치는 영향을 생각한다.

④ 작은 일도 소홀히 하지 않는다.

⑤ 누가 보거나 보지 않거나 성실히 일한다.

⑥ 자신을 속이려 하지 않는 자세를 갖는다.

3) 일을 끝까지 완수한다

① 일에 대한 준비, 예정계획을 세운다.

② 지시와 일의 내용을 잘 파악한다.

③ 일의 매듭을 잘 짓는다.

④ 보고를 잊지 않는다.

⑤ 일을 도중에서 그만두지 않는다.

4) 능동적으로 일한다

① 지시가 없더라도 일을 찾아서 한다.

② 상사를 보좌한다.

③ 한수 앞을 생각한다.

④ 남이 싫어하는 일도 자진해서 한다.

⑤ 기대 이상으로 일을 해낸다.

5. 사교적 기술 10가지

① 얼굴을 기억하고 이름을 기억하는 능력

② 남의 말을 귀담아듣는 능력

③ 고객이 존중받는다고 느끼게 하는 능력

④ 고객의 요구에 주의를 기울이고 대응하는 능력

⑤ 예의를 갖추는 능력

⑥ 정직을 실천하는 능력

⑦ 조용하게 일하는 능력

⑧ 고객의 필요에 대한 민감성과 이를 충족시키는 능력

⑨ 언제 말하고 언제 들어야 하는지 아는 능력

⑩ 요령

몸을 굽히는 지혜

참나무가 어느 날 갈대를 보고 말했다.
"너는 참 안됐구나.
작은 새 한 마리도 지탱할 수 없고
산들바람에도 머리를 숙여야 하니 말이다.

나를 보렴, 아무리 센 바람에도
끄떡하지 않는단다."

갈대가 이렇게 대답했다.
"당신 말은 무척 고맙지만 난 괜찮아요. 난 바람이 무섭지 않아요.
몸을 굽히며 부러지지 않거든요."

어느 날 무서운 폭풍이 불기 시작했다.
참나무는 의연히 참고
갈대는 몸을 굽혔다.
바람은 점점 심해지고
온 몸에 바람을 맞던 덩치 큰
참나무는 마침내 뿌리째 뽑혀
날아가고 말았다.

제 24 장

리조트의 연회관리

제1절 리조트연회의 개요

1. 리조트연회의 개념

　리조트연회는 단체고객들에게 기념회, 축하연, 전시회, 세미나 등의 다양한 행사 목적을 위하여 지정된 연회장에서 음식과 오락을 제공하고 그 대가를 받는 행위를 말한다. 일반적으로 연회장은 Banquet Room이라고 한다.

2. 리조트연회의 분류

　리조트연회는 크게 나누면 호텔 내에서 이루어지는 파티(In House Party)와 리조트 밖에서 이루어지는 파티(Outside Catering)로 분류되며 전시회, 패션쇼, 강연회, 세미나, 약혼, 결혼식, 회갑연, 창립기념회, 사은회, 동창회, 망년회, 국빈행사, 정부 기념행사 등으로 이루어진다.

제2절 리조트의 연회행사 종류

1. 테이블 서비스 파티(Table Service Party)

테이블 서비스 파티는 좌석에 앉아서 각 요리 종류별로 서비스를 받는 파티로서 가장 격식 있고 품격 있는 연회행사이다. 따라서 초대장에 명시한 대로 참석해야 하며 특별한 요청이 없을 경우에는 정장차림을 해야 한다.

2. 뷔페 파티(Buffet Party)

뷔페행사는 참석 예상인원을 미리 예측하여 적정한 양의 음식을 미리 준비해 놓고 고객의 취향에 따라 음식을 셀프서비스로 제공하는 식사방법이다.

1) 스탠딩 뷔페 파티(Standing Buffet Party)

스탠딩 뷔페 파티는 서서 먹는 식사방법이며 공간이 좁아서 테이블과 의자를 배치할 수 없을 경우에 유리하며 한꺼번에 많은 인원의 식사가 가능하다는 점이 특징이다.

2) 좌석 뷔페 파티(Seat Down Buffet Party)

좌석 뷔페 파티는 음식이 식당에 차려져 있기 때문에 제한된 공간에 테이블과 의자를 준비해야 하며 테이블 세팅도 해놓은 상태에서 식사를 하는 방법이다.

3. 리셉션 파티(Reception Party)

리셉션 파티는 사교 파티의 대표격이며 큰 행사 전에 먼저 온 손님들을 위하여 기다리는 동안 간단한 음료와 다과를 들면서 담소하는 파티이며 통상 30분 정도로 진행된다. 그러므로 식사 의미는 아니며 식사 전의 간단한 행사에 해당된다. 그 외

리셉션 파티 자체만으로 모든 행사를 끝내는 경우도 있으며, 이때의 음료와 다과류는 양을 조금 많게 서브하는 것이 무난하다.

4. 티 파티(Tea Party)

티 파티는 음료와 다과류만을 준비하여 간단하게 진행되는 파티이다. 보통의 회의 중간에 이루어지기도 하며, 생일파티나 각종 모임에서도 행사를 하고 있다.

5. 가든 파티(Garden Party)

가든 파티는 잔디가 있는 정원에서 이루어지는 축하행사이다. 격식이 요구되므로 정장차림으로 참석해야 하며, 손님이 앉아서 먹을 수 있는 테이블이나 의자가 없으므로 스탠딩 뷔페 형태나 야외 가든에서 한다는 점이 다르다.

6. 출장 연회(Outside Catering)

출장 연회는 호텔 내에서 이루어지는 행사가 아니라 고객이 원하는 지정된 호텔 외부 장소에 호텔 내의 식사와 음료, 테이블과 기물 등을 운반하여 연회행사를 실시하는 것을 말한다. 이때에는 행사 담당자가 사전에 행사현장 답사를 실시하여 면적, 차량진입 여부, 전기 조명시설 등을 파악해야 한다.

▒ 제3절 리조트의 연회행사 점검사항

1. 행사내용 점검

    ① 목적

    ② 주최측 : 의전담당 및 Bill 처리 담당자 확인

    ③ 장소 : 칵테일 장소, 만찬장소, 기자실, 대기실, 수행원실

    ④ 일시

    ⑤ 연회종류 : 만찬, 칵테일 파티, 리셉션 파티, 회의 등

    ⑥ 참석인원 : 총 인원수, VIP명단 파악

    ⑦ 가격 : 식음료 및 객실 임대

    ⑧ 기타 : 꽃, 현수막, 음향, 방송, 접수대, 주차안내

2. 행사 전 확인사항

  (1) 연회장 예약은 이상 없이 되어 있는가?(연회예약과)

    ① 날짜, 시간, 장소가 타 행사와 중복되지 않는가?

    ② 고객과 약속한 장소, 날짜, 시간 등이 정확하게 입력되어 있는가?

    ③ 야외행사 시 우천 대치장소는 마련되어 있는가?

  (2) 행사지시서(Function Order : F/O) 내용은 견적내용과 이상 없이 작성되어 있는가?

    (연회예약과)

    메뉴, 가격, 인원, 장소 등

  (3) F/O 배포는 정확히 되어 있는가?(연회예약과)

    F/O 서명 확인 및 배포처 확인

  (4) 현판신청은 이상이 없는가?(시설부)

    현판신청서 확인(서명, 내용, 일자 등)

(5) 차량신청은 이상이 없는가?(총무부)

　차량신청서 확인

(6) 아이스 카빙 로고의 외부제작이 필요한가?(연회예약과)

　로고 발주

(7) 메뉴 프린팅의 외부 또는 자체제작이 필요한가?(연회예약과)

　메뉴 프린팅 발주(VIP행사 및 고가메뉴 행사)

(8) 밴드, 국악인, 사회자, 사진/비디오, 상차림 등 외부협력업체 발주는 이상 없는가?
(연회예약과)

　발주(팩스 및 전화) 후 보고대장에 기업

(9) 좌석배치도, 명패, 명찰 등이 필요한가?(연회예약과)

　작성 또는 구매 발주 후 교정작업

(10) 예약금은 입금되었는가?(여신과)

　① 예약금 영수증 확인

　② 온라인 이용 시 여신과에 확인(금액, 입금일, 입금자 등)

(11) 시청각 기자재 및 특수장비 사용 시 제공이 가능한가?(음향실)

　제공 가능여부 확인(수량, 기종 등)

(12) 출장행사 시 직원 도시락은 이상 없이 예약되어 있는가?(연회예약, 구내식당)

　① 도시락 업체에 예약(수량, 일자, 시간, 장소)

　② F/O에 기입

(13) 행사 여직원 준비가 필요한가?(인사과)

　행사 여직원 요청(인원, 명단)

(14) 구내식당 오픈 또는 크로스 시간을 조정할 필요가 있는가?(인사과 구내식당)

　　출장행사 시간에 따라 구내식당 개폐시간을 조정

(15) 특별쇼 프로그램이 필요한가?(예능부 공연과)

　　특별쇼 요청 시 날짜, 시간, 장소, 쇼 내용 등 통보

(16) 특수조명이 필요한가?(예능부 조명과)

　　필요한 특수조명 내용 및 조명 기사요청(날짜, 시간, 장소)

(17) 행사 개요서 작성이 필요한가?(연회예약과)

　　국제행사 및 국내 대형행사 시 일자별로 행사개요서 작성 및 배포(임원진)

(18) 귀빈보고서 작성이 필요한가?(연회예약과)

　　귀빈보고서 작성 및 배포(행사 1일 전 배포)

3. 행사당일 확인사항

(1) 현관은 이상 없는가?(시설부)

　　현관 내용 확인

(2) 메뉴 프린팅은 입고되었는가?(연회예약과)

　　수량, 내용 확인 후 연회서비스과에 전달

(3) 아이스 카빙 로고는 입고되었는가?(조리부 아이스 카빙 담당)

　　수량, 서명, 내용 확인 후 아이스 카빙 사무실에 전달

(4) 안내문안은 정확히 작성되었는가?(연회예약과)

　　① 안내문안 내용 확인(날짜, 시간, 장소, 문구 등)

　　② 오늘의 행사(Today's Function)

(5) 좌석배치도, 명패, 명찰 등이 입고되었는가?(연회예약과)

    ① 좌석배치도, 명패, 명찰 등이 입고되었는가?(연회예약과)

    ② 수량, 내용 확인

(6) 고객 수송차량은 출발하였는가?(총무부)

    장소 및 시간 확인

(7) 행사장 레이아웃은 주문대로 되었는가?(연회서비스과)

    수정 필요 시 즉시 수정

(8) 좌석수는 정확한가?(연회서비스과)

    여분의 의자 별도 준비

(9) 기물은 청결하고 이상 없는가?(연회서비스과, 조리스튜어드과)

(10) 영접라인은 이상 없는가?(연회서비스과, 당직부)

    리셉션 카펫 또는 적색 카펫

(11) 안내여직원은 대기하고 있는가?(당직부, 연회서비스과)

    장소 및 시간 확인

(12) 밴드, 상차림, 국악인, 사회자 등 외부협력업체 직원들은 도착하였는가?
(연회예약과)

    인원, 내용 확인

(13) 출장용 직원 도시락은 도착하였는가?(연회서비스과)

    수량, 내용물 확인

(14) 시청각 및 음향 기자재는 이상 없는가?(음향실)

    테스트 실시

(15) 행사용 고객 짐은 운반이 잘 되고 있는가?(연회서비스과, 벨 데스크)

　　컨벤션센터 행사용 고객 짐 운반

(16) 녹음시설은 이상 없는가?(음향실)

(17) 동시통역시설은 이상이 없는가?(음향실)

(18) 연회장 청소상태는 이상이 없는가?(객실부 하우스키핑)

　　행사 3시간 전 청소완료

(19) 행사용 구매물품은 이상 없이 입고되었는가?(총무부)

　　수량, 종류, 내용 확인

(20) 주차장은 확보되었는가?(총무부)

　　주차장 안내 피켓(Picket) 확인

4. 행사 후 확인사항

(1) 고객의 만족도는 어떠한가?(연회예약과)

　　행사 익일 감사의 전화 실시

(2) 고객의 불평사항(Complaint)은 없었는가?(연회예약과)

　　연회 코디네이터가 보고서 작성

(3) 고객의 분실물은 없었는가?(연회서비스과, 당직, 하우스키핑)

　　습득물은 당직에 알린 후 하우스키핑에 보관

(4) 계산은 이상 없었는가?(연회서비스과)

　　견적내용과 계산내용 비교확인

(5) 고객관리는 잘 이루어지고 있는가?(연회예약과)

　행사 익월 감사의 편지 발송, 행사 1주년 기념카드 발송

(6) 직원 인센티브 자료는 정확히 파악되었는가?(영업기획과)

　월 단위로 직원유치 행사자료를 영업기획과로 통보

(7) 고객 사은선물은 전달되었는가?(연회예약과)

　매출액 또는 단가를 기준으로 해당 사은선물 티켓을 고객에게 발송

⠿ 제4절 리조트의 연회장 장식

　연회행사는 연회의 목적과 행사성격에 따라 다양한 실내 분위기 행사장을 연출해 낼 필요가 있다. 적합한 장식으로 안락감과 화려함을 주어 참석한 고객들에게 만족감을 줄 수 있고 이미지 창출로 인한 매출증대와 홍보효과를 기대할 수 있다.

1. Banner & Placard

　연회장 내의 행사 목적을 알리는 연회모임의 플래카드를 본부석 쪽의 벽에 부착하고 행사장을 더욱 돋보이게 하기 위하여 배너를 행사장 벽면과 천장에 적절히 부착하거나 꾸민다.

2. 꽃꽂이 장식

　꽃꽂이 장식은 테이블의 꽃꽂이와 연회장 입구의 꽃장식으로 나눌 수 있다. 먼저 테이블의 꽃꽂이는 Table cloth와 Top cloth, Napkin, 기물류, 조명 등과 어울릴 수 있도록 자연스럽게 꾸며져야 한다. 이에 따른 꽃꽂이 유의사항은 다음과 같다.

① 테이블용일 경우 사방형(四方形)이 되어야 한다.

② 쉽게 시들지 않는 꽃을 이용한다.

③ 향기가 강한 꽃은 가급적 피한다.

④ 꽃잎이 쉽게 떨어지거나 꽃이나 꽃가루가 날리는 꽃도 피하는 게 좋다.

그 외 연회장 입구나 연회장 내의 단상 옆에 세우는 꽃은 통상 3단용으로 좌우대칭이 될 수 있도록 적절히 장식한다.

3. 아이스 카빙(Ice Carving)

아이스 카빙은 얼음을 재료로 한 다양한 모양(독수리, 사자, 학 등)의 입체식 얼음조각 장식이다. 정육면체의 통얼음을 재료로 형상을 만들며 연회장 내의 우아한 분위기와 시각적인 만족을 위한 장식이다. 아이스 카빙은 상당히 무겁고 깨지기 쉬우므로 연회 행사장까지 옮기는 데 상당한 주의가 요구되며 설치 시 다음에 유의한다.

① 아이스 카빙은 행사의 내용과 성격 그리고 연회장의 크기 등에 따라 설치위치가 달라질 수 있으므로 사전에 주최측, 카빙사와 조정하여야 한다.

② 아이스 카빙은 상당히 무거우므로 연회 행사장에 설치할 때 그 무게를 지탱할 수 있는 받침대를 사용한다.

③ 얼음이 실내온도에 의해서 녹아내리므로 얼음물을 받아줄 수 있는 아이스 카빙용 받침대를 사용하여 얼음물이 바닥으로 흘러내리지 않도록 해야 한다.

④ 아이스 카빙이 무너져 안전사고의 우려가 있으므로 고객의 동선을 피하여 혼잡하지 않도록 해야 한다.

⑤ 아이스 카빙의 설치 혹은 조합 시 소홀히 다루어 깨지지 않도록 해야 한다.

제5절 리조트 서비스종사자의 유의사항

1. 동료직원들 간의 유의사항

① 근무 중 동료직원과 잡담하지 않는다.

② 동료직원들에게 불평을 늘어놓지 않는다.

③ 고객이 보는 앞에서 동료직원과 언쟁하면 안 된다.

④ 동료직원들과 금전 거래행위를 하지 않는다.

2. 식음료종사원과 고객 간의 유의사항

① 특정 고객에게 지나친 호의를 베풀며 식탁 주위를 서성거리는 행위를 하지 않는다.

② 싼 음식을 주문하는 고객일지라도 차별 대우를 해서는 안된다.

③ 고객이 부적합한 요구를 할지라도 고객과 다투지 말고 신속히 지배인에게 보고한다.

④ 남성 고객보다 여성 고객에게 우선적으로 서비스한다.

⑤ 고객들이 계산을 위해 기다리게 해서는 안된다.

⑥ 고객과 사업에 대해서 의논해서는 안된다.

⑦ 고객이 두고 간 물건을 가져서는 안된다. 습득물이 있을 경우 즉시 분실물 취급부서에 보내야 한다.

⑧ 고객이 음식을 다 먹기 전에 다음 코스를 가져옴으로써 빨리 먹도록 서둘러서는 안된다.

⑨ 고객에게 음식을 권유하는 것을 두려워해서는 안된다. 능숙한 상담을 통해서 전문가가 될 수 있도록 노력한다.

제 25 장

리조트의 인적자원관리

리조트산업의 이해

1. 리조트의 인적자원관리 개념

리조트는 연중무휴로 영업을 하는 숙박과 레저, 스포츠, 휴양의 복합적인 서비스 기업이다. 그러므로 리조트종사자 관리는 다른 기업보다도 특히 중요하다.

리조트 인적자원관리란 리조트종사자들을 채용하여 교육시키고 배치시키며 인사 고과를 통한 승진과 퇴직까지의 총체적인 종사원관리라고 할 수 있다.

최근의 인적자원관리는 HRM(Human Resources Management)이라고 표현되고 있지만, 통상 인적자원관리보다는 인사관리란 용어로 불리어왔으며 이를 PM(Personnel Management)으로 총칭하여 왔다고 할 수 있다.

리조트종사자의 종전 개념에서는 개인의 능력을 주요 관점으로 평가했지만, 최근에는 개인보다는 조직구성원으로서의 능력과 팀워크에 대한 관점을 더 높이 평가한다는 점에서 인적자원관리(HRM)란 표현이 더 적절하다고 할 수 있다.

2. 리조트 인적자원관리의 중요성

리조트는 연중무휴 영업을 하는 전형적인 인적서비스 기업이므로 로봇이나 기계화로 대체시킬 수 있는 기업 현실은 아니라고 할 수 있다. 또한 리조트는 아무리과학적이고 신기술이 발달된다고 하더라도 인적서비스를 활용하지 않고서는 성과를 낼 수 없는 특수한 기업일 뿐만 아니라 1년 365일 쉬는 날이 없는 기업이므로 인력을 가장 많이 필요로 하는 기업이라고 할 수 있다. 그러므로 리조트의 인적자원관리는 일반 제조업과는 달리 경영성과에 상당한 영향을 미치는 변수라고 할 수 있다.

특히 리조트종사자가 기분이 좋지 않거나 직무만족도가 떨어질 경우에 나타나는 현상은 무표정, 무감정, 퉁명스런 말씨와 태도일 것이며, 이는 리조트를 찾아오는 고객에게 그대로 표현됨으로써 리조트종사자의 불친절로 이어질 것이기 때문이다. 그러므로 리조트 인사책임자는 리조트종사자들의 인적자원관리에 세심한 배려와 관심을 기울여야 할 것이다.

제2절 리조트의 인적자원관리 절차

리조트의 인적자원관리 절차는 리조트의 필요한 인력을 산출하고 계획을 세워 모집·채용에서부터 인사고과, 배치, 승진, 이직관리 등에 관한 제반과정을 모두 포함하는 것이라고 할 수 있다.

〈그림 25-1〉 **리조트 인적자원관리 프로세스**

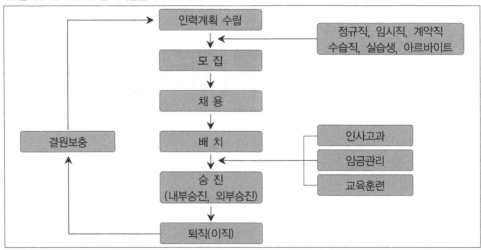

1. 리조트종사자의 모집관리

모집(recruitment)은 리조트기업이 필요로 하는 인력을 유효적절히 선발하기 위하여 신문, 잡지, 학교추천, 방송 등의 방법으로 우수한 지원대상자들이 지원할 수 있도록 정보를 제공하는 활동을 말한다. 모집방법은 사내모집과 사외모집을 모두 포함하지만 일반적으로는 사외모집을 의미한다.

2. 리조트종사자의 채용관리

모집활동을 통하여 응모한 지원자 가운데서 면접, 추천, 시험, 성적, 특기 등을 통하여 리조트직무별로 가장 적합한 자질을 갖추었다고 판단되는 사람을 선발하는 것을 채용관리라고 한다. 채용관리가 잘못된다고 가정하면 채용관리에 따른 인적·시간적·경제적 손실이 초래되므로 인력 선발은 매우 중요하다.

1) 채용계획

리조트종사원을 채용하는 계획수립은 리조트 각 부서별·직무별로 필요한 인원수를 먼저 결정하고 모집계획에 따른 구체적 방안을 결정해야 한다. 예컨대, 신규리조트를 개관하는 경우에는 전체적으로 필요한 인력을 일시적으로 선발하기 위해 신문이나 TV광고를 이용할 수 있으며, 기존 운영리조트인 경우에는 결원이 생길 때마다 수시로 채용하는 수시채용 방법을 택할 수 있을 것이다. 그 구체적 요건은 다음과 같다.

① 성·비수기에 따른 장·단기 인력수급 계획을 세운다.
② 노동의 양과 질적인 면을 구분하여 계획한다.
③ 정기적인 이직률·퇴직률을 감안하여 계획한다.
④ 남녀별 정규직원, 임시직원, 계약직사원, 수습직, 실습생, 장·단기 아르바이트 등을 구분하여 계획한다.

2) 채용절차

리조트종사원의 채용은 대부분이 면접만으로 실시되지만 리조트에 따라서는 필기시험(대부분 영어)을 치르는 경우도 있으며 학교추천을 통하는 경우도 많은 실정이다.

리조트종사자의 채용절차에 있어서 타 기업이나 업종에 비해 학교추천이 많은 이유는 아무리 면접관이 심도 있는 면접을 실시하더라도 피면접자의 잠재능력이나 인성 등을 종합적으로 판단하기에는 한계점이 있다고 보이므로, 대학 전 학년 동안 직접 가르치고 지도해 온 지도교수 관점에서 학생의 태도와 인성을 판단하는 부분이 더 정확할 수 있다는 논리에 근거한 것이라고 판단되기 때문이다. 채용방법의 종류는 다음과 같다.

① 필기 및 실기시험
② 구술시험(면접 : 응시자의 능력, 태도, 성격, 말씨, 사교성, 인상, 체격조건)이
　있으며 개인구술시험과 집단구술시험이 있다.
③ 신체검사

3) 채용면접

면접은 면접관이 피면접자의 용모, 태도, 경력, 말씨, 성격, 인상, 미소, 외국어 회화, 체격조건, 가정환경, 직업관에 대한 의지, 전공의 이해도 등을 종합적으로 평가하는 절차를 말한다. 특히 리조트종사자는 서비스에 대한 중요성이 강조되므로 서비스에 대한 투철한 사명감이 요구될 뿐만 아니라, 항상 웃는 얼굴의 표정관리가 면접에서 절대적으로 좌우되고 있는 실정이다. 그러므로 리조트종사자로서 채용되기 위한 면접요건은 다음과 같다.

첫째, 미소를 생활화하라.
둘째, 얼굴 표정을 편안하고 친근감 있는 인상으로 바꾸도록 관리하라.
셋째, 자신 있는 외국어 하나로 자기소개를 비롯한 기본적인 회화를 숙지하라.
넷째, 깔끔한 복장과 용모를 갖추어라.

348

〈표 25-1〉 **면접 평가표**

구 분	판 단 기 준	등급	배점	비고
우수함	모든 면에서 우수하며, 그룹에 꼭 확보하고 싶은 사람	A	10	
양호함	대체로 양호한 편이며, 합격시켜도 좋겠음	B+	7	
보통임	보통 수준이며, 합격시키기에 무난함	B	5	
미흡함	약간 미흡한 감이 있으며, 합격은 재고해 보아야 함	B-	3	
모자람	모든 면에서 떨어지며, 합격시키기에는 곤란함	C	0	

3. 리조트종사자 인사고과관리

리조트종사자의 인사고과관리란 리조트조직 내의 각 직무에 종사하는 종업원의 근무성적이나 능력과 가치를 객관적으로 평가하여 합리적인 인적자원관리의 기초자료를 제공하는 것으로 정의되고 있다.

1) 인사고과의 성격

① 인사고과는 리조트기업 내의 사람을 대상으로 한다.

② 인사고과는 사람과 직무와의 관계를 비교한다.

③ 인사고과는 부서별 상대적인 평가이다.

④ 인사고과는 객관성을 높이기 위해 특정 목적에 적합하도록 조정되는 경향이 있다.

2) 인사고과의 활용

우리나라에서 인사고과를 도입·적용하는 기업들은 대부분 직원들의 승진이나 승격 등을 위한 기준 척도로써 인사고과표를 활용하고 있으며, 그 외 상여금이나 표창 등에도 적용하고 있다.

〈표 25-2〉 **인사고과표(일반직원용 예시)**

소속		성명		입사연월일			판정		평점	
직위		담당 직무		현재 급호	고과 기간		년 월 일부터 년 월 일까지	고과 구분	정기고과 수시고과	
고과자		1차		㉑	확인자					㉑
		2차		㉑	채점자					㉑

고과요소	고과항목	1차	2차
1) 직무수행 직무수행에 필요한 일반적인 기초지식 및 전문적 지식과 기술을 가지고 있으며, 그것을 어느 정도 실제로 활용할 수 있는가?	① 직무지식과 응용력이 탁월하여 직무수행도가 높다. ② 직무에 필요한 지식에 정통하고 있으며, 응용력도 상당히 있다. ③ 현재의 직무지식과 기술로는 약간 불안하다.		
2) 근면성 담당직무의 수행을 위하여 열성으로 소임을 다하고 있는가?	① 불철주야로 열심히 일하고 타의 모범이 될 수 있다. ② 담당 직무수행을 위하여 상당히 열심히 일하고 있다. ③ 타 직원에 영향이 있을 정도로 몹시 태만하다.		
3) 준수성 제 규칙이나 상사의 지시명령을 성실히 준수이행하고 있는가?	① 제 규제나 상사의 지시명령을 충실하게 준수·이행하여 타의 모범이 되고 있다. ② 제 규칙이나 상사의 명령을 이행하고 있다. ③ 타 직원에 영향이 있을 정도로 몹시 태만하다.		
4) 협조심 사회조직 내의 일원이라는 자각을 가지고 타인과 협력하고 협조분위기 조성에 노력하고 있는가?	① 항상 회사 전체의 일을 생각하고 협조분위기 조성에 중요한 역할을 한다. ② 대체로 무난히 협조하고 있다. ③ 때때로 타인과 협조하지 않고 자기본위로 행동한다.		
5) 추진력 얼마나 효과적으로 박력 있게 직무를 추진·실천하며, 스스로 문제점을 찾아 해결하는가?	① 아무리 어려운 조건하에서도 박력 있게 직무를 성공적으로 추진·실천한다. ② 직무수행의 정도에 적절한 추진력이 있다. ③ 직무를 추진·실천하는 데 있어 능력이 조금 부족하다.		
6) 책임감 자기임무를 완수하기 위하여 최선을 다하며, 또 결과에 대하여 책임을 지는가?	① 책임감이 왕성하며, 맡은바 임무를 철저히 수행한다. ② 대체로 책임을 지고 직무를 수행한다. ③ 책임감이 조금 부족하여 지장을 초래할 때가 더러 있다.		
7) 계획력 문제를 인식·파악하고 구체적인 방안을 수립하여 해결방안을 위한 방법과 절차를 효과적으로 계획하는가?	① 현 직무여건을 초월해서 계획할 능력이 있으며, 훌륭한 방안을 세운다. ② 현 직무수행을 위하여 대체로 적절한 방안을 세운다. ③ 일상업무는 대체로 계획하나 새로운 과제에는 지장이 있다.		

고과요소	고과항목	1차	2차
8) 판단력 문제를 정확히 판단하고 결심을 신속히 하며, 건전한 건의를 하고 있는가?	① 극히 곤란한 상황 속에서도 신속히 적절하고 훌륭한 판단을 한다. ② 대체로 건전한 평가에 의하여 정확히 판단을 한다. ③ 예기치 않은 상황에 부딪치면 판단하는 데 많은 시간이 걸린다.		
9) 성실성 자신의 담당업무에 성의가 있으며 자기이해를 떠나 회사를 위하여 얼마나 성실하게 일하고 있는가?	① 자기직무에 매우 충실하며, 회사를 위하여 희생적으로 봉사한다. ② 비교적 자기직무를 수행하려는 열의가 있다. ③ 착실하게 직무를 수행하려는 성의가 없는 것 같다.		
10) 장래성 상위직책을 담당할 수 있는 능력과 자기발전에 대한 노력향상의 경향은 어떠한가?	① 동료직원 중 우선적으로 진급되어야 할 직원 중의 한 사람이다. ② 발전할 수 있는 능력이 충분히 있다. ③ 현 담당직무는 능력이 적합하나 발전능력은 약간 부족하다.		

종합고과 : 피고과자의 고과성적을 종합하여 동일직급 내에 어느 수준에 들어 있는가?

구 분	특히 우수한 직원이다.	우수한 직원이다.	약간 아쉬운 직원이다.	서 열	총 점
1차 고과자					

4. 리조트종사자의 배치관리

배치(Placement)는 채용된 지원자를 해당 부서에서 주어진 직무를 수행할 수 있도록 조직구성원으로서의 자격을 주는 과정이다. 적정한 배치는 신규 채용된 종업원으로 하여금 직무만족을 높일 수 있으나, 배치가 적절하지 못하면 종업원이 감당하기 어려운 일에 부딪치게 되고 사기저하나 이직의 원인이 될 수 있으므로 매우 신중하게 이루어져야 한다.

5. 리조트종사자의 승진관리

승진(Promotion)은 기업조직 내에서 종업원의 신분이나 자격서열에서 현재의 위치(position)보다 상승하는 것을 의미한다. 승진을 위한 기초자료로는 인사고과 평정

표가 활용되고 있으며, 그 외 승진시험, 연공평가, 학력과 경력, 교육훈련 이수 정도 등의 자료가 참고로 적용되고 있다.

6. 리조트종사자의 이직관리

이직(Separation)은 리조트종사자로 재직 중 자기가 근무하는 직장(호텔)을 떠나는 것을 의미한다. 이직은 자기 스스로 회사를 그만두는 의원면직형태의 자발적 이직과 권고사직이나 일시해고와 같이 권유에 의한 비자발적 이직이 있다.

1) 자발적 이직의 원인

① 현재 직장보다 더 나은 직장을 택하는 경우
② 통근조건, 근무환경, 교대근무의 어려움
③ 성취감 부족
④ 집안사정이나 학교관계, 결혼, 임신, 배우자 이동
⑤ 직장 내의 인간관계 불협화음
⑥ 급여의 불만족
⑦ 계약직에서 정규직 전환의 누락

2) 비자발적 이직의 원인

비자발적 이직은 본인의 의사와 관계없이 회사 측의 요청에 의해서 이직을 하는 경우이며 다음 사유들로 인해서 회사가 취하는 조치이며 해임, 파면, 권고사직 등이 있다.

① 회사 내 재산상의 손실초래
② 공금유용
③ 회사의 통폐합으로 조직규모 축소
④ 경영악화로 파산

∷ 제3절 리조트의 조직과 직무

1. 리조트 최고경영층의 조직과 직무

리조트의 경영을 보다 전략적이고 전문화된 영업으로 이끌어내기 위해서는 최고경영층들의 전문지식이 대단히 중요하다. 리조트의 최고경영층에는 총지배인(사장또는 이사), 부총지배인(영업담당이사), 관리지배인(관리이사), 당직지배인(Duty Manager)이 있다.

1) 총지배인(General Manager : G/M)

리조트의 총지배인은 리조트 경영을 총괄하는 책임자로서 전문경영자를 말한다. 주주나 경영주로부터 경영을 위임받아 직접 리조트를 경영하는 자를 말하며 General Manager라고 부른다. 그러므로 총지배인은 리조트 영업 전반에 대한 이해와 지식 그리고 경험이 있어야 하며, 부하직원들의 조직관리에도 통솔력이 있어야 한다. 리조트에 따라서 총지배인은 사장, 부사장, 전무이사, 상무이사, 이사 직함이 주어지기도 한다.

2) 부총지배인(영업담당이사)

부총지배인은 총지배인을 보좌하며 영업부문 전반에 대한 지도감독과 총지배인의 유고 시 그 직무를 대행하고 대내의 마케팅을 담당하기도 한다.

3) 관리지배인(관리이사)

리조트 관리부분의 총괄책임자로서 총지배인을 보좌하며 리조트영업을 위한 제반 지원관리 및 감독, 인사, 총무, 종업원 기숙사, 후생복지, 경리, 구매, 시설, 경비, 조경 등의 업무를 총괄한다.

4) 당직지배인(Duty Manager)

당직지배인은 야간에만 근무하는 리조트 총지배인의 역할을 담당하는 자로서 야간 총지배인이라고 할 수 있다. 리조트의 경영 특성상 1일 24시간 연중무휴이기 때문에 리조트 총지배인이 주간에 일어난 제반사항을 당직 지배인에게 인계하고 다음날 아침에 출근하여 당직지배인으로부터 전날의 야간 업무내용을 인수받게 된다.

2. 리조트 영업팀 조직과 직무

1) 객실팀 조직과 직무

객실팀 조직은 고객을 직접 영접하고 객실을 판매하는 객실영업과와 객실을 관리, 보수 및 정리정돈하여 객실상품을 생산하는 객실정비(House Keeping)과로 되어 있다.

(1) 프런트 오피스(Front Office)의 조직과 직무

리조트의 프런트는 리조트를 이용하는 모든 고객들을 접하는 최초의 부서이며 리조트를 떠날 때 마지막 전송하는 부서로서 객실예약, check-in, check-out, 요금정산, 고객안내, 고객불평접수 등의 모든 업무가 이루어지는 부서이다. 그러므로 리조트의 심장부라고 할 만큼 주요한 부서이며, 리조트 내의 모든 업무내용들을 개략적으로 알고 있어야 고객들의 질문에 응답을 할 수가 있다.

① 룸 클럭(Room Clerk)

리조트의 프런트 데스크(front desk)에서 근무하면서 고객의 영접, 숙박등록, 객실배정, 객실열쇠 관리 등의 업무는 물론 귀빈이 도착했을 때 상부에 보고와 현관서비스 종사원의 일과를 지시하며 타 부서와 유기적인 협력관계를 유지한다.

② 인포메이션 클럭(Information Clerk)

리조트에 방문하는 고객의 모든 질문에 답하고 안내하는 일을 주업무로 한다. 항상 청결한 복장과 언어에 각별히 주의해야 하고 자신이 없는 질문을 받았을 때에는 다른 사람에게 물어보고 대답을 해주는 적극성이 필요하다. 예컨대 리조트 내의 부대시설 이용시간과 요금, 주변 관광지 소개, 렌터카 등의 질문들이다. 그러나 최근에는 인포메이션 클럭을 별도로 두지 않고 프런트 근무자 모두가 인포메이션 역할을 수행하는 추세이다.

③ 리저베이션 클럭(Reservation Clerk)

예약신청자의 예약접수와 통보업무를 담당하며 예약사항을 room clerk에게 정확히 인계한다.

④ 나이트 클럭(Night Clerk)

야간 프런트 데스크 업무를 총괄하며 객실점검, 객실영업일보 작성 등을 담당하며 저녁에 출근하여 아침에 퇴근하는 근무스케줄을 준수하는 업무이다.

⑤ 프런트 캐셔(Front Cashier)

프런트 캐셔는 check out하는 고객들의 객실요금, 룸서비스, 투숙 중 호텔 내의 각 영업장에서 사용한 요금 등을 수납하는 자이며 환전, 잔돈교환, 귀중품보관, 금고 관리 등의 업무를 담당한다.

〈그림 25-2〉 **Hotel Front Office Layout**

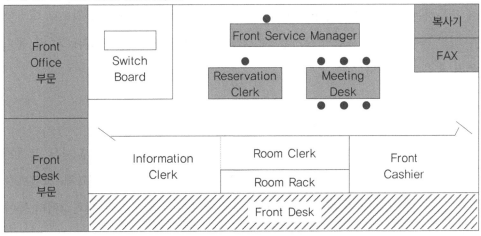

(2) 유니폼 서비스(Uniform Service) 조직과 직무

유니폼 서비스는 리조트 내 현관부문에 근무하는 제복 착용자가 서비스를 제공하는 것을 말하며 도어맨, 벨맨, 포터, GRO 등이 해당된다.

① 도어맨(Door Man)

도어맨은 리조트 현관입구 총감독자이며 고객이 호텔에 도착했을 때 인사와 영접 및 전송 차량관리, Valet 서비스 등을 담당한다.

② 벨맨(Bell Man)

벨맨은 리조트 로비(Lobby)를 관리하며 고객의 check-in과 check-out 업무를 도와주며 객실 내 각종 비품장비를 설명해 주는 업무를 담당한다(예 : 국제전화 사용방법, 음료수, 객실 온도조절, 퇴숙절차 등).

③ 포터(Porter)

리조트 내외부에서 호텔 이용객들의 짐을 운반해 주는 업무를 담당하며 차를 가지고 공항이나 역, 항구까지 마중을 나가거나 짐을 싣고 전송해 주는 역할을 담당한다.

④ GRO(Guest Relation Officer)

GRO는 리조트 내 특급호텔일 경우 현관이나 귀빈층(EFL : Executive Floor Lounge)에 근무하는 자로서 외국어에 능통하고 비즈니스 고객의 요구에 능동적으로 대처할 수 있는 자질을 가진 자로서 장기투숙 고객의 주요 일정관리 및 회의자료 준비, 통·번역 등을 담당한다.

(3) 하우스키핑(House Keeping)의 조직과 직무

하우스키핑은 객실을 정비하는 부서이다. 투숙한 고객이 퇴숙한 후 다른 고객에게 객실상품을 판매하기 위해 객실청소, 베드정리, 욕실청소 및 타월교체, 객실보수 등을 담당하는 부서이며 하우스키핑 매니저와 룸메이드, 하우스맨, 룸인스펙터 등이 있다.

〈그림 25-3〉 **객실부문의 조직표**

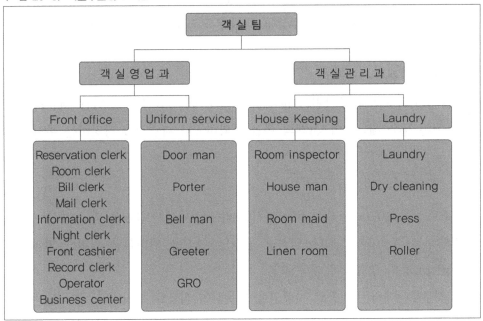

① 하우스키핑 매니저(House Keeping Manager)

하우스키핑 업무를 총괄하며 부하직원을 총괄관리·감독한다. 예컨대, 근무자세 관리, 객실비품과 소모품 공급, VIP객실 점검 및 확인, 세탁물 및 리넨류 공급 책임 등을 맡는다.

② 룸메이드(Room Maid)

룸메이드는 객실청소를 담당하는 자를 말하며 객실청소 외에 객실 이상 유무 보고 및 습득물 신고, 객실 소모품 보충 등의 업무를 담당한다.

③ 하우스맨(House Man)

하우스맨은 룸메이드 업무를 보조하며 객실 청소업무를 담당하는 자를 말한다.

④ 룸 인스펙터(Room Inspector)

룸 인스펙터는 룸메이드가 객실청소를 완료한 후 청소한 객실이 고객이 투숙했을 때 객실상품으로서 이상이 없는지를 최종 점검·확인하는 업무를 담당한다. 예컨대, 커튼의 먼지, TV 수신상태, 냉온수상태, 객실 온도조절기 상태 등을 점검하는 일이다.

(4) 세탁실(Laundry) 직무

세탁실은 리조트 내 종사원의 유니폼, 식당의 테이블클로스 및 냅킨, 객실의 침대 시트, 커튼 등을 세탁하며, 고객의 옷을 세탁하거나 다림질을 담당하는 부서이다.

2) 식음료팀의 조직과 직무

리조트 식음료(Food & Beverage) 부서는 리조트 내에서 음식을 먹고 마시는 업무를 담당하는 부서이며 양식당, 일식당, 중식당, 한식당, 뷔페식당, 커피숍, 카페테리아, 바(Bar) 등의 영업장이 해당된다.

각 직무부문에서는 식음료 지배인을 비롯하여 식음료 부지배인, 각 식당지배인 외에 주임, 캡틴, 웨이터/웨이트리스, 인턴, 수습사원, 실습생 등이 있다.

(1) 식음료 지배인(F&B Manager)

식음료 지배인은 식음료부서 전체 업무와 인원을 총괄하고 식음료 영업 전반에 대한 매출계획을 세우고 각 영업장별 지배인을 관리·감독한다.

(2) 캡틴(Captain)

리조트나 호텔에 따라서는 Head Waiter라고도 하며 중·소규모에서는 부지배인 없이 캡틴이 영업장을 이끌어가는 실무책임자이다. 웨이터/웨이트리스, 인턴, 수습사원, 실습생을 관리감독하며 고객응대 서비스교육을 부하직원에게 실시한다.

(3) 웨이터/웨이트리스(Waiter/Waitress)

지배인 및 캡틴의 지시에 따르고 고객의 요구에 즉시 서비스 응대하는 실무자를 말하며 테이블 세팅, 메뉴의 종류와 가격, 메뉴재료, 서빙 등을 잘 숙지하여 고객서비스에 임해야 한다.

358

(4) 수습사원(Trainee)

수습사원은 신입사원으로 처음 입사하여 2~6개월 정도의 기간 동안 식음료 전반에 대한 업무숙지와 서빙태도를 익히는 기간 동안 적용되는 실습생 또는 견습사원을 말하며 수습사원 단계를 지나고 인턴과정을 거치면 정식 웨이터나 웨이트리스가 될 수 있다.

(5) 버스보이(Bus Boy)

버스보이는 웨이터나 웨이트리스 업무를 보조하는 자로서 기물관리 및 청소, 정리정돈 등을 담당한다.

〈그림 25-4〉 **리조트/호텔 식음료부서 조직의 예**

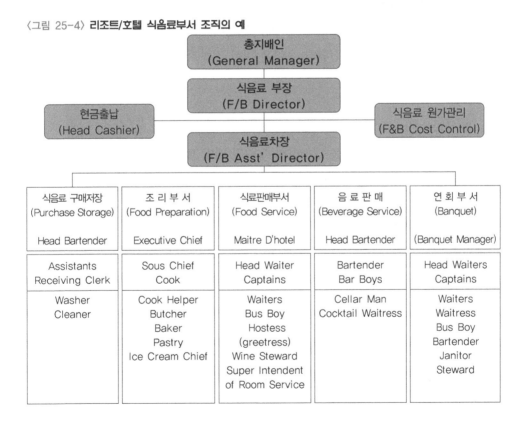

3) 조리팀 조직과 직무

리조트 조리팀은 각 식당별 메뉴를 개발하고 음식을 만드는 부서이다. 즉 요리의 생산, 식자재의 구매, 주방인력관리 등 요리상품과 주방에 관계되는 업무를 효율적으로 수행하기 위한 인적구성을 의미한다.

조리팀 구성은 전체적인 권한과 책임을 갖는 총주방장이 있고 이를 보좌하는 수석조리장, 양식·한식 각 주방장이 있으며 그 다음 직급에 따라 Supervisor, Section Chef, Cook, Trainee 등이 있다.

(1) 조리부서의 조직과 직무

① Executive Chef

조리부의 가장 높은 직책으로 조리부를 대표하며, 직원의 인사관리, 메뉴의 개발, 식자재의 구매 등 조리부의 원활한 운영을 위한 전반적인 업무를 수행하며 이에 대한 책임을 진다.

② Sous Chef

총주방장 부재 시 그 역할을 대행하며 요리의 개발 및 정보 수집과 직원 조리교육 등 주방 운영의 실질적인 책임을 진다.

③ Outlet Chef

단위 영업장의 부재 시 그 역할을 대신하거나 특별 행사 시 지원·파견되는 주방 장으로 조리부 전 영업장에 대한 일반적인 지식을 갖추고 있어야 한다.

④ Head Chef

단위 영업장의 주방 책임자로 영업장의 신 메뉴 개발, 고객접대, 인력관리, 원가관 리, 위생 안전관리 및 조리기술 지도 등 단위 영업장의 주방업무를 총괄하며 그 책 임을 진다.

⑤ Supervisor

수련 과정의 견습 주방장으로 Asst' Head Chef에 준하는 업무를 수행하며 Section Chef와 함께 모든 조리업무의 Mise-en-place를 수행·점검한다.

⑥ Section Chef

Hot Section, Cold Section, Dissert Section 등으로 크게 나눌 수 있으며, 주방장의 지시에 따라 업무를 수행한다.

⑦ Cook

Section Chef를 보좌하여 조리업무를 수행하며 냉장고 정리, 청결상태 등 주방 내 위생환경에 대한 업무를 수행한다.

⑧ Assistant Cook

Cook을 보좌하여 조리업무를 수행하며, 주방장의 지시에 따라 식재료를 수령하고 이에 따른 Bin Card를 작성한다.

⑨ Trainee

실습사원으로 주방업무에 관한 기본적인 사항을 신속히 습득하려는 노력이 필요하며, 야채 등 식재료의 기초적인 취급에 대하여 정확히 배워 기본기를 익힌다. 특히 칼의 사용법 및 보관, 방화, 안전 및 위생에 대한 교육을 철저히 받아야 한다.

⑩ Chief Steward

각종 주방용기·식기류의 구매 의뢰 및 관리와 기물 관리과의 인력관리 및 교육을 담당한다.

⑪ Assistant Chief Steward

Chief Steward 부재 시 그 역할을 대행하며, 각종 연회행사 시 기물 공급 및 설치를 담당한다.

⑫ Steward

일선 영업장의 쓰레기 수거 및 처리와 조리기물의 세척을 담당한다.

⑬ Stewardess

일선 영업장에 배속되어 각종 식기류의 세척과 Dish Washer의 관리를 담당한다.

4) 부대시설부서 업무

부대시설이란 리조트에서 제공하는 객실과 식당을 제외한 모든 영업장 시설이라고 할 수 있으며, 커피숍, 로비라운지, 칵테일바, 실내외수영장, 볼링장, 피트니스센터(Fitness Center), 제과점, 기념품점, 이·미용실, 사우나, 나이트클럽, 골프장, 스키장, 사우나 등을 말한다.

부대시설을 통한 고객들의 이용 편의와 리조트 내 매출액의 증대에도 상당한 영향을 미칠 수 있으므로 부대시설의 활용은 매우 중요하다고 하겠다. 부대시설 운영은 직영체제이기도 하지만 영업장에 따라 임대하는 경우도 있다.

부대시설 운영 책임자는 부대시설 총괄 담당이사나 팀장이 있으며, 그 산하에 각 부대 업장별 책임자를 두고 운영을 한다.

3. 리조트 관리부서 조직과 직무

리조트 관리부서는 기획심사부, 총무부, 인사부, 경리부, 구매부, 시설부 등으로 구성되어 있으며, 리조트의 각 영업부서가 영업이 잘될 수 있도록 인적·물적 자원을 지원하는 부서이다. 최근에는 관리부서 전체를 '영업지원팀' 또는 '영업지원관리팀'으로 명명하여 운영되는 추세에 있다.

고객들과 직접적으로 접하면서 근무를 하지 않기 때문에 Back Side부서라고도 한다. 하지만 인건비 절감과 비수기 인력의 효율적 활용측면에서 단체행사가 있거나 공휴일의 내방객 폭주 시에는 관리부서 직원들도 영업팀의 인력부족상황을 과감히 지원(Helper)할 수 있는 전천후 인력가동으로 경쟁력 있는 리조트 경영을 실천해 나가야 할 것이다. 특히 리조트는 성·비수기의 편차가 크므로 비수기를 대비한 최소의 인력으로 운영되어야 하기 때문에 관리직의 영업지원업무는 당연한 것으로 받아들여야 할 것이다.

1) 기획심사부

기획심사부는 리조트의 경영전략 방향을 결정하고 호텔 내의 각 영업장별 수입과 지출을 통한 예산의 편성과 관리상태를 점검하며, 적절한 인력배치와 구매검수, 원가부문의 예산 낭비요소가 없는지를 파악하는 감사활동 부서이다.

2) 총무부

총무부는 종업원의 근태관리를 비롯한 회사의 대내외적인 행정과 제도업무를 총괄하는 부서이다. 신규입사자의 4대보험 가입 등을 위한 외부 관공서업무와 공문접수 및 발송을 비롯하여 종업원의 기숙사, 복지, 의료보험, 경비, 종업원 식당, 예비군, 민방위 등의 내부를 담당한다.

3) 인사부

인사부는 종업원의 인력채용, 교육, 배치, 승진 등의 업무를 담당하는 부서이며 경쟁력 있는 종사원 확보를 위해 종사원 교육 및 동종업체 타 기업의 근로조건 등을 수시로 파악하여야 한다.

4) 경리부

경리부는 종사원 급여지급, 보너스, 제 수당을 비롯하여 어음, 환전, 장부기입, 임대료수납, 결산, 후불업무 등을 담당한다.

5) 구매부

구매부는 리조트 내에서 사용하는 각종 객실용품이나 가구 집기를 포함하여 식음료 부서의 각종 식자재 및 양념류 등을 구매하는 부서이다.

6) 시설부

시설부는 리조트 내 각종 시설물의 유지, 보수, 점검, 수리 등을 담당하는 부서이며 냉난방을 위한 보일러, 냉동, 전기에너지, 엘리베이터 안전점검, 소방시설, 가스, 도장, 미장, 앰프, 에어컨, 스키리프트점검 및 수리 등을 담당한다.

제4절 리조트의 임금관리

1. 리조트 임금관리의 개념

임금(Wage)은 사용자가 근로자의 노동대가에 대해서 어떤 형태로든 지급하는 보상이다. 우리나라 「근로기준법」은 제2조제1항 5호에서 "임금이란 사용자가 근로의 대가로 근로자에게 임금, 봉급, 그 밖에 어떠한 명칭으로든지 지급하는 일체의 금품을 말한다"라고 규정하고 있다.

최근에는 1개월 단위의 임금에서 선진국과 같이 주(週)급, 일(日)급, 시(時)급 단위의 임금도 보편적으로 적용되고 있다. 특히 임금을 받는 성격에 따라 육체적 근로자(Blue collar worker)가 받는 것을 임금(Wage)이라 하고, 정신적 근로자(White collar worker)가 받는 임금을 월급 또는 봉급(Salary)이라고 한다.

2. 리조트 임금관리의 중요성

1) 종사원에 대한 중요성

① 생계비 유지의 원칙
② 사회적 신분을 규정하는 요소

③ 사회적 · 생리적 욕구 충족의 수단

④ 자기계발의 요소

2) 기업에 대한 중요성

① 비용부분의 요소

② 생산성과 능률성 요소

③ 생산원가의 주요 요소(원재료비, 노무비 등)

④ 기업이윤의 요소(총판매액 – 총비용 = 이윤극대)

⑤ 최고가격결정과 고객유인의 요소

3) 사회적 중요성

① 구매력의 제공요소

② 국민경제의 영향요소

③ 국민기본생활의 안정요소

제5절 리조트의 연봉제 개요

1. 연봉제의 개념

연봉제는 임금지급 방법 중에서 입사연수와 경력, 나이, 학력에 관계없이 일정한 기간(통상 1년) 동안 능력과 실적, 회사의 직 · 간접적인 공헌도에 의해서 연간 임금수준을 결정하는 급여체계이다.

2. 연봉제의 장·단점

1) 장점

① 종업원에게 동기를 부여해 의욕적으로 일할 수 있다.

② 인재기용이 탄력적이다(예 : 한시적인 프로젝트 담당직원도 과감하게 기용할 수 있음).

③ 조직 분위기가 활기차게 된다.

④ 임금관리가 쉬워진다(모든 수당의 임금구조가 단일화됨).

2) 단점

① 중간관리자 이상의 직급에서는 소외감을 느낄 수 있다(젊은층과 똑같은 경쟁과 실적 평가에서 불리하다는 관념).

② 동료 간의 경쟁심 유발로 개인주의 초래

③ 동료 간의 갈등과 사기저하 초래

④ 단기간 업적 중시로 장기적인 계획의 소홀

⑤ 중간 간부층의 조기퇴직 증가로 실업률 증가

제6절 리조트종사자의 교육훈련 관리

1. 교육훈련의 개념

교육훈련은 기업목표달성을 위하여 지식과 기능을 전달함으로써 기업이 원하는 인재상으로 능력을 향상시키는 개발프로그램이다. 일반적으로 리조트종사자를 채용 배치하여 영업을 효율적으로 수행한다고 하여 그 종사자가 반드시 유능한 것은 아니기 때문에 지속적인 교육과 훈련을 통하여 개인과 조직의 역량을 강화해야 한다. 신입사원은 기존조직에 적응하기 위한 OJT교육을 받아야 하며, 경력직원은 새로운 기업조직 문화에 적응하기 위하여 그 직장에서 추구하고 있는 경력전략 방향을 인지하고 조직원들의 성향과 특성을 파악하여야 한다.

그러므로 교육(Education)과 훈련(Training)은 대고객 서비스를 담당하는 직무에 있어서 수시로 변화되는 서비스 환경을 잘 흡수하기 위하여 필수불가결한 요소이다. 그런 의미에서 교육은 보편적 지식의 습득과 장기적 목표에 두고 있는 것이며, 훈련은 특정한 직무의 단기적 결과를 기대토록 하는 것이다. 특히 리조트기업은 전형적인 서비스기업이므로 전문서비스인의 육성이 중요하다.

2. 교육훈련 방법

교육훈련 방법에는 교육장소에 따라 사내교육훈련과 사외교육훈련이 있다. 사내교육은 회사 내에서 실시하는 것이지만, 사외교육은 회사 밖의 타 기관 연수원이나 대학의 전문교육기관에 위탁 실시하는 방법이다. 그 외 교육훈련 방법에는 여러 가지가 있지만 직급별 또는 직무별로 나누어 실시하되, 강의식, 사례연구, 팀워크교육, 분임토의식 교육, 역할연기 등의 다양한 방법으로 실시하게 된다.

참고문헌

고상동, 호텔경영과 실무, 백산출판사, 2009.
_____, 호텔서비스매너와 실무, 백산출판사, 2011.
_____, 휴양콘도미니엄 경영론, 백산출판사, 2006.
김창수, 테마파크의 이해, 대왕사, 2011.
김홍철, 관광마케팅관리, 두남, 2000.
손대현·장희정, 리조트의 철학, 백산출판사, 1997.
오수철 외 3인, 카지노경영론, 백산출판사, 2015.
유도재, 리조트경영론, 백산출판사, 2017.
이경모, 크루즈산업의 이해, 대왕사, 2004.
윤정길 외 2인, 카지노경영실무론, 기문사, 1998.
조진호·우상철 공저, 최신관광법규론, 백산출판사, 2018.
진현식 외 2인, 리조트 개발 및 경영, 형설출판사, 2007.
채용식 외 2인, 리조트개발론, 현학사, 2008.
채용식, 리조트경영학, 현학사, 2010.

김국태, "섬에도 색깔이 있다, 리조트의 변화", LG경제연구원, 2011.
노윤구, 동해안크루즈관광타당성연구, 대경연구원, 2009.
(주)국제산업정보연구소·일본미쓰비시종합연구소, 리조트사업전략, 1989.

금호리조트 자료.   대명리조트 자료.
롯데호텔제주 자료.   마우나오션리조트 자료.
블루원리조트 자료.   삼성에버랜드 자료.
영랑호리조트 자료.   한국골프장경영협회 자료.

저자 약력

고상동
- 세종대학교 대학원 호텔관광전공(경영학박사)
- 영진전문대학교/영진사이버대학교 교수/처장
- 한국관광산업학회 회장
- 대구경북영어마을 원장
- 한국관광공사 호텔등급평가심사위원

이재훈
- 경희대학교 대학원 호텔관광전공(관광학박사)
- 영진전문대학교 호텔항공관광계열 교수
- 웨스틴조선호텔 근무
- 한국호텔전문경영인협회 이사
- 사)한국웰빙문화관광협회 회장

공은영
- 경운대학교 산업대학원 관광경영전공(관광학석사)
- 서영대학교 호텔관광과 겸임교수 및 평생교육원 강사
- 한국공항공사 대구국제공항 근무
- 한국관광공사 호텔등급평가심사위원
- 한국농어촌공사 체험프로그램개발심사위원/우수농가민박선정심사위원
- 한국생산성본부 서비스경영자격(SMAT) 취득 및 시험감독관
- 커피바리스타 자격검정 심사위원
- 산업체 및 지자체, 학교 특강 다수 실시

엄완용
- 계명대학교 대학원 관광경영전공(경영학박사)
- 계명대학교 경영대학원 및 관광경영학과 외래교수
- ㈜호텔라온제나 기획마케팅 팀장(포스코그룹)
- 한국관광공사 관광품질인증평가위원 및 특강강사
- 지역문화관광디자인연구소/소장
- 사)경북관광진흥원 사무국장
- 전국지자체 및 연구원 프로젝트 다수 수행

조가령
- 경희대학교 대학원 관광전공(관광학박사)
- 한국문화관광교육아카데미 대표
- 삼성전자서비스 주임강사
- 삼성전자 해외총괄 CS매뉴얼 및 교육표준화 제작
- 삼성전자 해외총괄 현장 CS교육 및 현지강사 육성
- 산업체 및 학교 특강 전문강사 및 특강 다수 실시

리조트산업의 이해

2021년 3월 10일 초 판 1쇄 발행
2025년 1월 31일 제2판 1쇄 발행

지은이 고상동 · 이재훈 · 공은영 · 엄완용 · 조가령
펴낸이 진욱상
펴낸곳 (주)백산출판사
교 정 성인숙
본문디자인 오행복
표지디자인 오정은

등 록 2017년 5월 29일 제406-2017-000058호
주 소 경기도 파주시 회동길 370(백산빌딩 3층)
전 화 02-914-1621(代)
팩 스 031-955-9911
이메일 edit@ibaeksan.kr
홈페이지 www.ibaeksan.kr

ISBN 979-11-6567-970-5 93980
값 25,000원